Bigamila Torsykbaeva

Anatomia das plantas superiores

AF625380

ScienciaScripts

Imprint
Any brand names and product names mentioned in this book are subject to trademark, brand or patent protection and are trademarks or registered trademarks of their respective holders. The use of brand names, product names, common names, trade names, product descriptions etc. even without a particular marking in this work is in no way to be construed to mean that such names may be regarded as unrestricted in respect of trademark and brand protection legislation and could thus be used by anyone.

Cover image: www.ingimage.com

This book is a translation from the original published under ISBN 978-620-7-65331-7.

Publisher:
Sciencia Scripts
is a trademark of
Dodo Books Indian Ocean Ltd. and OmniScriptum S.R.L publishing group

120 High Road, East Finchley, London, N2 9ED, United Kingdom
Str. Armeneasca 28/1, office 1, Chisinau MD-2012, Republic of Moldova, Europe
Managing Directors: Ieva Konstantinova, Victoria Ursu
info@omniscriptum.com

Printed at: see last page
ISBN: 978-620-8-55504-7

Copyright © Bigamila Torsykbaeva
Copyright © 2025 Dodo Books Indian Ocean Ltd. and OmniScriptum S.R.L publishing group

Bigamila Torsykbaeva

Anatomia das plantas superiores

Conteúdo

PARTE I

PARTE SINÉTICA
(identificar problemas sobre o tema e a sua solução)

Secção №1. Teoria Celular Propriedades das células vegetais. Partes e forma das células. Estrutura e função dos organelos das células vegetais. Substâncias de reserva e cristais.

I ETAPA. TAREFAS DE ACTUALIZAÇÃO DE CONHECIMENTOS

Subtema 1: Teoria celular

Texto. Uma célula é uma unidade estrutural-funcional elementar da estrutura e da atividade de todos os organismos (exceto os vírus e as formas de vida viróides que não têm uma estrutura celular). Tem o seu próprio metabolismo, é capaz de existência autónoma, de auto-reprodução (animais, plantas e fungos).

Um organismo constituído por uma única célula chama-se unicelular (muitos protozoários e bactérias) e um organismo constituído por uma multiplicidade de células chama-se pluricelular.

A secção da biologia que estuda a estrutura e a função das células é **designada por *citologia.*** Também é habitual falar-se de biologia celular, ou *biologia* das células.

Estrutura celular

Com base na estrutura das células constituintes, todos os organismos celulares estão divididos em dois super-reinos:

- procariontes (pré-nucleares) - de estrutura mais simples e originados no processo de evolução mais cedo;
- eucariotas (nucleares) - mais complexas, surgiram mais tarde. As células que constituem o corpo humano são eucariotas.

As células de todos os organismos vivos correspondem a um único princípio estrutural.

Cada célula está rodeada por *uma membrana plasmática* ou *plasmolema,* que a protege do meio ambiente. A célula está cheia de *citoplasma*, no qual estão imersos vários organelos e inclusões celulares, bem como material genético sob a forma de uma molécula de ADN.

Além disso, cada célula do organoide é responsável pela sua função especial e, ao combinar estas funções, a atividade vital da célula como um todo é mostrada.

A descoberta da gaiola pertence ao cientista inglês R. Hooke, que, olhando ao microscópio através de uma secção fina da cortiça, viu estruturas semelhantes a favos de mel e chamou-lhes células. Mais tarde, os organismos unicelulares foram investigados pelo cientista holandês Anthony van Leeuwenhoek. A teoria celular foi formulada pelos cientistas alemães M. Schleiden e T. Schwann em 1839. A teoria celular moderna é substancialmente complementada por R. Birzhev e outros.

As principais disposições da teoria celular moderna:

- a célula é a unidade básica da estrutura, do funcionamento e do desenvolvimento de todos os organismos vivos, a unidade mais pequena do ser

vivo, capaz de se auto-reproduzir,
autorregulação e auto-renovação;

- as células de todos os organismos unicelulares e multicelulares são semelhantes (homólogas) na sua estrutura, composição química, principais manifestações de atividade vital e metabolismo; R
- A reprodução das células ocorre através da sua divisão, cada nova célula é formada como resultado da divisão da célula original (mãe);

Nos organismos multicelulares complexos, as células são especializadas nas funções que desempenham e formam os tecidos; os tecidos são constituídos por órgãos estreitamente interligados e subordinados à regulação nervosa e humoral.
Estas disposições provam a unidade da origem de todos os organismos vivos, a unidade de todo o mundo orgânico. Graças à teoria celular, tornou-se claro que a célula é o componente mais importante de todos os organismos vivos. A célula é a unidade mais pequena do organismo, o limite da sua divisibilidade, dotada de vida e de todas as caraterísticas principais do organismo. Como sistema vivo elementar, está na base da estrutura e do desenvolvimento de todos os organismos vivos. Ao nível da célula, manifestam-se propriedades da vida como o metabolismo e a energia, a autorregulação, a reprodução, o crescimento e o desenvolvimento, a irritabilidade.

Estrutura celular.

A ciência que estuda a estrutura e a função das células chama-se ***citologia. Uma célula*** é uma unidade elementar estrutural e funcional do ser vivo. As células, apesar do seu pequeno tamanho, são muito complexas. O conteúdo interno semi-líquido da célula é chamado citoplasma. O citoplasma é o meio interno da célula, onde ocorrem vários processos e estão localizados os componentes celulares - organelos (organóides).

Membrana plasmática

A membrana plasmática (citoplasmática) separa a célula e garante que as diferenças existentes entre o conteúdo celular e o ambiente permaneçam. A membrana citoplasmática de uma célula vegetal é normalmente designada ***por membrana plasmática***.

A membrana plasmática protege o conteúdo interno da célula - o citoplasma e o núcleo - de danos, mantém a forma constante da célula, assegura a comunicação das células entre si, deixa entrar seletivamente as substâncias necessárias na célula e remove os produtos metabólicos da célula.

A membrana é constituída por uma dupla camada de moléculas de lípidos na qual estão imersas as moléculas de proteínas. Algumas proteínas estão localizadas na superfície da camada lipídica, outras penetram nas duas camadas de lípidos.

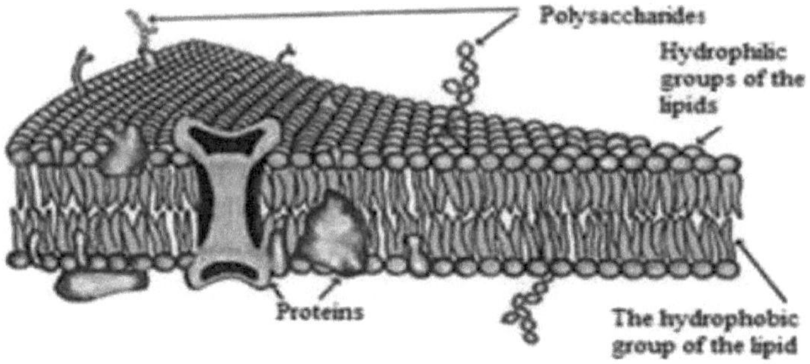

Fig.1. Membrana plasmática

Os canais mais finos formados por proteínas promovem a passagem de potássio, sódio, cálcio e outros iões para dentro ou para fora da célula. As partículas maiores (moléculas de nutrientes - proteínas, hidratos de carbono, lípidos) não podem passar pelos canais membranares e entram na célula por **fagocitose** ou **pinocitose.**

A fagocitose é o processo de absorção de partículas sólidas de alimentos que estão em contacto com a membrana externa de uma célula, formando um implante, e a partícula entra na célula rodeada por uma membrana. Este processo não é caraterístico da célula vegetal, uma vez que a célula vegetal está coberta sobre a membrana celular externa por uma densa camada de celulose (parede celular), que impede a captura de substâncias e a invaginação.

A pinocitose é o processo de absorção de gotículas de um líquido com substâncias nele dissolvidas, de acordo com o princípio da fagocitose.

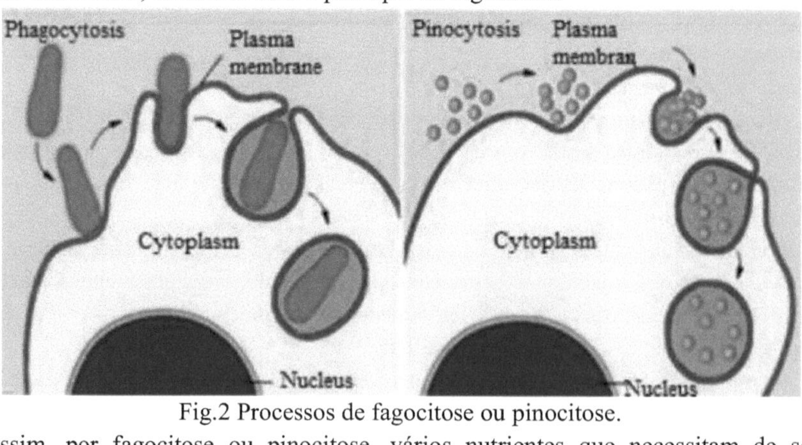

Fig.2 Processos de fagocitose ou pinocitose.

Assim, por fagocitose ou pinocitose, vários nutrientes que necessitam de ser digeridos entram na célula (por exemplo, as proteínas devem ser decompostas em aminoácidos individuais, os polissacáridos em moléculas de glicose ou frutose, os lípidos em glicerol e ácidos gordos). Para isso, a vesícula fagocítica ou pinocítica funde-se com o lisossoma, onde ocorre a digestão intracelular.

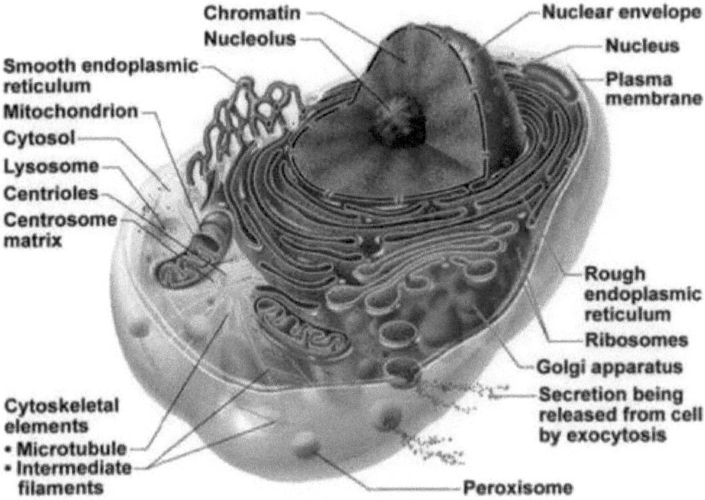

Pic.3. Micrografia eletrónica de uma célula vegetal.

Subtema 2. A estrutura e a função dos organóides de células vegetais.

Texto. O núcleo celular é a parte mais importante da célula. O núcleo está rodeado por um invólucro constituído por duas membranas. No invólucro do núcleo existem numerosos poros que permitem a passagem de várias substâncias do citoplasma para o núcleo,

e vice-versa. O conteúdo interno do núcleo é chamado de **carioplasma** ou **suco nuclear**. No suco nuclear encontram-se **a cromatina** e **o nucléolo**.

A cromatina é uma cadeia de ADN. Quando a célula começa a dividir-se, os fios da cromatina são enrolados em espiral em proteínas especiais, como fios de uma bobina. Estas formações densas são claramente visíveis ao microscópio e são designadas por **cromossomas.**

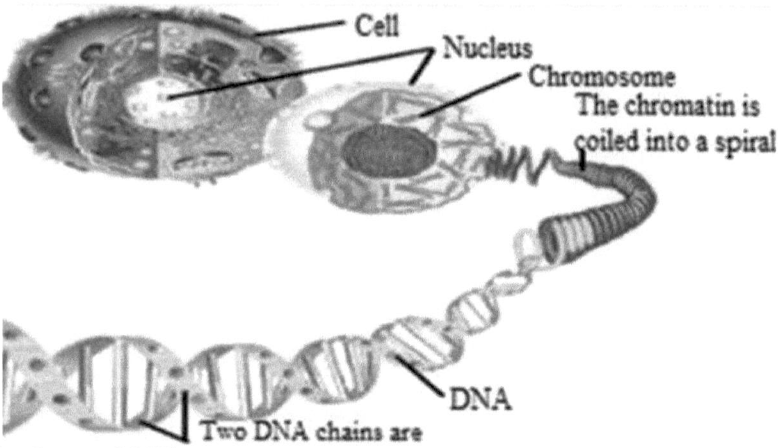

tv.istado num dobbl"

Fig.4: Estrutura do cromossoma.

O núcleo contém informação genética e controla a atividade vital da célula.

O nucléolo.

O nucléolo é um corpo denso e arredondado no interior do núcleo. Normalmente, o núcleo da célula contém de um a sete nucléolos. São claramente visíveis entre as divisões celulares, e durante a divisão são destruídos.

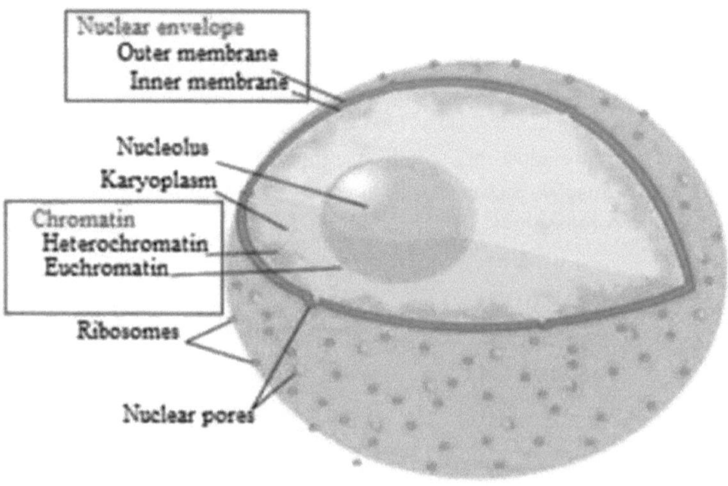

Fig.5: O núcleo de uma célula vegetal.

A função dos nucléolos é a síntese de ARN e de proteínas, a partir das quais se formam organelos especiais - **os ribossomas.**

Os ribossomas estão envolvidos na biossíntese de proteínas. No citoplasma, os ribossomas estão mais frequentemente localizados num **retículo endoplasmático rugoso**. Menos frequentemente, encontram-se vagamente suspensos no citoplasma da célula.

Retículo endoplasmático (EPS).

O retículo endoplasmático (RPE) está envolvido na síntese de proteínas celulares e no transporte de substâncias no interior da célula.

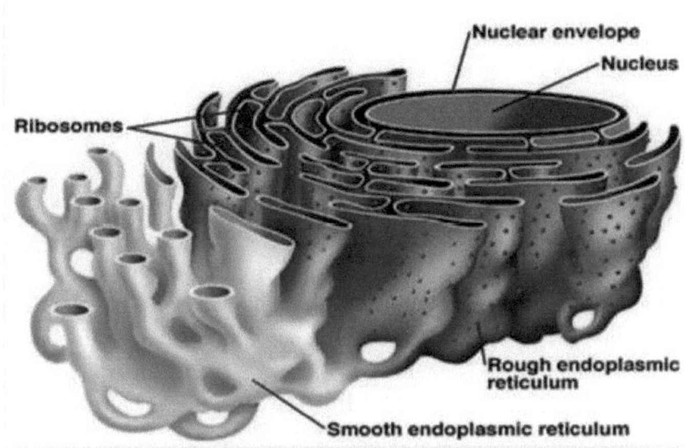

Pic.6 Retículo endoplasmático

Uma parte significativa das substâncias sintetizadas pela célula (proteínas, gorduras, hidratos de carbono) não é consumida de imediato e, através dos canais do EPS, é armazenada em cavidades especiais com pilhas peculiares, "tanques", separadas do citoplasma pela membrana.

Estas cavidades são designadas **por aparelho de Golgi** (complexo). Na maioria das vezes, os reservatórios do aparelho de Golgi estão localizados perto do núcleo da célula. **O aparelho de Golgi** participa na transformação das proteínas celulares e sintetiza **os lisossomas**, os organelos digestivos da célula.

Lisossomas.

Os lisossomas são enzimas digestivas que são "empacotadas" em vesículas membranares, que se desprendem e se espalham pelo citoplasma.

O complexo de Golgi também acumula substâncias que a célula sintetiza para as necessidades de todo o organismo e que são removidas da célula para o exterior.

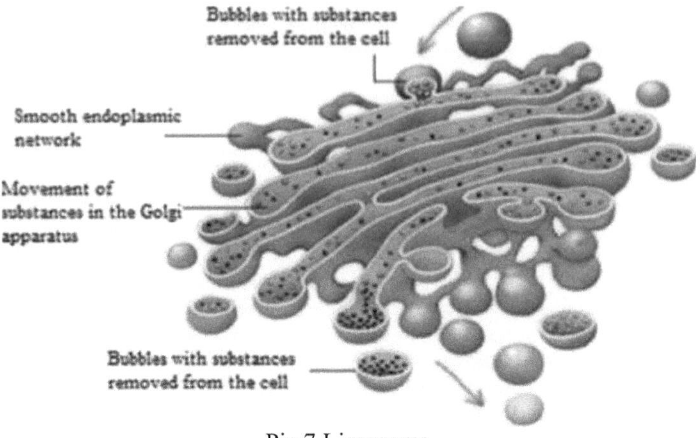

Pic.7 Lisossoma

Mitocôndrias.

As mitocôndrias são organelos celulares energéticos. Convertem nutrientes em energia (ATP) e estão envolvidas na respiração da célula. As mitocôndrias estão cobertas por duas membranas: a membrana externa é lisa e a interna tem numerosas dobras e saliências - as cristas.

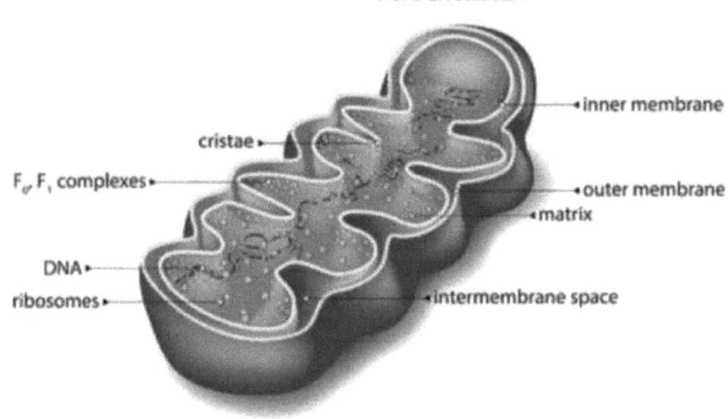

Fig.8. Mitocôndrias

Nas membranas das cristas existem enzimas que sintetizam energia (molécula de ATP - adenosina trifosfato) a partir dos nutrientes absorvidos pela célula.

O ATP é uma fonte de energia para os processos que ocorrem na célula.

O número de mitocôndrias não é o mesmo, pois cada célula e tecido de um organismo vivo é diferente. Por exemplo, pode haver apenas uma mitocôndria no esperma. Mas nas células dos tecidos, onde os custos de energia são elevados (nas células dos músculos voadores das aves, nas células do fígado), estes organelos podem chegar a vários milhares. As mitocôndrias têm o seu próprio ADN, respetivamente; podem multiplicar-se de forma independente (antes da divisão celular, o número de mitocôndrias aumenta para as distribuir uniformemente pelas células filhas). Em todas as células dos eucariotas existem mitocôndrias, mas estas não estão presentes nas células dos procariotas. Assim, a presença de ADN nas mitocôndrias e o facto de não estarem presentes nas células procarióticas permitiram aos cientistas colocar a hipótese de os antepassados das mitocôndrias terem sido, em tempos, seres vivos livres semelhantes a bactérias. Com o tempo, instalaram-se nas células de outros organismos, possivelmente parasitando-os. E então, ao longo de muitos milhões de anos, eles se tornaram os organóides mais importantes, sem os quais nenhuma célula eucariótica pode existir.

Organelo não membranar

Os organelos não membranares da célula incluem: centríolos, microtúbulos, filamentos, ribossomas, cílios e flagelos.

Ribossomas

Fig.9. Ribossoma

Estrutura: Um complexo multienzimático construído a partir de ARN e proteínas. São constituídas por 2 subunidades - pequena (1 molécula de ARNr e 33 moléculas de proteínas) e grande (3 moléculas de ARNr e 40 proteínas). Existem 2 sítios que ligam o ARNt: Sítio A - liga o ARNt que contém apenas um aminoácido; Sítio P - liga o ARNt, juntamente com o péptido recém-sintetizado. As subunidades grandes e pequenas estão unidas apenas na molécula de ARNm para a síntese de proteínas.

Funções: Biossíntese de proteínas.

Microtúbulos

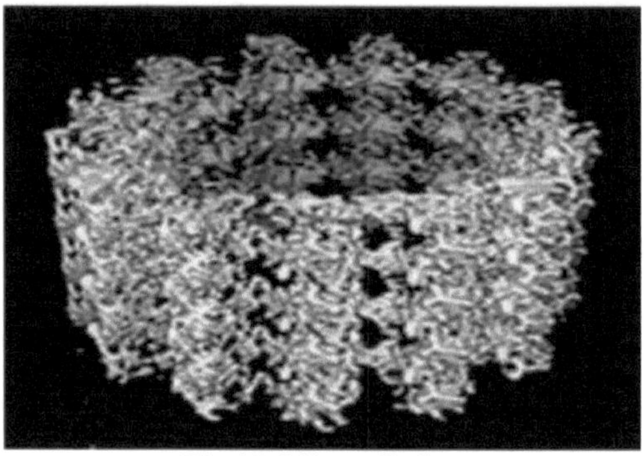

Fig.10. Microtúbulos

Estrutura

Cilindros ocos constituídos pela proteína tubulina (13 protofilamentos) e pelas suas proteínas associadas (dineína, dinactina, cinesinas). Capaz de auto-montagem - auto-desmontagem. A dineína é capaz de clivar o ATP e permite a deslocação dos microtúbulos entre si, o que desencadeia os cílios e os flagelos, a divergência dos pólos da célula e a cromatografia durante a divisão.

Funções:

- manter a forma da célula;

-Participação na formação de cílios, flagelos, divisão do fuso.

Centríolos e centro celular

Fig.11. Centríolos e centros celulares

Estrutura

O centríolo é constituído por 9 tripletos de microtúbulos (um microtúbulo completo e 2 incompletos; 13 e 9 protofilamentos, respetivamente), dispostos em círculo. Existem 2 centríolos numa célula, que estão localizados num ângulo reto um do outro. O centro da célula é constituído por 2 centríolos e uma massa sem estrutura à sua volta - a centrosfera.

Funções

- o local de crescimento de todos os microtúbulos da célula;
- determinam o plano de divisão celular, a partir do qual crescem os microtúbulos do fuso de divisão;
- formam os corpos basais dos cílios e flagelos.

Cílios e flagelos

Fig.12. Cílios e flagelos

Estrutura

São constituídos por 2 partes: um corpo basal, localizado no citoplasma e constituído por 9tripletos de microtúbulos e um axónio - uma protuberância acima da superfície celular, que é coberta por uma membrana exterior, e no seu interior tem 9 pares de microtúbulos localizados em círculo, e um par no centro. Entre os dupletos adjacentes existem ligações cruzadas da proteína nexina. Uma agulha radial sai de cada dupleto. As proteínas que formam a cápsula central estão ligadas aos microtúbulos da parte central. A proteína Dynein está ligada aos microtúbulos (ver acima).

Funções

- movimento celular;
- a direção do movimento do fluido acima da célula.

Microfilamentos

Estrutura

Filamentos finos que formam uma rede tridimensional numa gaiola. São constituídos pela proteína actina e por proteínas a ela associadas: fimbrina (feixes de filamentos dispostos em paralelo
em feixes); alfa actinina e filamina (ligam os filamentos, independentemente da sua orientação espacial); Vinculina (utilizada para fixar os microfilamentos à superfície interna da citomembrana). Os filamentos são capazes de se montar e desmontar.
Numa pequena quantidade na célula encontram-se microfilamentos de miosina feitos a partir da proteína miosina.

Funções

- formam a estrutura contrátil da célula.

Estes são crescimentos do citoplasma com um comprimento de até 1 µm e um diâmetro de 0,1 µm. Existem cerca de 40 filamentos de actina localizados longitudinalmente em seus núcleos, eles estão ligados ao ápice com a ajuda da proteína vinculina, e no citoplasma eles terminam na rede terminal de filamentos, onde existem filamentos de miosina.

Funções

- manter a forma da célula;

- movimento e contração da célula;
- suporte para estruturas intracelulares;
- a direção do movimento dos processos intracelulares;
- a formação de contactos intercelulares.

Filamentos intermédios

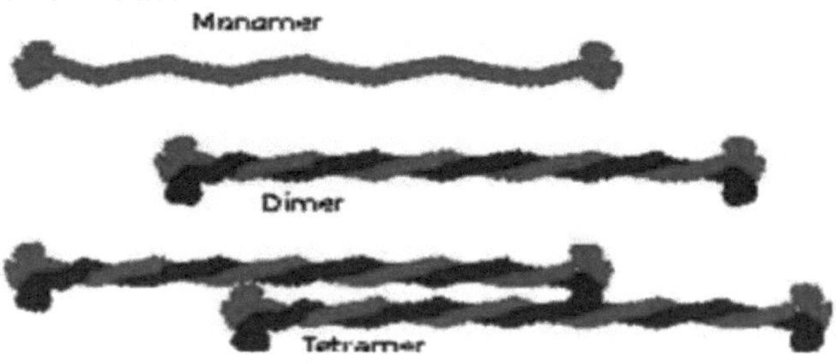

Pic.13. Intermediate filaments

Structure

Filamentos **espessos** e duráveis com uma espessura de 8-10 nm, formados por proteínas - vimentina, desmina, proteínas neurofibrilares, queratina; não são capazes de se auto-montar - desmontar.

Funções

- manter a forma da célula;
- elasticidade celular;
- participação na formação de contactos intercelulares.

Subtema -3. Partes e forma das células

A estrutura e a função dos organoides das células vegetais.

Texto. As células têm tamanhos diferentes. Os tamanhos das células variam em limites muito mais estreitos - de 3 a 30 microns. Por exemplo, alguns cocos de bactérias têm 0,2-0,5 µm, e um ovo de ave é essencialmente uma célula. O ovo de avestruz tem 17,5 cm de comprimento e é a maior gaiola.

As formas celulares são muito diversas. As células dos organismos vivos podem ter a forma de uma esfera, um poliedro, uma estrela, um cilindro e outras formas.

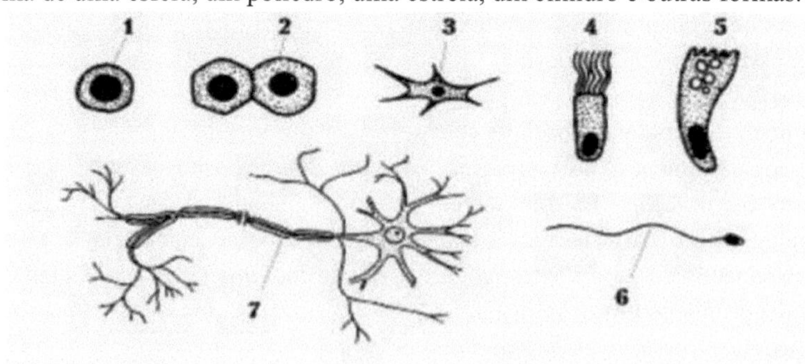

1 - célula sanguínea - linfócito; 2 - célula hepática - hepatócito; 3 - célula óssea - osteoblasto; 4 -
epitélio de células ciliadas; 5 - célula caliciforme da mucosa do cólon; 6 - célula germinativa masculina
(espermatozoide); 7 - célula do tecido nervoso - neurónio.

Pic. 14. Partes e forma das células

Dependendo da sua posição e função num organismo vivo, as células têm diferentes formas e tamanhos.

A forma mais simples - esférica - ocorre muito raramente em células livres que não fazem fronteira com outras células. Muitas células têm a forma de poliedros, que é determinada pela sua pressão mútua. Neste caso, forma-se um poliedro com 14 faces com crescimento uniforme em todas as direcções, das quais 8 são hexágonos e 6 são quadriláteros. As células parenquimatosas são células cujo diâmetro em todas as direcções é aproximadamente o mesmo.

As células prosenquimais são células que crescem apenas numa direção; assim, formam-se células com extremidades pontiagudas alongadas (por exemplo, células fibrosas). O comprimento dessas células é muito maior do que a espessura.

As células vegetais, ao contrário das células animais, têm quase sempre uma forma permanente, o que se explica pela presença de um invólucro bastante resistente.

As células são bastante pequenas, visíveis apenas ao microscópio (o diâmetro varia em média entre 10 e 100 microns). As células maiores são as células de reserva (por exemplo, as células parenquimatosas dos tubérculos da batata e as células dos frutos sumarentos). A polpa dos frutos da melancia, do limão e da laranja é constituída por células tão grandes (vários milímetros) que podem ser vistas a olho nu. Mas algumas células prosenquimatosas atingem um tamanho particularmente grande. Assim, por exemplo, as fibras de linho têm um comprimento de cerca de 40 mm, e a urtiga - até 80 mm, enquanto o tamanho da sua secção transversal é microscopicamente pequeno. Embora o tamanho das células varie muito, estas flutuações situam-se dentro de certos limites, que são caraterísticos da espécie vegetal e do tipo de tecido.

Subtema 4. Propriedades das células vegetais

Texto. Metabolismo (metabolismo) é um conjunto de transformações químicas que ocorrem nos organismos e que asseguram o seu crescimento, desenvolvimento, subsistência, reprodução, contacto e intercâmbio constantes com o meio ambiente. Durante o metabolismo, ocorrem a divisão e a síntese das moléculas que compõem as células, a formação, a destruição e a renovação das estruturas celulares e da substância intercelular. O metabolismo é composto por anabolismo e catabolismo. O anabolismo é a construção de substâncias corporais como resultado de reacções de síntese com consumo de energia. O catabolismo combina reacções de decomposição com libertação de energia.

Os organismos autotróficos (plantas verdes e parte dos procariontes) armazenam energia sintetizando compostos orgânicos a partir de compostos inorgânicos no processo de fotossíntese ou quimiossíntese. Os organismos heterotróficos (animais, fungos, parte dos procariotas) não podem criar compostos orgânicos diretamente a partir de compostos inorgânicos. Como fonte de energia, utilizam substâncias orgânicas já prontas. A energia é libertada no processo de decomposição de compostos orgânicos, na maioria das vezes com a ajuda de dois processos - fermentação e respiração.

Alimentos - através da fotossíntese, as plantas formam amido primário, que se transforma em açúcar à noite e é utilizado para alimentar a planta. A principal massa de nutrientes é formada nas folhas, enquanto a outra parte dos elementos sob a forma de soluções aquosas entra pela raiz, através da qual é efectuada a nutrição mineral ou do solo.

A nutrição mineral é um conjunto de processos de absorção do solo, movimento e assimilação de nutrientes químicos, ou seja, elementos necessários para a atividade vital dos organismos vegetais. Estes incluem: macronutrientes - N, S, P, K, Mg, Ca e oligoelementos Fe, B,Mn, Cu, Zn, Mo, Co.

Em caso de carência de N/S, a síntese de proteínas (enzimas) é reduzida, o que se manifesta por paragem do crescimento, clorose (amarelecimento das folhas), etc. Os compostos de fósforo desempenham um papel fundamental no metabolismo energético. O K, o Mg e o Ca afectam a hidratação dos colóides dos protoplastos. Em caso de carência de Ca, os meristemas são particularmente danificados e, em caso de carência de Mg, ocorre também clorose.

Os oligoelementos actuam como parte integrante das enzimas. O mecanismo de entrada dos iões na raiz é complicado. Está associado à sua adsorção e absorção ativa a partir do solo, enquanto a energia é gasta. Após a penetração dos nutrientes na raiz, estes são transportados através dos tecidos da planta.

Existem 2 direcções principais de movimento de grandes quantidades de substâncias numa planta: a corrente de transpiração (ou ascendente) e a corrente de assimilação (descendente). Transporte a longa distância - através dos tecidos condutores xilema e floema. Transporte a curta distância para os tecidos condutores através das células.

Movimento - o movimento das plantas no espaço é limitado. Para os organismos vegetais, em primeiro lugar, é caraterístico o movimento ativo de partes individuais do corpo vegetativo, que está associado às peculiaridades do crescimento, desenvolvimento e metabolismo. Um exemplo de movimento é o fototropismo, uma reação de curvatura direcional causada pela iluminação unilateral: à medida que crescem, os rebentos tendem a inclinar-se para a luz.

Muitos processos metabólicos, o crescimento, o desenvolvimento e o movimento estão sujeitos a flutuações rítmicas. Por vezes, estas flutuações acompanham a mudança do dia e da noite (ritmos circadianos), outras vezes estão associadas à duração do dia (fotoperiodismo).

Irritabilidade - a capacidade das células vivas, tecidos e todo o organismo de responder a efeitos externos e internos - um irritante; está subjacente à sua adaptação às mudanças nas condições ambientais. A irritabilidade manifesta-se em todos os níveis de desenvolvimento da vida e é acompanhada por um complexo de alterações inespecíficas, que se manifestam em alterações metabólicas, no potencial elétrico e no estado do protoplasma.

A irritabilidade das plantas é causada por alterações estruturais e funcionais das membranas e constitui a base do seu sistema de regulação. Manifesta-se mais claramente em reacções à luz (fototropismo, fotoperiodismo), a um campo gravitacional (geotropismo), em reacções motoras (nastia).

Crescimento e desenvolvimento - baseados no metabolismo. No processo de vida de cada organismo, ocorrem constantes mudanças qualitativas e quantitativas, interrompidas apenas por períodos de repouso relativo.

Um aumento quantitativo irreversível da estrutura, do volume e da massa do corpo vivo e das suas partes é designado por crescimento. O desenvolvimento é uma alteração qualitativa do corpo e dos seus componentes. O crescimento e o desenvolvimento estão intimamente ligados e, regra geral, decorrem em paralelo, mas não são redutíveis um ao outro. Ambos os processos são regulados a nível celular. O conceito de desenvolvimento tem dois significados: o desenvolvimento individual de um organismo separado e o desenvolvimento de um organismo no processo de evolução. Os factores externos, ou factores ambientais, têm um efeito notável no crescimento e no desenvolvimento. Estes incluem a luz, o calor e a humidade.

A reprodução é uma propriedade inerente a todos os organismos de reproduzir a sua própria espécie, assegurando a continuidade e a perenidade da vida. Normalmente, existem 3 formas principais de reprodução: assexuada, vegetativa e sexuada.

A reprodução assexuada das plantas e dos fungos é geralmente efectuada por esporos, ou seja, células especializadas, que servem, para além da reprodução, também para a reinstalação. As disputas não são diferenciadas sexualmente e são sempre haplóides. Em algumas algas e em muitos fungos, os esporos são providos de undolipódios e são sempre móveis. Tais disputas são chamadas de zoósporos. Os esporos de plantas terrestres geralmente não possuem dispositivos para movimento ativo e são protegidos da secagem por uma parede celular sólida. O organismo que produz os esporos é chamado esporófito, e o processo de formação dos esporos é chamado esporogénese. Em alguns organismos, todas as disputas são iguais em tamanho e caraterísticas fisiológicas. São os organismos de poros iguais. Muitas vezes, num mesmo indivíduo ou em diferentes indivíduos de uma mesma espécie, formam-se esporos, que diferem em tamanho e caraterísticas fisiológicas, organismos de poros diferentes. As disputas relativamente menores (micrósporos) são encerradas em microsporângios, e as disputas maiores (megásporos) - em megasporângios. Os microsporos, ao germinarem, dão origem ao gametófito masculino do mesmo sexo, no qual os órgãos genitais masculinos são os anterídios. Durante a germinação, os megásporos formam um gametófito feminino com órgãos genitais femininos - archegonia. As perturbações são mais comuns nas plantas superiores (algumas leporíferas e fetos, todas as gimnospérmicas e angiospérmicas).

A reprodução vegetativa é o aumento do número de indivíduos de uma determinada espécie através da separação das partes viáveis do corpo vegetativo do organismo. Com esta reprodução, a regeneração é caraterística - restauração de todo o organismo a partir da sua parte.

Métodos de reprodução vegetativa - partes do talo, micélio ou órgãos vegetativos (os talos dos líquenes desfazem-se frequentemente). Os indivíduos que surgem de um indivíduo progenitor como resultado da propagação vegetativa formam um clone.

Em jardinagem, as formas de propagação vegetativa são comuns com estacas, enxertos e ramos.

A reprodução sexuada é um tipo de reprodução em que novos indivíduos são formados como resultado do processo sexual. Para o processo sexual, são necessários 2 indivíduos parentais, produzindo 2 tipos fisiologicamente diferentes de células germinativas (gâmetas) com cromossomas parentais recombinados que se fundem e formam um zigoto. A partir dos zigotos, desenvolve-se uma nova filial. O processo de formação dos gâmetas é designado por gametogénese. Na maioria das plantas e fungos, os gâmetas ocorrem em órgãos específicos, os gametângios. Os gâmetas são sempre haplóides. Nas plantas de um só grão, os gametófitos com gametângios masculinos desenvolvem-se geralmente a partir de micrósporos. Por vezes, os gâmetas formados nos gametângios têm a mesma forma e tamanho. A sua fusão entre pares baseia-se apenas na diferença fisiológica, e o processo sexual deste tipo é chamado isogâmico (algumas algas, fungos). Se os gâmetas móveis diferem em tamanho, a fusão desses gâmetas origina um processo sexual heterogâmico. O gâmeta feminino é imóvel, tem um tamanho grande e um grande fornecimento de nutrientes - o ovo. O gâmeta masculino (espermatozoide) é pequeno, móvel, consiste num núcleo grande e numa quantidade muito pequena de citoplasma. O processo sexual na confluência destas células chama-se oogam. O ovócito forma-se em oogónias ou arquegónias. Os espermatozóides são formados nos anterídios.

Na maioria das vezes, as plantas alternam gerações sexuais e assexuais. Com a alternância de gerações, o gametófito é regularmente substituído pelo esporófito, que por sua vez é novamente substituído pelo gametófito. A alternância de gerações está associada à mudança de fases nucleares - haploide e diploide. Esta mudança ocorre através da meiose, que se realiza no processo de esporogénese. Assim, o esporófito diploide produz esporos haplóides. Deles cresce o gametófito haploide, produzindo gametas haplóides. Quando os gâmetas se fundem, o número diploide de cromossomas é restaurado no zigoto, a partir do qual o esporófito diploide cresce novamente.

Respiração - baseia-se na oxidação biológica na chamada cadeia respiratória, que contém enzimas especiais - oxidoreductase. No processo de respiração, os substratos ricos em energia são oxidados em compostos pobres em energia - água e dióxido de carbono. Na maioria dos organismos, o oxigénio é amplamente utilizado nos processos redox. As fases mais importantes do processo de respiração nos organismos eucariotas são efectuadas nas mitocôndrias. A intensidade da respiração muda durante o desenvolvimento da planta. As sementes secas e dormentes respiram fracamente. Com o inchaço e a subsequente germinação das sementes, a intensidade da respiração aumenta. A maior intensidade de respiração é caracterizada pelo rápido crescimento dos órgãos e tecidos. Com o fim do período de crescimento ativo das plantas, a respiração dos seus tecidos enfraquece, o que está associado ao processo de envelhecimento do protoplasto. A respiração é aeróbica e anaeróbica.

Subtema-5. Substâncias de reserva e cristais

Texto. As substâncias do conteúdo vivo da célula vegetal - o protoplasto e os produtos da sua atividade vital - são muito diversas. Convencionalmente, eles são combinados em dois grupos:

1) *constitucional*, fazendo parte da matéria viva e participando no metabolismo (proteínas, ácidos nucleicos, lípidos, hidratos de carbono, etc.);

2) *inclusões ergásticas* (grego ergon - trabalho) - representam os componentes do protoplasto, que desempenham um papel de apoio na sua vida e que são quer fontes de matéria e energia durante o crescimento e funcionamento de uma célula viva, quer produtos residuais do seu metabolismo. Algumas delas são substâncias de reserva, ou seja, temporariamente excluídas do processo metabólico (proteínas, lípidos, hidratos de carbono: amido, inulina, açúcar, etc.). Outras substâncias são produtos finais, por exemplo, os sais de cálcio.

O amido (depois da celulose) é o hidrato de carbono mais comum no mundo vegetal. O amido é formado nos cloroplastos durante a fotossíntese (assimilação ou amido primário). Mais tarde, é destruído e sintetizado nos amiloplastos *como amido de armazenamento* ou *secundário*.

Os grãos de amido têm uma forma diferente (Fig. 21) e formam uma estratificação em torno de um único ponto, chamado centro educativo. A ocorrência de estratificação é atribuída à alternância de dois hidratos de carbono, a amilase (moléculas lineares) e a amilopectina (moléculas ramificadas). A disposição das camadas pode ser concêntrica (por exemplo, nos cereais e nas leguminosas) (Fig. 21, B; 24) e excêntrica (por exemplo, na batata) (Fig. 21, A). Neste último caso, o ponto em torno do qual se depositam as camadas não se encontra no centro do grão, mas é deslocado para o lado.

O amiloplasto pode conter um (grão simples) ou vários grãos de amido (semi-complexos e complexos). Se houver um ponto no leucoplasto, à volta do qual se depositam camadas, forma-se um grão simples; se houver dois ou mais, forma-se um grão complexo, constituído por vários grãos simples. Forma-se um grão semi-complexo se o amido for depositado primeiro em torno de vários pontos e, depois do contacto dos grãos simples, surgirem camadas comuns à sua volta. A forma dos grãos de amido é única em cada espécie.

Nos tubérculos da dália, nas peras de terra, nas raízes do dente-de-leão e noutras plantas da família Compositae, a seiva celular contém um hidrato de carbono, a inulina, próximo do amido, que se distingue deste último pela sua solubilidade em água. Sob a ação do álcool, a inulina cristaliza, formando os chamados esferocristais.

As proteínas são as principais substâncias orgânicas que determinam a estrutura e as propriedades da matéria viva. Em certas fases do desenvolvimento, as proteínas podem depositar-se no caldo. As proteínas de reserva depositam-se mais frequentemente sob a forma de grãos de forma redonda ou oval , chamados aleurona. Trata-se de proteínas simples - proteínas. São depositadas em *vacúolos* ou *leucoplastos* (aleronoplastos). As sementes de leguminosas e de cereais são muito ricas em proteínas de reserva. Um grande número de proteínas está localizado em células situadas sob o revestimento da semente, na chamada *camada de aleurona.*

Os lípidos constituem um grande grupo de compostos de origem biológica. Os lípidos são componentes estruturais da célula (fazem parte da membrana, formam gotículas de lípidos no citoplasma) ou substâncias ergásticas. Os óleos de reserva são normalmente depositados em *leucoplastos* chamados *oleoplastos.*

II FASE. (A parte sinéctica).

ACEITAÇÃO AUTÓNOMA DO NOVO TEMA

(identificação de um problema sobre o tema e sua solução)

Objetivo da aula: Vamos analisar a estrutura da célula vegetal, estudar as diferenças e semelhanças entre as células animais e vegetais, e também estudar as funções dos organóides, aprender a tirar conclusões sobre o tema que foi estudado.

Saberás!

Saberá:

-sobre a estrutura da célula vegetal;

-sobre a estrutura e a função dos organelos das células vegetais;

-sobre a parte e a forma das células.

Tu sabes:

- estrutura celular das plantas, estrutura celular, organoides, suas funções;
- substâncias de reserva e cristais;
- propriedades das células vegetais.

PROBLEMA: Alunos!

- Porque é que os organelos são chamados estruturas celulares especializadas?
- Porque é que as células são chamadas parenquimatosas?
- Porque é que as células são chamadas prosenquimais?
- Porque é que o hialoplasma se move?
- Porque é que os métodos citológicos são utilizados no início de qualquer estudo?
- Porque é que os métodos de investigação celular são utilizados para cultivar plantas a partir de tecidos e células?
- Porque é que os métodos centrifugados são utilizados na investigação celular?
- Porque é que o fluido do protoplasma se move em círculo (rotação)?
- Porque é que o movimento do fluido protoplasmático é oscilatório?
- Porque é que o hialoplasma roda?
- Porque é que o movimento do hialoplasma é oscilatório ou espontâneo?

As respostas às perguntas acima serão o objeto do nosso estudo de hoje na aula.

Perguntas para aprender um novo tema

Lembrar!

(Os alunos vêm com respostas prontas)

1. O que é uma célula? Quem foi o primeiro a introduzir o conceito de célula?
2. Quem é o criador da teoria da célula?
3. A que dois grupos se pode reduzir a forma de toda a variedade de células?
4. Quais são os tamanhos das células vegetais?
5. Dê exemplos das células maiores.
6. Quais são os principais organelos das células vegetais que podem ser observados
ao microscópio de luz e de electrões?

7. Qual é a diferença entre uma célula animal e uma célula vegetal?
8. Quais são as principais propriedades do citoplasma enquanto sistema vivo?
9. Quais são os tipos de movimento do citoplasma?
10. Quais são as propriedades físicas básicas do citoplasma?
11. Qual é a estrutura submicroscópica do citoplasma?
12. Como identificar uma célula vegetal viva ou morta?
13. O que são substâncias constitucionais e ergásticas?
14. Que reagentes e corantes podem ser utilizados para detetar substâncias de reserva nas células: amido, proteínas, óleos gordos?
15. Qual é a diferença entre amido primário e secundário?
16. Porque é que os grãos de amido formam uma estratificação?
17. Qual é a diferença entre grãos de amido simples, semi-complexos e complexos?

Tente dominar o tema de hoje, preenchendo as lacunas das tarefas da segunda fase.

Tarefas sobre um novo tema para auto-aprendizagem
(em trabalho de grupo)
1 etapa: tarefas para "Aprendizagem"

1-tarefa

Respostas a estas perguntas. Preenche as lacunas das frases com as palavras entre parênteses

1) Quem foi o primeiro a introduzir o conceito de célula? **Resposta:** A descoberta da célula pertence ao cientista inglês *R. Hooke*, que, olhando ao microscópio através de uma secção fina da cortiça, viu estruturas semelhantes a favos de mel e chamou-lhes *células*.

2) Quem é o criador da teoria celular? **Resposta:** A teoria celular foi formulada pelos cientistas alemães *M. Schleiden* e *T. Schwann* em 1839. A teoria celular moderna foi substancialmente complementada por *R. Birzhev* e outros.

3) Quais são os organelos das células? **Resposta:** As células contêm os seguintes organelos: núcleo, plastídeos, mitocôndrias, ribossomas, retículo endoplasmático, dictiossomas e *lisossomas.*

4) Como é que os organoides são classificados? **Resposta:** Os organóides são classificados em monomembranares*, bimembranares e não membranares.*

5) O que é que entra nas partes vivas e não vivas da célula? **Resposta:** A parte viva é *o núcleo* e *o citoplasma*, e a parte inanimada é *o envelope* e *o vacúolo.* Que propriedades do citoplasma conhece? **Resposta:** a principal propriedade do citoplasma é a permeabilidade selectiva, ou seja, a água penetra livremente do citoplasma para o vacúolo e para o meio externo, e os compostos orgânicos e inorgânicos têm *semipermeabilidade selectiva.*

2-tarefas

1) Quem foi o primeiro a descobrir o movimento no citoplasma e o que é que faz parte do citoplasma? Resposta: O movimento do citoplasma foi descoberto pela

primeira vez *por* B. *Corti (1772), depois de L. Treviranus. Corti* (1772), depois de *L. Treviranus*. O citoplasma é uma substância viscosa e transparente constituída por hialoplasma.

2) Qual é a função das mitocôndrias? **Resposta:** A mitocôndria é um laboratório de células energéticas. Aqui, graças ao oxigénio, ocorre a decomposição de hidratos de carbono, lípidos e outros compostos orgânicos e a síntese de ATP, ou seja, a libertação de energia que suporta todos os processos celulares.

3) Como é que as mitocôndrias se formam? **Resposta:** As mitocôndrias são formadas de duas maneiras: durante a fissão do núcleo, formam-se as partículas iniciais e na fissão das próprias mitocôndrias.

4) Quem foi o primeiro a descobrir o aparelho de Golgi? **Resposta:** Pela primeira vez, o aparelho de Golgi foi isolado de uma célula animal em 1878 pelo cientista italiano Golgi.

5) Qual é a função do aparelho de Golgi? **Resposta:** No aparelho de Golgi, os polissacáridos são sintetizados e a sua secreção da célula.

6) O que são os esferossomas? G: Nas esferas, a síntese e a acumulação de lípidos.

7) Qual é a função dos lisossomas? **Resposta:** Decompõem proteínas, lípidos, polissacáridos e outros compostos orgânicos.

3 tarefas

1) Onde se formam os lisossomas? **Resposta:** Os lisossomas são formados no aparelho gólgico.

2) Quem descobriu os ribossomas? **Resposta:** Os ribossomas foram descobertos em 1955 por G. Palade.

3) Qual é a função dos ribossomas? **Resposta:** São responsáveis pela síntese das proteínas. Este processo desenrola-se ao longo de um ARNm filamentoso, movimentando vários (ou muitos) ribossomas, formando o *chamado polissoma* (polirribossoma).

4) Onde se localiza o plasmalema? **Resposta:** É uma membrana que se encontra separada da *parede celular.*

5) Qual é a função do plasmalema? **Resposta:** O plasmalema regula o processo de transporte de substâncias com o meio externo, e também participa nos processos de *síntese* de substâncias.

4 tarefas

1) Qual é a função do tonoplasto? **Resposta:** Esta membrana separa o vacúolo do citoplasma, sendo por vezes designada por membrana vacuolar. Regula a *composição* e *a taxa* de permeabilidade das substâncias.

2) O que é a membrana do mesoplasma? **Resposta:** O mesoplasma é uma membrana entre *o plasmolema* e *o tonoplasto.*

3) Qual é a função do mesoplasma? **Resposta:** desempenha a função de permeabilidade entre as *membranas* e *os organóides.*

Que formas tem o retículo endoplasmático? **Resposta:** O retículo endoplasmático tem duas formas - granular (rugoso) e agranular (liso).

2 etapas: tarefas para "Compreender"

1-tarefa **Identificar a causa:**

1) Explique porque é que os organelos são chamados estruturas celulares especializadas? **Resposta:** Os organelos são designados por estruturas celulares especializadas, uma vez que desempenham estritamente funções definidas, a informação hereditária é armazenada no núcleo, o ATP é sintetizado nas mitocôndrias, a fotossíntese ocorre nos cloroplastos, etc.

2) Porque é que as células são chamadas parenquimatosas? **Resposta:** Razão: Nas células parenquimatosas, a razão entre o comprimento e a largura é a mesma ou não aumenta mais do que 2-3 vezes ou não é visível uma para a outra, são as células diametrais. Estas incluem as células das folhas e dos frutos.

3) Porque é que as células são chamadas prosenquimais? **Resposta:** Razão: Nas células prosenquimais, a razão entre o comprimento e a largura aumenta várias vezes. O comprimento médio das células nas plantas superiores é de 10-100 microns. No linho, urtiga e algumas outras plantas, as células prosenquimais são grandes e longas.

4) Porque é que o hialoplasma se move? **Resposta:** Por que razão: O hialoplasma move-se devido à conversão de energia química em energia mecânica.

5) Porque é que os métodos citológicos são utilizados no início de qualquer estudo? **Resposta:** Razão: com este método é possível determinar a presença de várias substâncias (proteínas, lípidos, ácidos nucleicos, hormonas, vitaminas, etc.) e a sua quantidade.

6) Porque é que utilizamos os métodos de cultivo de plantas a partir de tecidos e células no estudo das células? **Resposta:** Por uma razão: Com este método, investiga-se a estrutura celular e as condições de desenvolvimento fora do corpo.

7) Porque é que os métodos centrifugados são utilizados nos estudos celulares? **Resposta:** Razão: Os componentes das células têm densidades diferentes e são separados uns dos outros durante a centrifugação para posterior estudo separado.

8) Porque é que o fluido do protoplasma se move em círculo (rotativamente)? **Resposta:** Razão: O movimento circular (rotacional) ocorre em células adultas que têm um ou 2-3 vacúolos. Nestas condições, o citoplasma, juntamente com os plastídeos e as mitocôndrias, movem-se no sentido dos ponteiros do relógio e no sentido contrário ao dos ponteiros do relógio.

9) Porque é que o fluido protoplasmático se move de forma oscilante? **Resposta:** Motivo: o movimento oscilatório é observado quando existem vários pequenos vacúolos na célula. Quando observado através de um microscópio, o citoplasma no interior da célula move-se aleatoriamente, em diferentes direcções, ou seja, as direcções do movimento do protoplasma em torno de cada vacúolo são diferentes, pelo que o movimento parece errático.

10) Porque é que o hialoplasma se move rotativamente? **Resposta:** Razão: Se um único vacúolo está localizado no centro da célula, então o hialoplasma move-se ao

longo do comprimento da membrana celular numa única direção, rotativamente. Porque é que o hialoplasma se move de forma oscilante ou espontânea? **Resposta:** Razão: Se existirem vários vacúolos, o hialoplasma desloca-se dos vacúolos centrais em diferentes direcções, de forma oscilante ou espontânea. No lugar do hialoplasma movem-se os organelos celulares.

3 etapas: tarefas para "Análise"

Tarefas. De acordo com o diagrama, compare as semelhanças e diferenças entre as células procarióticas e eucarióticas.

Venn diagram-1

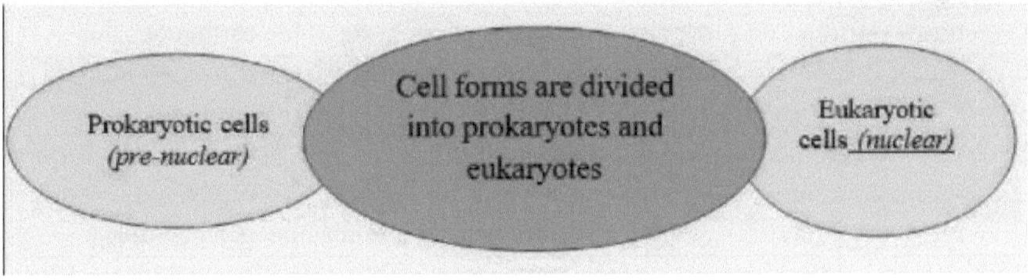

Destacar a ideia principal do tema ...

Assinale a resposta correta.

> Semelhança entre células procarióticas e eucarióticas: todos os *organismos* vivos são constituídos por células.

> A semelhança entre as células procarióticas e eucarióticas: a célula é a unidade mais pequena do organismo, o limite da sua *divisibilidade*, dotada de *vida* e de todas as *caraterísticas principais* do organismo.

> Diferenças entre células *procarióticas* e *eucarióticas*: as formas celulares dividem-se em procarióticas e eucarióticas.

> Diferenças das células procarióticas: células procarióticas *(sem núcleo).*

> Diferenças nas células eucarióticas: células eucarióticas *(nucleares).*

> Diferenças nas células procarióticas: sem núcleo, forma unicelular.

> Diferenças das células procarióticas: os organismos procarióticos incluem os vírus e *as bactérias*, os organismos azuis-verdes e *as arqueas.*

> Diferenças das células procarióticas: material genético - a cadeia de ADN está imersa no *centro* do citoplasma sem envolver a membrana.

> Distinções das células procarióticas: os procariotas não têm de *mitose* e *meiose*, o movimento do citoplasma não é observado.

> Diferenças das células procarióticas: a parede celular contém a substância heteropolar *mureína*, que não está contida na membrana celular de outros organismos.

> Distinções das células procarióticas: de acordo com as peculiaridades da estrutura celular, o aparecimento de procariotas surge mais cedo do que o de eucariotas.

> Diferenças das células procarióticas: o núcleo e o citoplasma da célula são a parte viva, e a casca e o vacúolo são *inanimados.*

> Diferenças nas células eucarióticas: consiste em um núcleo e citoplasma com muitos organóides.

Destacar a ideia principal do tema:

Semelhanças: Todos os organismos vivos são constituídos por células.

Diferenças: Todas as formas celulares podem ser divididas em dois super-reinos, com base na estrutura das células que as constituem: procariotas (pré-nucleares) - são mais simples em termos de estrutura e tiveram origem mais cedo no processo evolutivo; eucariotas (nucleares) - mais complexos, surgiram mais tarde.

4 etapas: tarefas para "Síntese"

Investiga a estrutura do protoplasto e tira uma conclusão sobre as funções dos organóides. Preenche o quadro com base nas tuas conclusões.

Tabela-1.

Rede endoplasmática (EPS)	Retículo endoplasmático (EPS) - um sistema de túbulos ramificados, está envolvido na *síntese* de proteínas, lípidos e hidratos de carbono, no transporte de substâncias na célula
Ribossomas	Ribossomas - corpos que contêm rRNA estão localizados no EPS e no *citoplasma* e estão envolvidos na síntese de proteínas. EPS e ribossomas - um único aparelho para a *síntese* e *transporte* de proteínas;
Mitocôndrias	As mitocôndrias, as "centrais eléctricas" da célula, estão separadas do citoplasma por duas membranas. As enzimas presentes nas cristas aceleram a oxidação de substâncias *orgânicas* e a *síntese* de moléculas de ATP, ricas em energia;
Complexo de Golgi	Complexo de Golgi - nas membranas do complexo ocorre a síntese de gorduras e hidratos de carbono;
Lisossomas	Lisossomas - nos lisossomas são destruídas células *mortas*, células inteiras.
Inclusões celulares	As inclusões celulares são acumulações de nutrientes *de reserva*: proteínas, *gorduras* e hidratos de carbono.
Núcleo	O núcleo é a parte mais importante de uma célula. É coberto por uma membrana dupla com poros através dos quais algumas substâncias penetram no *núcleo*, enquanto outras entram no *citoplasma* da célula.
Plastídeos	1. Os plastídeos são organóides caraterísticos apenas das células vegetais. 2. Dividem-se em 3 tipos: 1) *leucoplastos* incolores (transparentes), 2) *cloroplastos* verdes, 3) cor vermelho-amarela, *cromaplastos.*
Camadas de cloro	1. Plastídeos verdes. 2. Os cloroplastos contêm grãos *de clorofila*, e os cloroplastos das algas são chamados *cromatóforos.* 3. As funções dos cloroplastos estão principalmente associadas à clorofila.

	4. Como resultado do processo de fotossíntese nos cloroplastos, forma-se *o amido*.
Leucoplastos	1. Não existem *pigmentos* nos leucoplastos. 2. Leucoplastos - sintetizam e armazenam amido, por vezes *proteínas*, raramente *lípidos*. 3. Os leucoplastos que armazenam amido são chamados *amiloplastos.* 4. Formam *grãos* de amido. 5. São *os* chamados *amidos* secundários. 6. Os leucoplastos que recolhem o excesso de proteínas sob a forma de cristais ou no estado amorfo (grânulos) são chamados proteanoplastos, os lípidos gotículas - sob a forma de plastoglobulus são recolhidos nos *oleoplastos.*
Cromoplasma	O cromoplasma tem uma grande importância biológica, atraindo *insectos para a polinização cruzada* e animais para a distribuição de *sementes.*

5 etapas: tarefas para "Aplicação"

Nomear os organelos:

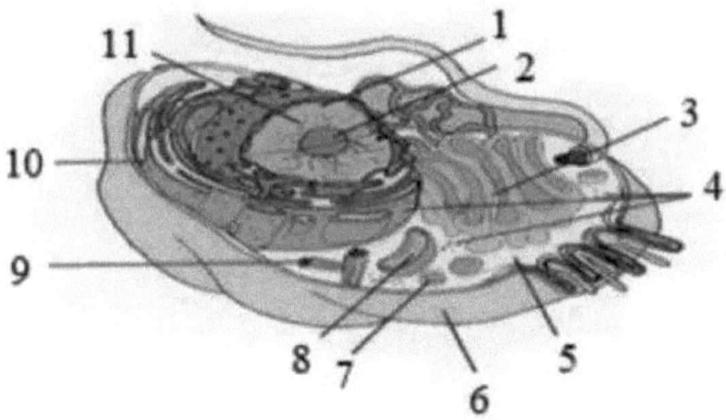

Fig.15. Organelos da célula vegetal

Responde: 1;2;3; 4;5;6;7;6: 7;8;9; 10; 11.

6 etapas: tarefas para "Avaliação" Teste de células vegetais

1. Que substância leva à recolha de amostras da parede celular?

A. lignina
B. celulose
C. suberina
D. pectina
E. hemicelulose

2. Quais são as dimensões de um vírus de grandes dimensões?

A. 1-5 nm
B. 5-50 nm
C. 50-100 nm

D. 70-80 nm

E. 100-200 nm

3. O que é que falta no vacúolo?

A. ADN

B. H_2O

C. CO_2

D. H_2CO_3

E. KCl

4. Indicar onde não há membrana:

A. microtúbulo

B. EPS

C. microssoma

D. núcleo

E. plastídeo

5. O que é o complexo de Golgi?

A. macrotúbulos

B. microtúbulos

C. Dictiossomas

D. Microssomas

E. polissomas

6. Qual é a função das mitocôndrias?

A. fase escura da fotossíntese

B. respiração

C. fase luminosa da fotossíntese

D. tampão

E. sinal

7. Qual é a composição dos microfilamentos?

A. Lípidos e hidratos de carbono

B. hidratos de carbono

C. lípidos

D. proteínas

E. b árvores e hidratos de carbono

8. Modelo moderno da estrutura da membrana:

A. líquido intermitente

B. mosaico líquido

C. transporte e depositário

D. Transitório

E. cristal líquido

9. Que organoide tem um diâmetro de até 10 microns?

A. cloroplasto

B. Cromoplasma

C. dictiossoma

D. mitocôndrias
E. núcleo

10. Quem descobriu a célula vegetal?

A. Robert Hooke
B. Irmãos Nielssen
C. Irmãos Janssen
D. Anthony van Lövenguk
E. Robert Brown

Respostas: 1-3; 2-5; 3-1; 4-1; 5-3; 6-2; 7-4; 8-2; 9-5; 10-1.

PARTE ORIENTADA PARA O RESORT

Avaliação formativa com base num sistema de critérios de 100 pontos

Nível I (50 pontos)

1 etapa: avaliação do nível de conhecimentos sobre **"Aprendizagem"**

1-tarefa:

1. Quem foi o primeiro a introduzir o conceito de célula? Resposta: A descoberta da célula pertence ao cientista inglês R. Hooke, que, olhando ao microscópio através de uma secção fina da cortiça, viu estruturas semelhantes a favos de mel e chamou-lhes células.
2. Quem é o criador da teoria celular? Resposta: A teoria celular foi formulada pelos cientistas alemães M. Schleiden e T. Schwann em 1839. A teoria celular moderna foi substancialmente complementada por R. Birzhev e outros.
3. Todas as células, com base na estrutura dos componentes, estão divididas em que formas?

Resposta: Todas as células estão divididas: *as procariotas* (pré-nucleares) são mais simples e *as eucariotas* (nucleares) são mais complexas.

4) Como é que se classificam em função da forma das células? **Resposta:** As células dividem-se em dois tipos:
parenquimatoso e *prosenquimatoso.*

5) Quais são os tamanhos das células vegetais? Algumas bactérias globulares têm tamanhos insignificantes: de 0,2 a 0,5 microns de diâmetro (lembre-se que 1 micron é mil vezes mais pequeno que 1 mm). O ovo de ave é essencialmente uma gaiola. O ovo de avestruz tem 17,5 cm de comprimento e é a maior gaiola. No entanto, regra geral, o tamanho das células varia em limites muito mais estreitos - de 3 a 30 microns.

2-tarefas:

1) Que organelos existem numa célula? **Resposta:** Os organelos celulares incluem: *núcleo,* plastídeos, *mitocôndrias, ribossomas*, retículo endoplasmático, dictiossomas, lisossomas.

2) Classificação dos organelos? **Resposta**: Os organóides são *unimembranares, bimembranares* e *sem membrana.*

3) O que é que se refere às partes vivas e mortas da célula? **Resposta:** As partes vivas incluem o núcleo e o citoplasma, as mortas o envelope e o vacúolo.

4) Quais são as caraterísticas do citoplasma? **Resposta:** Uma de suas principais caraterísticas é a permeabilidade consistente, ou seja, o livre fluxo do citoplasma para o vacúolo e seu ambiente externo, bem como a permeabilidade semicondutora da molécula de compostos orgânicos e inorgânicos.

5) Quem introduziu o conceito de "protoplasma" na biologia? **Resposta:** O conceito de "protoplasma" em biologia foi introduzido pelo cientista checo Jan Purkini em 1839 e, em 1862, chamou ao fluido que envolve o núcleo de Kellich "citoplasma" (do grego "cytosis" - célula, "plasma").

6) Quem foi o primeiro a descobrir a mobilidade do citoplasma e o que é que faz parte do citoplasma? **Resposta:** Foi descoberta por B. Corti (1772) e depois por L. Treviranus. O citoplasma é constituído por uma substância lipídica e transparente, o hialoplasma.

7) Que outras propriedades especiais do citoplasma existem? **Resposta**: Uma caraterística do citoplasma nas células vivas é o facto de se mover em duas cadeias e fluxos diferentes.

8) Os movimentos de rotação (rotacionais) são observados em que células? **Resposta:** Movimentos de rotação (rotacionais) em células adultas com um, dois ou três vacúolos. Neste caso, o citoplasma move-se no sentido dos ponteiros do relógio com o vácuo ou vice-versa, acompanhado por plastídeos e mitocôndrias.

9) Em que situação se verificam movimentos ondulatórios? **Resposta:** Os movimentos ondulatórios ocorrem na presença de vários pequenos vacúolos no interior da célula. Ao microscópio, o citoplasma no interior da célula é instável, move-se em todas as direcções, ou seja, cada rotação do vacúolo não tem a mesma direção, pelo que o movimento se torna caótico.

10) Que meio líquido tem todos os organelos? **Resposta:** Todos os organelos caem num haloplasma transparente.

11) O que é o hialoplasma? **Resposta:** É a substância principal do citoplasma, matriz ou habitat. É também designado por citosol.

12) Qual é a função do hialoplasma e que sistema de organóides está contido nele? **Resposta:** Apresenta vários sistemas de organóides: ribossomas, plastídeos, mitocôndrias e o aparelho de Golgi, etc.

13) A composição do hialoplasma? **Resposta:** O hialoplasma é constituído por **enzimas** e ácidos nucleicos.

14) A velocidade de movimento do hialoplasma depende de quê? **Resposta:** A velocidade do movimento do hialoplasma depende da temperatura e da intensidade da luz, do fornecimento de oxigénio e de outros factores.

15) O que é que o protoplasma contém? **Resposta:** A composição do protoplasto inclui o *citoplasma* e o *núcleo* da célula vegetal.

16) Qual é a função do protoplasto? **Resposta:** A unidade principal que regula os processos vitais das células vegetais (metabolismo, irritação, reprodução, crescimento, nutrição, etc.).

17) Em que é que o protoplasma é diferente dos plastídeos? **Resposta:** O protoplasto é geralmente incolor, a cor do plástico é *verde* ou *laranja.*

3- tarefa:

1) As mitocôndrias estão localizadas em que parte da célula? **Resposta:** As mitocôndrias reúnem-se em torno do núcleo e do cloropaste e de outros organelos.

2) Qual é a forma das mitocôndrias? **Resposta:** As mitocôndrias têm a forma redonda, oval ou cilíndrica, por vezes em forma de halteres.

3) As mitocôndrias têm que formas? **Resposta:** O seu comprimento é *de 2-5* microns e o comprimento das formas cilíndricas é de *7* microns. e não mais do que *0,3-1* microns na horizontal. O número de mitocôndrias atinge várias centenas,

consoante a idade, a forma e a função da célula.

4) Qual é a função das mitocôndrias? **Resposta:** A mitocôndria é um laboratório *de poupança de energia.* Com a participação de oxigénio, hidratos de carbono, gorduras e outras matérias orgânicas, o ATP, ou seja, a síntese de ATP a partir de APD, é desintegrado e sintetizado, o que fornece energia à célula.

5) Que outras funções têm as mitocôndrias? **Resposta:** A separação, a cópia, a obtenção de uma determinada substância a partir de várias sínteses, etc., estão envolvidas na execução dos processos.

6) Como é que as mitocôndrias surgem? **Resposta:** As mitocôndrias são encontradas de diferentes formas: a origem dos núcleos como partes iniciais e a separação das próprias mitocôndrias.

7) Quem descobriu o primeiro aparelho de Golgi? **Resposta**: Foi descoberto pela primeira vez em *1878* pelo *cientista italiano Golgi*, a partir de uma gaiola de animais.

8) A função do aparelho de Golgi? **Resposta:** Os polissacáridos são aí sintetizados e removidos.

9) Que outras funções desempenha o aparelho de Golgi? **Resposta:** Transporta e entrega polissacarídeos para a membrana plasmática.

10) Que outras funções desempenha o aparelho de Golgi? **Resposta:** Participa na formação de vacúolos e lisossomas.

11) O que é o esferossoma? **Resposta:** É o centro da síntese dos óleos vegetais.

12) Qual é a base dos lisossomas? **Resposta:** São as vesículas mais pequenas do citoplasma com uma única camada de membrana.

13) Quais são as funções dos lisossomas? **Resposta:** Destroem as proteínas e os lípidos, bem como os polissacáridos e outros compostos orgânicos.

14) Como se formam os lisossomas? **Resposta:** Tal como os esferossomas, são formados a partir de filamentos endoplasmáticos puros.

15) Que outras funções tem a lise? **Resposta:** Divide constantemente enzimas na superfície da célula, digere e digere organelos dissociados na célula.

16) Quem descobriu o ribossoma? **Resposta:** Em 1955, *G. Palade* descobriu.

17) **Qual** é a forma do ribossoma e em que parte da célula está localizado? Se observarmos ao microscópio, parece-se com pontos. São grãos muito pequenos, sempre na zona do hialoplasma com um diâmetro de 20 nm ou grânulos na parte superior da membrana endoplasmática. Encontram-se nas mitocôndrias e nos plastídeos.

18) Composição do ribossoma? **Resposta:** O ribossoma é constituído por ribossomas e ácido ribonucleico (ribonucleoproteínas) e não tem uma estrutura de membrana. São formados com base no núcleo e estão completamente formados no citoplasma.

19) Quais são as funções desempenhadas pelo ribossoma? **Resposta:** Trata-se de uma proteína sintética que é uma produção de matéria viva. Este processo ocorre nos ribossomas, que estão agrupados e ligados entre si por moléculas diretas de

ARNm16. Estes grupos são chamados polissomas.

4- tarefa:

1) Onde se localiza a membrana plasmática? **Resposta**: Trata-se de uma membrana que separa a membrana celular.

2) Qual é a forma da membrana plasmática? **Resposta:** Tem pêlos ou cria dobras profundas.

3) Função do plasmalema? **Resposta:** Regula o metabolismo celular e está envolvido na síntese de substâncias.

4) Qual é a função da membrana plasmática? **Resposta:** Apenas a água passa livremente através da via de difusão para a célula, e pequenas moléculas e iões passam através do plasma para o hialoplasma a diferentes velocidades, que não transferem grandes moléculas.

5) O tonoplasto desempenha que função? **Resposta:** É a membrana que separa o citoplasma do vacúolo. É por vezes designada por membrana de vácuo. Regula a composição e a velocidade das substâncias que caem no vácuo.

6) O mesoplasma é que tipo de membrana? **Resposta:** O mesoplasma é uma membrana intermediária entre o plasmalema e o tonoplasto. Nesta membrana encontram-se os organelos da parte protoplástica da célula.

7) Funções do mesoplasma? **Resposta:** É a membrana que permite o processo de metabolismo e o metabolismo da membrana.

8) Quais são as formas do retículo endoplasmático? **Resposta:** Proporciona reacções metabólicas intracelulares. Existem dois tipos de retículo endoplasmático - granular (grosseiro) e agranular (brilhante).

9) Qual é a função da folha endoplasmática granulada? **Resposta:** Sintetiza enzimas na célula, transporta agentes intracelulares, provoca o contacto com células vizinhas e produz alguns órgãos novos, como membranas, como vacúolos, lisossomas e dictosomas.

10) **Qual** é a função do retículo endoplasmático extracelular agranular? Estão envolvidos na síntese e no transporte de óleos essenciais, fumos e borrachas.

2 etapas: *avaliação do nível de competências na* **"Aplicação"** *do modelo*

5- tarefa:

1) Qual é a estrutura das mitocôndrias? **Resposta:** As mitocôndrias são cobertas por duas membranas: a membrana *externa* é lisa e a interna tem numerosas *dobras* e *saliências* que são ***as cristas.***

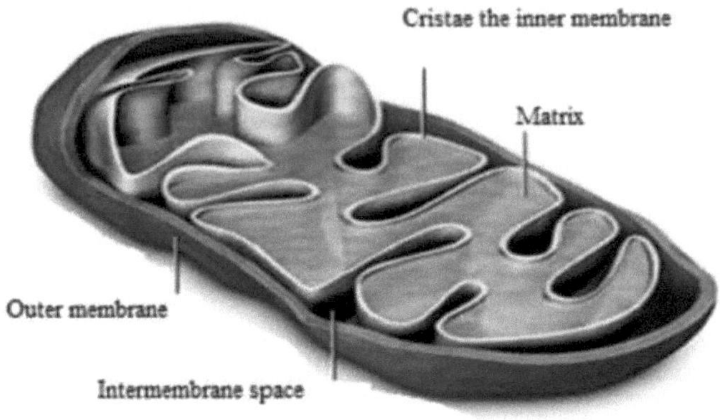

Fig.16. Mitocôndrio

As enzimas que são sintetizadas pela energia dos nutrientes absorvidos pela célula, as moléculas *de trifosfato de adenosina* (ATP), estão embebidas na membrana das cristas.

2) Considere o esquema proposto. Escreva na resposta o termo em falta indicado no diagrama por um ponto de interrogação. **Resposta**: núcleo

Retículo endoplasmático
O Complexo de Golgi
Lisossomas membranosos
Mitocôndrias
V.. ?
Organóides
Ribossomas
Microtúbulos
Flagelos de recordação
Cílios
Centro celular

Fig.17. Os organelos de uma célula vegetal.

Nível II (51 pontos +38 pontos = 89 pontos)

1 etapa: avaliação do nível de conhecimentos sobre **"Compreensão"**

*1- **tarefa:** Explicar a razão:*

1) Explique por que razão os organelos são designados por estruturas celulares especializadas? **Motivo:** os organelos são designados estruturas celulares especializadas, uma vez que desempenham funções estritamente definidas, a informação hereditária é armazenada no núcleo, o ATP é sintetizado nas mitocôndrias, a fotossíntese processa-se nos cloroplastos, etc.

2) Porque é que as células se chamam parenquimatosas? **Razão:** Nas células parenquimatosas, a relação entre o comprimento e a largura é a mesma ou aumenta não mais do que 2-3 vezes ou não é visível entre si nas células diametrais. Estas incluem células de folhas, frutos.

3) Porque é que as células são chamadas prosenquimais? **Razão:** Nas células prosenquimais, a razão entre o comprimento e a largura aumenta várias vezes. O comprimento médio das células nas plantas superiores é de 10-100 microns. No linho, na urtiga e em algumas outras plantas, as células prosenquimais são grandes e compridas.

4) Porque é que o hialoplasma se move? **Razão:** O hialoplasma move-se devido à conversão de energia química em energia mecânica.

5) Porque é que os métodos citológicos são utilizados no início de qualquer estudo? **Razão:** com este método é possível determinar a presença de várias substâncias (proteínas, lípidos, ácidos nucleicos, hormonas, vitaminas, etc.) e a sua quantidade.

6) Porque é que utilizamos os métodos de cultivo de plantas a partir de tecidos e células no estudo das células? **Razão:** Com este método, a estrutura celular e as condições de desenvolvimento fora do corpo são investigadas.

7) Porque é que os métodos centrifugados são utilizados nos estudos celulares? **Razão:** Os componentes das células têm densidades diferentes e são separados uns dos outros durante a centrifugação para posterior estudo separado.

8) Porque é que o fluido do protoplasma se move em círculo (rotação)? **Razão:** O movimento circular (rotacional) ocorre em células adultas que têm um ou 2-3 vacúolos. Nestas condições, o citoplasma, juntamente com os plastídeos e as mitocôndrias, movem-se no sentido dos ponteiros do relógio e no sentido contrário ao dos ponteiros do relógio.

9) Porque é que o fluido protoplasmático se move de forma oscilante? **Razão:** o movimento oscilatório é observado quando existem vários pequenos vacúolos na célula. Quando observado através de um microscópio, o citoplasma no interior da célula move-se aleatoriamente, em diferentes direcções, ou seja, as direcções do movimento do protoplasma em torno de cada vacúolo são diferentes, pelo que o movimento parece errático.

10) Porque é que o hialoplasma se move rotativamente? **Razão:** Se um único vacúolo estiver localizado no centro da célula, então o hialoplasma move-se ao longo do comprimento da membrana celular numa única direção, rotativamente.

11) Porque é que o hialoplasma se move de forma oscilante ou espontânea? **Razão:** Se existirem vários vacúolos, o hialoplasma desloca-se dos vacúolos centrais em diferentes direcções, de forma oscilante ou espontânea. No lugar do hialoplasma movem-se os organelos celulares.

2 etapas: avaliação do nível de conhecimentos sobre a "**Análise**"

2-tarefa: Determinar a ideia principal de acordo com o diagrama de Venn das semelhanças e diferenças das membranas do citoplasma: membrana plasmática, mesoplasma e tonoplasto.

Diagrama de Venn -2

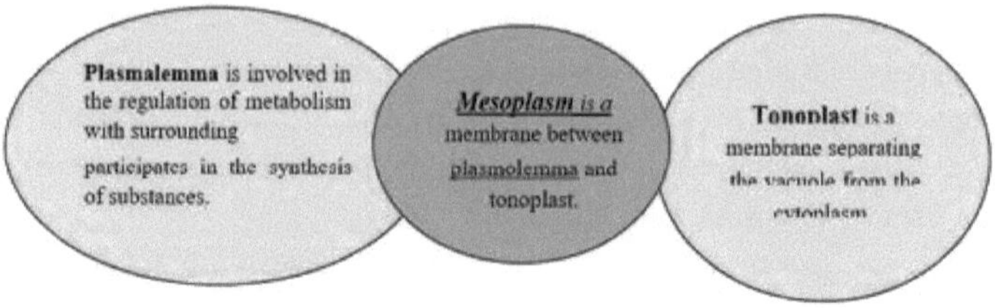

Qual é a ideia principal do tema? Assinala as respostas corretas:

12) Semelhança entre plasmalema, mesoplasma e tonoplasto: são membranas membranares do citoplasma.

13) Caraterísticas da membrana plasmática: Esta é a membrana que separa o citoplasma da parede celular.

14) Caraterísticas da membrana plasmática: Regula o metabolismo com o meio externo, além de participar da síntese de substâncias.

15) Caraterísticas do plasmalema: O plasmalema passa livremente apenas água, passa seletivamente as moléculas mais pequenas e os iões para o hialoplasma a diferentes velocidades, não deixa passar moléculas grandes.

16) Caraterísticas do mesoplasma: Membrana entre o plasmolema e o tonoplasto. Aqui estão os organóides do protoplasto.

17) Caraterísticas do mesoplasma: Uma substância é trocada entre membranas e organóides através desta membrana.

18) Caraterísticas do tonoplasto: É uma membrana que separa o vacúolo do citoplasma.

19) Caraterísticas do tonoplasto: O tonoplasto regula a composição e a velocidade das substâncias que ocorrem no vacúolo.

3-tarefa: Selecionar a ideia principal do tema:

Semelhanças: São as membranas do citoplasma. Fazem parte das membranas do citoplasma - membrana plasmática, mesoplasma e tonoplasto.

Diferenças: Plasmolema, que separa o citoplasma da parede celular.

O plasmolema regula o metabolismo com o ambiente externo e também participa na síntese de substâncias. O plasmolema passa livremente apenas água, a várias velocidades passa seletivamente as moléculas mais pequenas e iões para o hialoplasma, não deixa passar moléculas grandes. Membrana entre o plasmolema e o tonoplasto. Aqui estão os organóides do protoplasto. Através do mesoplasma há uma troca de substâncias entre as membranas e os organóides. Esta é a membrana que separa o vacúolo do citoplasma. O tonoplasto regula a composição e a velocidade das substâncias que ocorrem no vacúolo.

3 etapas: *avaliação do nível de competências na* **"Aplicação"** *numa situação alterada*

4- tarefa:

1) Indica se as afirmações dadas são verdadeiras:

A. Na figura, o organoide, que é responsável por todos os processos que ocorrem na célula, está assinalado com a letra A. **Resposta**: direita.

B. Numa célula vegetal madura, a seiva celular está contida num organoide, assinalado pela letra D. **Resposta:** não é verdade.

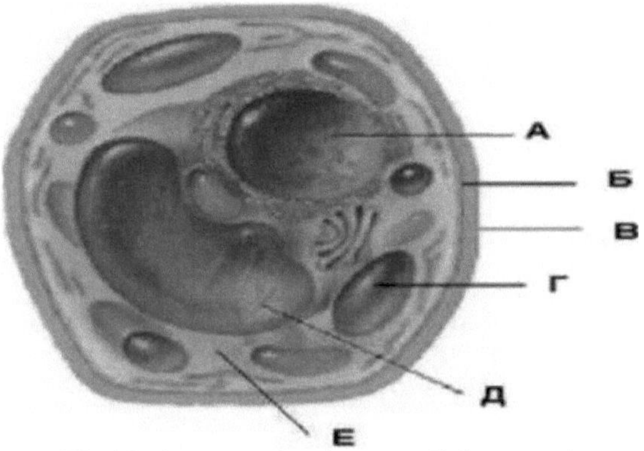

Fig.18. Os organelos de uma célula vegetal

2) A figura mostra uma célula vegetal ao microscópio. Observa a imagem e responde à pergunta.

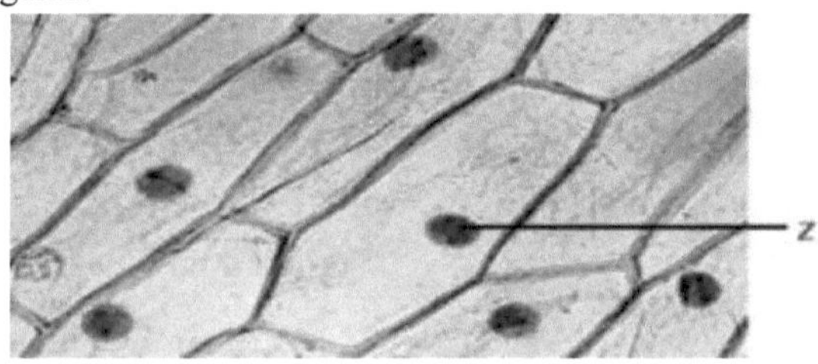

Pic.19.

3) Na figura, a letra Z indica a parte componente da célula, cuja função é?
Resposta: _guardar_ e _transferir_ informações.

4) Preenche a tabela, escreve os organelos destas células e diz-nos como diferem entre si.

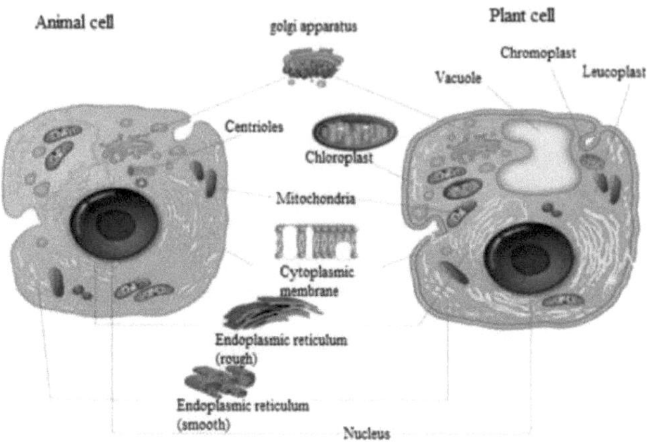

Fig.20. Os organelos das células

Quadro 2.

Célula vegetal	Célula animal
1.	1.
2.	2.
3.	3.
4.	4.
5.	5.
6.	6.
7.	7.

Diga-nos em que é que diferem?

1) Existe *um centríolo* na célula animal. Nas células das plantas superiores *o centríolo* não existe.

2) *Não existem plastídeos* na célula animal, que se alimenta de substâncias *orgânicas* já prontas. As plantas que utilizam plastídeos produzem matéria *orgânica*.

3) A membrana espessa e densa, que contém celulose, só se encontra nas células *vegetais*. *Não é possível alterar* a forma da célula. A parede celular na célula animal é muito fina, causada pela compactação da camada de citoplasma. Por isso, uma célula animal pode mudar de forma.

Um grande *vacúolo* é caraterístico de uma célula vegetal e de protozoários *unicelulares* (vacúolo digestivo e de armazenamento).

Nível Ill: (89 pontos + 11 pontos =100 pontos)

1 etapa: avaliação do nível de conhecimentos sobre **"Síntese"**

***1 tarefa:* Adivinhar as palavras cruzadas.**

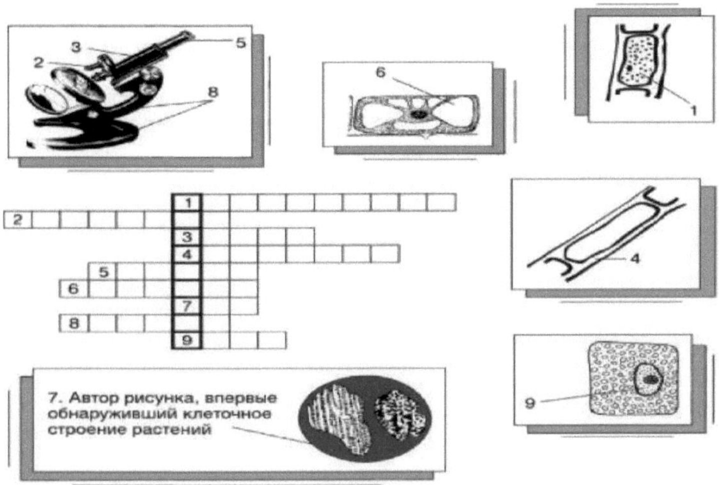

Responder: 1. Citoplasma. 2. Lente. 3. Tubo. 4. Concha. 5. Ocular. 6. Vacúolo 7. Hooke. 8. Tripé. 9. O núcleo.

Insere no texto de "Organóides da célula vegetal" os termos em falta na lista proposta. As plantas são constituídas por células. No centro da célula jovem, tal como noutros organismos eucariotas, existe *um núcleo*. A maior parte do espaço interno de uma célula vegetal madura é ocupada pelo *vacúolo* com a seiva celular. A principal diferença das células vegetais são os *corpos* ovais de cor verde dos *cloroplastos* que contêm *glicogénio*. A parede celular da célula vegetal contém *celulose*, que lhe confere resistência.

2 etapas: avaliação do nível de competências sobre a **"Reflexão"** e competências para resolver problemas da vida

2- tarefa:

O que é que acha?

Escreva um ensaio sobre "Teoria celular. Propriedades das células vegetais. Partes e forma das células.

Estrutura e função dos organelos das células vegetais. Substâncias de reserva e cristais.

3 tarefas:

O que é que aprendeu com a lição (opinião), escrever um ensaio

O que é que sabe mais? Utilizar os recursos da Internet, literatura adicional para escrever um ensaio. Escrever um ensaio é 4 nível criativo acima do padrão.

PARTE SINÉTICA (identificação de problemas sobre o tema e sua solução)

Secção №2. O núcleo. Estado físico, forma e localização na célula. Caraterísticas dos organelos do complexo "núcleo".

Lembra-te!

(Os alunos vêm com respostas prontas)

1) O que é o núcleo? Qual é a função do núcleo?
2) Qual é a forma do núcleo?
3) Qual é a composição química do núcleo?
4) O que é o nucléolo?
5) Quantos nucléolos existem no núcleo e qual é a sua composição?
6) O que é a fissão nuclear?
7) Qual é a causa da fissão nuclear?
8) Como é formado o novo núcleo?
9) Como é que as bases azotadas estão interligadas?
10) O que é o código genético?
11) Quem descobriu a composição do ADN?
12) Qual é o significado da descoberta da composição do ADN?
13) Quais são as diferenças entre as moléculas de ARN e de ADN?

Saberás!

Objetivo: Conhecer a estrutura do núcleo da célula vegetal. a forma e a localização do núcleo na célula, Examinar a estrutura do núcleo e as suas partes principais.

Saberá:

- sobre o núcleo e sobre a estrutura do núcleo
- sobre as funções do núcleo e o estado físico do núcleo
- sobre a forma e a localização do núcleo na célula
- sobre organelos

Tu sabes:

- estrutura celular das plantas, estrutura celular, organoides, suas funções;
- substâncias de reserva e cristais;
- propriedades das células vegetais.

PROBLEMA:

- estrutura do núcleo;
- funções do núcleo;
- a estrutura do nucléolo;
- Funções do núcleo;
- componentes do núcleo.

Plano de aulas

Núcleo. Estado físico, forma e localização na célula.

O núcleo é um organoide importante que está rodeado por uma membrana dupla, chamada envelope nuclear, que separa o conteúdo do núcleo do resto da célula. O núcleo contém toda a informação hereditária (ADN) e controla o crescimento e a reprodução da célula.

Exercício 1. O que é que a figura mostra? Mostrar na figura o núcleo, os nucléolos e os cromossomas?

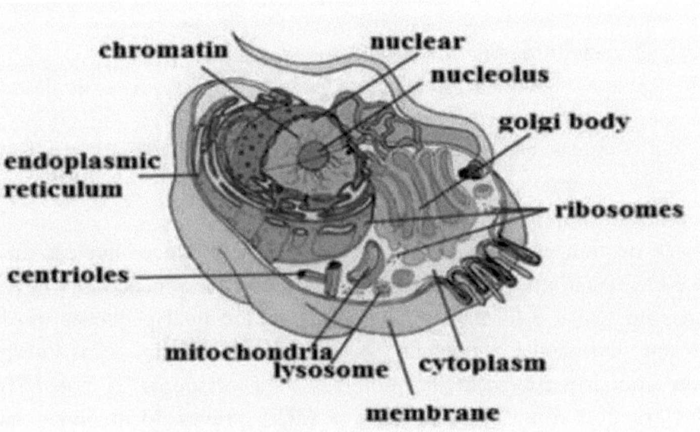

Fig.21. Organelos das células vegetais

...imagem

O invólucro nuclear tem numerosos poros através dos quais várias substâncias podem passar do citoplasma para o núcleo e vice-versa.

O conteúdo interno do núcleo é chamado de **carioplasma** ou **suco nuclear.** No suco nuclear encontram-se **a cromatina** e **o nucléolo**.

A célula tem um núcleo, mas nalgumas plantas inferiores (curvas, algumas algas, etc.) podem existir células com dois ou mais núcleos. O núcleo é um local de armazenamento e reprodução da informação genética que determina as caraterísticas de uma determinada célula e de todo o organismo. O núcleo serve também como centro de controlo do metabolismo e de quase todos os processos que ocorrem numa célula.

Dependendo do grau de desenvolvimento do sistema vacuolar da célula, a posição do núcleo é diferente. Na presença de um grande vacúolo central, o núcleo está localizado perto da parede celular. Se houver vários vacúolos, então o núcleo está localizado, por assim dizer, numa bolsa nuclear, na camada de parede do citoplasma. O **invólucro nuclear** consiste em duas membranas elementares com numerosos poros. A membrana externa da membrana nuclear em alguns lugares é combinada com o retículo endoplasmático. No núcleo podem distinguir-se um ou vários nucléolos e finos filamentos de cromatina com corantes especiais, que estão imersos na seiva nuclear (cariolinfa), ou a substância principal do núcleo. **A cromatina** é constituída por ADN associado a um grande número de proteínas especiais - as histonas.

O termo "núcleo" foi utilizado pela primeira vez por Brown em 1833. Para designar estruturas esféricas permanentes em células vegetais. Mais tarde, a mesma estrutura foi descrita em todas as células de organismos superiores. O núcleo contém a maior parte do material genético da célula, os cromossomas. **Os cromossomas** são várias moléculas de ADN lineares e longas ligadas a proteínas. Cada cromossoma contém genes, o chamado genoma nuclear. O núcleo mantém a integridade dos genes, e as proteínas que contém regulam os processos celulares através do controlo da expressão genética, pelo que o núcleo é, de facto, o centro de controlo da célula. As estruturas que compõem o núcleo incluem o envelope nuclear - a membrana dupla que envolve o núcleo e o isola do citoplasma; e a matriz nuclear (que inclui a lâmina nuclear) - uma rede de filamentos que fornece suporte mecânico para o núcleo, como o citoesqueleto no citoplasma.

A regulação do transporte de moléculas através do invólucro nuclear (transporte nuclear) é efectuada através de poros nucleares. Os poros penetram em ambas as membranas nucleares e formam um canal através do qual pequenas moléculas e iões passam livremente, enquanto as moléculas grandes são transportadas ativamente com a participação de proteínas transportadoras. A transferência de moléculas grandes, como as proteínas e o ARN, através do invólucro nuclear é necessária para a expressão dos genes e a manutenção dos cromossomas. Embora não existam subcompartimentos rodeados por uma membrana no interior do núcleo, o seu conteúdo interno é heterogéneo e contém vários corpos nucleares que consistem em proteínas específicas, moléculas de ARN e partes de cromossomas.

O corpo nuclear mais famoso é o nucléolo, no qual ocorre a montagem das subunidades ribossómicas. Após a formação no nucléolo, **as subunidades ribossómicas** são transportadas para o citoplasma, onde **traduzem o ARNm**

Exercício 2. O que é que a figura mostra? (Diz o nome da imagem e dá uma breve descrição de cada componente)

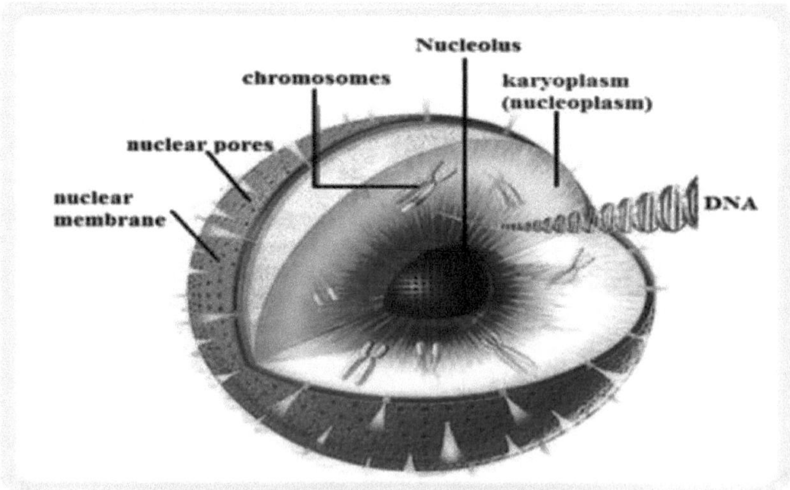

Fig.22. A estrutura do núcleo de uma célula vegetal

Quando falamos de núcleo celular, referimo-nos ao núcleo real das células eucarióticas. Os seus núcleos são construídos de forma complexa e diferem bastante das formações "nucleares", nucleoides, dos organismos procariotas. Nestes últimos, uma única molécula de ADN circular, praticamente desprovida de proteínas, faz parte dos nucleóides (estruturas semelhantes a núcleos). Por vezes, esta molécula de ADN das células bacterianas é designada por cromossoma bacteriano ou genofor (portador de genes). O cromossoma bacteriano não está separado por membranas do citoplasma principal; no entanto, está reunido numa zona nuclear compacta - o nucleoide, que pode ser visto num microscópio de luz após colorações especiais

O núcleo celular é geralmente um por célula (há exemplos de células multinucleares), é constituído por um invólucro nuclear que o separa do citoplasma, cromatina, nucléolo, carioplasma (ou seiva nuclear) (arroz). Estes quatro componentes principais encontram-se em quase todas as células não divisíveis dos organismos eucariotas unicelulares e multicelulares. O núcleo é necessário para a vida da célula, porque regula toda a sua atividade. Isto deve-se ao facto de o núcleo transportar a informação genética (hereditária) contida no ADN

Subtema-2. A forma e o estado físico do núcleo

Texto. Os núcleos são geralmente esféricos ou ovóides; o diâmetro dos primeiros é de aproximadamente 10 mkm, e o comprimento dos segundos é de 20 mkm

O tamanho do núcleo da célula é diferente, mas geralmente associado ao volume do citoplasma. A violação desta relação no processo de crescimento celular leva à divisão celular. O número de núcleos celulares também é desigual - a maioria das células tem um núcleo, embora existam células com dois e vários núcleos (por exemplo, algumas células do fígado e da medula óssea). A posição do núcleo na célula é caraterística de cada tipo de célula. Nas células germinativas, o núcleo está normalmente localizado no centro da célula, mas pode deslocar-se à medida que a célula se desenvolve e se formam locais especializados no citoplasma ou depósitos de substâncias de reserva no mesmo.

O conteúdo do núcleo em interfase (não fissionável) é o nucleoplasma e os elementos decorados nele imersos - **nucléolos** e **cromatina.**

O nucléolo. O nucléolo é um corpo denso e arredondado no interior do núcleo. Normalmente, no núcleo da célula há de um a sete nucléolos. Eles são claramente visíveis entre as divisões celulares, e durante a divisão são destruídos. Os nucléolos são corpos esféricos, bastante densos, constituídos por ARN ribossómico, proteínas e uma pequena quantidade de ADN. A sua principal função é a síntese de p-RNA e a formação de ribonucleoproteínas (rRNA + proteína), ou seja, precursores dos ribossomas. Os predribossomas do nucléolo entram no nucleoplasma e passam através dos poros da membrana nuclear para o citoplasma, onde termina a sua formação **A cromatina** é uma cadeia de ADN. Se a célula começa a dividir-se, os fios da cromatina são enrolados em espiral em proteínas especiais, como fios de uma bobina. Estas formações densas são claramente visíveis ao microscópio e são designadas por **cromossomas. A cromatina** contém quase todo o ADN do núcleo.

No núcleo em interfase, tem a forma de filamentos longos e finos, que são uma dupla hélice de ADN, torcidos sob a forma de espirais soltas de ordem superior (super-hélices). O ADN está associado a proteínas histonas, que estão dispostas como contas no seu fio. A cromatina, sendo um local para a síntese de vários ARN (transcrição), é um estado especial dos cromossomas que são detectados durante a fissão nuclear. Podemos dizer que a cromatina é uma forma funcional e ativa dos cromossomas. O facto é que, no núcleo em interfase, os cromossomas estão fortemente soltos e têm uma grande superfície ativa. Esta distribuição difusa do material genético é a que melhor se adequa ao papel de controlo dos cromossomas no metabolismo celular. Consequentemente, os cromossomas estão sempre presentes no núcleo, mas não são visíveis na célula em interfase, porque estão no estado descondensado (solto).

Exercício 3. O que é que a figura mostra? (Diz o nome da imagem e dá uma breve descrição de cada componente)

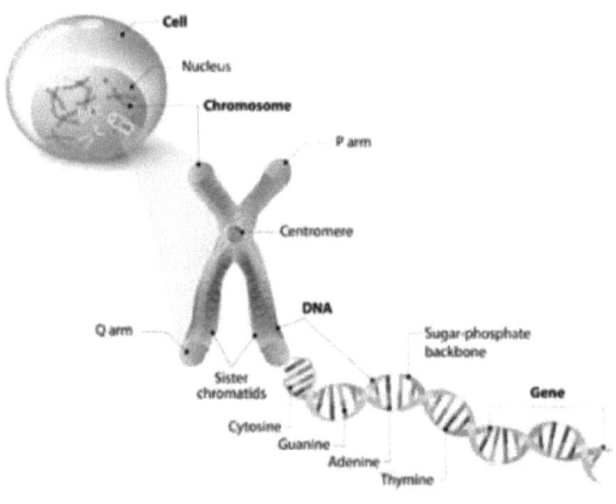

Fig.23. A estrutura do cromossoma

Subtema-3. Função do núcleo

Texto.

O núcleo contém informação genética e controla a atividade vital da célula. O núcleo desempenha dois grupos de funções comuns: uma relacionada com o armazenamento da informação genética propriamente dita, a outra com a sua implementação e a realização da síntese proteica.

O primeiro grupo inclui processos relacionados com a manutenção da informação hereditária sob a forma de uma estrutura de ADN constante. Estes processos estão associados à presença das chamadas enzimas de reparação que eliminam os danos espontâneos na molécula de ADN (quebra de uma das cadeias de ADN, parte dos danos provocados pela radiação), o que mantém a estrutura das moléculas de ADN praticamente inalterada em várias gerações de células ou organismos. Além disso, a reprodução ou reduplicação das moléculas de ADN tem lugar no núcleo, o que permite que duas células obtenham exatamente a mesma quantidade de informação genética em termos qualitativos e quantitativos. Os núcleos sofrem processos de mudança e de recombinação do material genético, o que se observa durante a meiose (crossing over). Finalmente, os núcleos estão diretamente envolvidos na distribuição das moléculas de ADN durante a divisão celular.

Outro grupo de processos celulares proporcionados pela atividade do núcleo é a criação do aparelho adequado de síntese proteica. Não se trata apenas da síntese, da transcrição de vários ARN informativos e do ARN ribossómico em moléculas de ADN.

No núcleo dos eucariotas, a formação das subunidades dos ribossomas também ocorre através da integração do ARN ribossómico sintetizado no nucléolo com as proteínas ribossómicas, que são sintetizadas no citoplasma e transferidas para o núcleo.

Exercício 4. O que é que a figura mostra? (Diz o nome da imagem e dá uma breve descrição de cada componente)

Imagem-1

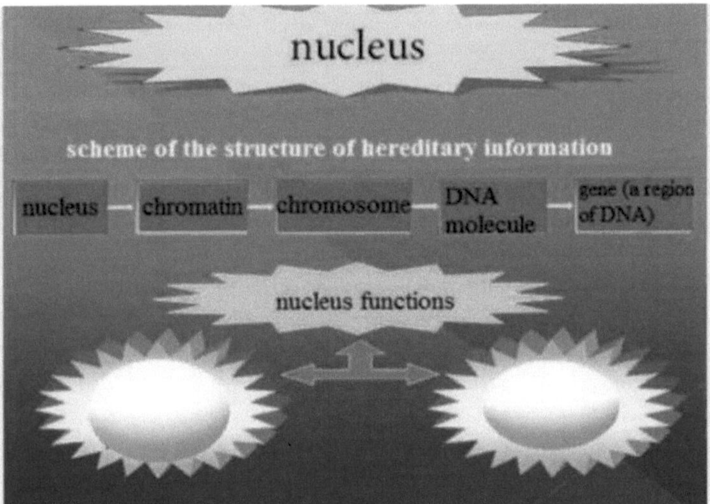

Perguntas de teste

1. Qual é a estrutura do núcleo?
2. Quais são as funções do núcleo?
3. O núcleo da célula vegetal.
4. Os seus componentes e composição química.
5. Quais são as funções do núcleo?
6. Qual é a química das estruturas da cromatina do núcleo?

7. Qual é a estrutura das moléculas de ADN?
8. O nucléolo é um organelo independente do núcleo?
9. Qual é a química das estruturas da cromatina do núcleo?
10. Qual é a estrutura das moléculas de ADN?

As respostas às perguntas que se seguem serão o objeto do nosso estudo na aula de hoje. Tente dominar o tema de hoje, preenchendo as lacunas das tarefas da segunda fase.

Novas tarefas para a produção autónoma
produção autónoma de conhecimentos (em trabalho de grupo)
1 etapa: tarefas para "Aprender"

Tarefas. Responde às questões que se seguem. Preenche as lacunas das frases com as palavras entre parênteses.

1 . O que é o núcleo? Resposta: O núcleo é um organoide essencial de uma célula viva.

2 . O que é o núcleo da célula? Resposta: O núcleo da célula é a parte mais importante da célula.

3 . Onde está localizado o núcleo da célula? Resposta: Está sempre localizado no citoplasma da célula vegetal.

4 . Quem é que introduziu o termo "núcleo"? Resposta: O termo "núcleo" foi utilizado pela primeira vez por Brown em 1833.

5 . Qual é a posição do núcleo nas células jovens? Resposta: Na célula jovem, o núcleo ocupa normalmente uma posição central.

6 . Como é que o núcleo é separado do citoplasma? Resposta: O núcleo está separado do citoplasma por uma membrana constituída por duas membranas.

7 . Como se processa o transporte de moléculas para o núcleo? Resposta: No invólucro do núcleo existem numerosos poros que permitem a passagem de várias substâncias do citoplasma para o núcleo e vice-versa.

8 . Dê o nome do conteúdo interno do núcleo. Resposta: O conteúdo interno do núcleo é designado por carioplasma ou suco nuclear.

9 . O que é que está imerso em sumo nuclear? Resposta: No suco nuclear estão a cromatina e o nucléolo.

10 O que é a cromatina? Resposta: A cromatina é uma cadeia de ADN.

11 O que acontece à cromatina durante a divisão celular? Resposta: Se a célula começa a dividir-se, então os fios da cromatina são enrolados firmemente com uma espiral em proteínas especiais, como fios numa bobina.

12 Dê a definição de cromossomas? Resposta: Estas formações densas são claramente visíveis ao microscópio e designam-se por cromossomas.

13 Quais são os conteúdos do núcleo em interfase? Resposta: O conteúdo do núcleo em interfase (não em divisão) é o nucleoplasma e os elementos decorados nele incorporados - nucléolos e cromatina.

14 O que é um nucléolo? Resposta: Os nucléolos são corpos esféricos, bastante densos, constituídos por ARN ribossómico, proteínas e uma pequena quantidade de

ADN.
15 Qual é a função do nucléolo? Resposta: A sua principal função é a síntese do p-RNA e a formação das ribonucleoproteínas (rRNA + proteína), ou seja, os precursores dos ribossomas.
16 Como se processa a formação dos ribossomas? Resposta: Os pré-ribossomas do nucléolo entram no nucleoplasma e passam através dos poros da membrana nuclear para o citoplasma, onde termina a sua formação.
17 Em que consiste a cromatina? Resposta: A cromatina contém quase todo o ADN do núcleo.
18 O que é a cromatina na interfase? Resposta: No núcleo interfásico, ela tem a forma de filamentos longos e finos, que representam uma dupla hélice de DNA, torcidos na
forma de espirais soltas de ordem superior (super-hélices).
19 Com que é que as moléculas de ADN estão relacionadas? Resposta: O ADN está associado às proteínas histonas, que se encontram como contas no seu fio.
20 Onde é que o ARN é sintetizado? Resposta: A cromatina, sendo um local para a síntese de vários RNAs.
21 Qual é a forma e o tamanho do núcleo? Resposta: Os núcleos são geralmente esféricos ou ovóides; o diâmetro do primeiro é de aproximadamente 10 μm, e o comprimento do segundo é de 20 μm.
22 De que depende o tamanho do núcleo? Resposta: O tamanho do núcleo da célula é diferente, mas normalmente está associado ao volume do citoplasma. A violação desta relação no processo de crescimento celular leva à divisão celular.
23 Quantos núcleos são típicos das células? Resposta: O número de núcleos das células também é desigual - a maioria das células tem um núcleo, embora existam células com dois núcleos e multinúcleos (por exemplo, algumas células do fígado e da medula óssea).
24 Qual é a posição do núcleo na célula? Resposta: A posição do núcleo numa célula é caraterística das células de cada tipo.
25 O que é que determina a posição do núcleo na célula? Resposta: Nas células germinativas, o núcleo está normalmente localizado no centro da célula, mas pode deslocar-se à medida que a célula se desenvolve e se formam locais especializados no citoplasma ou depósitos de substâncias de reserva no mesmo.
26 A cromatina é constituída por quê? Resposta: A cromatina é constituída por ADN associado a um grande número de proteínas especiais - as histonas.

2 etapas: tarefas para "Compreender"

Tarefas. Identificar o motivo:

1) Explique por que razão o núcleo é um local de armazenamento e reprodução de informação genética? **Resposta:** Razão. É ele que determina os sinais desta célula e de todo o organismo.
2) Explique que funções básicas do núcleo na célula conhece? **Resposta:** O núcleo também serve como centro de controlo do metabolismo e de quase todos os

processos que ocorrem na célula.

3) Explique por que razão a posição do núcleo na célula depende do grau de desenvolvimento do sistema vacuolar? **Responda:** Porque se uma célula tem um único vacúolo central grande, o núcleo está localizado na camada de parede do citoplasma. Na presença de vários vacúolos, o citoplasma forma uma rede de filamentos, e o núcleo está localizado na bolsa nuclear ligada por filamentos do citoplasma à camada da parede.

3 etapas: tarefas para "Análise"

Quadro 3

O núcleo e as funções dos seus componentes

O núcleo e os seus componentes	**Funções**
Núcleo	É ela que determina os sinais desta célula e de todo o organismo.
Cromatina	Trata-se de uma forma funcional e ativa dos cromossomas.
Nucleoplasma	O conteúdo interno de gel do núcleo
Cromossomas	Consiste em longas cadeias de ADN compactadas
Nucléolo	Os nucléolos são compostos por ARN ribossómico, proteínas e uma pequena quantidade de ADN. A sua principal função é a síntese de p-RNA e a formação de ribonucleoproteínas (rRNA + proteína).

Destaque a ideia principal do tema: O núcleo também serve como centro de controlo do metabolismo e de quase todos os processos que ocorrem na célula.

4 etapas: tarefas para "Síntese"

1) O que é que aparece na imagem?

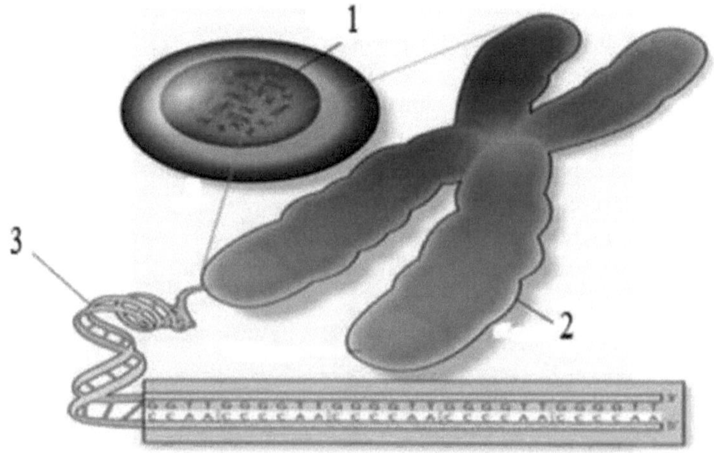

Fig.24. A estrutura do cromossoma Imagem Estrutura do cromossoma: 1- ;

2 -

3 -

5 passos: tarefas para "Aplicação" O que é que se mostra na imagem?

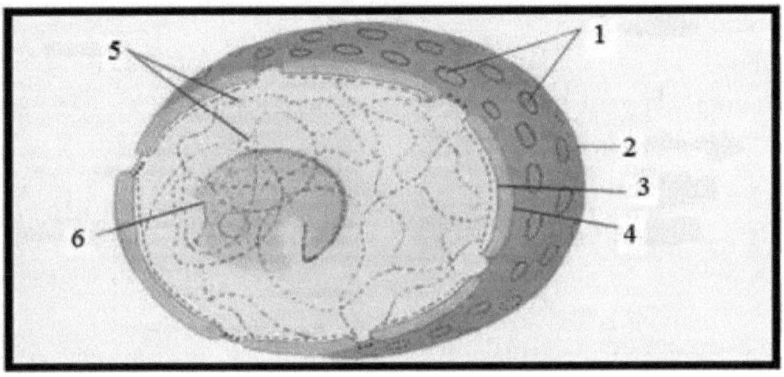

Fig.25. A estrutura do núcleo

Imagem Estrutura do núcleo: 1 - 2- 3 - ; 4 - 5 - ; 5 -

6 etapas: tarefas para "Avaliação"

Teste

1. Que componente está ausente na célula vegetal?

A. Dictiossoma
B. Microssoma
C. polissoma
D. ribossoma
E. macrossoma

2. Quais são as dimensões da célula procariótica?

A. 1-5 microns
B. 5-50 microns
C. 50-100 microns
D. 70-80 microns
E. 100-120 microns

3. O que é que falta no vacúolo?

A. tonoplasto
B. pigmentos
C. seiva celular
D. retículo endoplasmático
E. Aminoácidos

4. Indica em que parte da célula existem membranas:

A. filamentos
B. citoplasma
C. ribossoma
D. parede celular
E. microtúbulos

5. Marcar organoide de células de membrana única:
A. ribossoma
B. Dictiossoma
C. mitocôndrias
D. microtúbulo
E. macrotúbulo
6. Qual é o nome da parte solúvel do citoplasma?
A. citosol
B. citogel
C. citocromo
D. Sumo de célula
E. Matriz
7. Qual é a estrutura dos microfilamentos?
A. gotas lipídicas
B. fio de hidratos de carbono
C. cristais líquidos
D. fios de proteínas
E. anel
8. Onde está a parede celular?
A. fora da membrana plasmática
B. para o interior do tonoplasto
C. à volta da parede celular
D. fora do tonoplasto
E. Para o interior da membrana plasmática
9. Que organoide não tem ADN próprio?
A. cloroplasto
B. Cromoplasma
C. dictiossoma
D. mitocôndrias
E. núcleo
10. Quem inventou o microscópio?
A. Robert Hooke
B. Irmãos Nielssen
C. Irmãos Janssen
D. Anthony van Lövenguk
E. Robert Brown

Respostas:1-5; 2-1; 3-4; 4-2; 5-2; 6-1; 7-4; 8-1; 9-3; 10-3.

PARTE III

III FASE. FEEDBACK (fase de avaliação do nível de formação de conhecimentos e competências) TODAS AS TAREFAS DA SEGUNDA FASE ANTERIOR SÃO DISTRIBUÍDAS POR TRÊS NÍVEIS NA IMAGEM SEGUINTE:

Avaliação formativa através de um sistema de critérios de 100 pontos

Nível I (50 pontos)

1 etapa: *avaliação do nível de conhecimentos sobre "Aprendizagem"*

1- tarefa: **Responder às seguintes perguntas:**

1) O que é o núcleo? **Resposta:** O núcleo é um organoide essencial de uma célula viva.

2) O que é o núcleo da célula? **Resposta:** O núcleo celular é a parte mais importante da célula.

3) Onde está localizado o núcleo da célula? **Resposta:** Está sempre localizado no citoplasma da célula vegetal.

4) Quem foi o primeiro a introduzir o termo "núcleo"? **Resposta**: O termo "núcleo" foi utilizado pela primeira vez por Brown em 1833.

5) Qual é a posição do núcleo caraterística das células jovens?

Resposta: Na célula jovem, o núcleo ocupa normalmente uma posição central.

6) Como é que o núcleo é separado do citoplasma? **Resposta:** Do citoplasma, o núcleo é separado por uma membrana constituída por duas membranas.

7) Como é que as moléculas e os iões entram no núcleo? **Resposta:** No invólucro do núcleo existem numerosos poros que permitem a passagem de várias substâncias do citoplasma para o núcleo e vice-versa.

2- tarefa:

1) Como se chama o conteúdo interno do núcleo? **Resposta:** O conteúdo interno do núcleo é chamado de carioplasma ou suco nuclear.

2) O que é que está localizado no núcleo? **Resposta:** A cromatina e o nucléolo estão localizados na seiva nuclear.

3) O que é a cromatina? **Resposta:** A cromatina é uma cadeia de ADN.

4) Em que é que a cromatina se transforma durante a divisão? **Resposta:** Se a célula começa a dividir-se, então os fios da cromatina são enrolados firmemente com uma espiral em proteínas especiais, como fios numa bobina.

5) O que é que chamamos aos cromossomas? **Resposta:** Estas formações densas são claramente visíveis ao microscópio e chamam-se cromossomas.

6) Quais são os componentes do núcleo interfásico? **Resposta:** Os conteúdos do núcleo interfásico (não em divisão) são o nucleoplasma e os elementos decorados nele incorporados - nucléolos e cromatina.

7) O que é o nucléolo? **Resposta:** Os nucléolos são corpos esféricos, bastante densos, constituídos por ARN ribossómico, proteínas e uma pequena quantidade de ADN. *3*

tarefa:

1) Qual é a principal função do nucléolo? **Resposta:** A sua principal função é a

síntese do p-RNA e a formação de ribonucleoproteínas (rRNA + proteína), ou seja, precursores dos ribossomas.

2) Como é que os ribossomas são formados? **Resposta:** Os pré-ribossomas do nucléolo entram no nucleoplasma e passam através dos poros da membrana nuclear para o citoplasma, onde termina a sua formação.

3) Em que consiste a cromatina? **Resposta:** A cromatina contém quase todo o ADN do núcleo.

4) Qual é a estrutura da cromatina na célula em interfase? **Resposta:** No núcleo interfásico, ela tem a forma de filamentos longos e finos, que representam uma dupla hélice de DNA, torcida na forma de espirais soltas de ordem superior (super-hélices).

5) A que substância está associada a molécula de ADN? **Resposta:** O ADN está associado às proteínas histonas, que se encontram como contas no seu fio.

6) Onde se efectua a síntese do ARN? **Resposta:** A cromatina, sendo um local para a síntese de vários RNAs.

4- tarefa:

1) Qual é a forma e o tamanho do núcleo na célula? **Resposta:** Os núcleos são geralmente esféricos ou ovóides; o diâmetro do primeiro é de aproximadamente 10 μm, e o comprimento do segundo é de 20 μm.

2) Qual é o tamanho do núcleo? **Resposta:** O tamanho do núcleo da célula é diferente, mas normalmente está associado ao volume do citoplasma. A violação desta relação no processo de crescimento celular leva à divisão celular.

3) Qual é o número de núcleos numa célula? **Resposta:** O número de núcleos celulares também é desigual - a maioria das células tem um núcleo, embora existam células com dois núcleos e células com vários núcleos (por exemplo, algumas células do fígado e da medula óssea).

4) Qual é a posição do núcleo na célula? **Resposta:** A posição do núcleo numa célula é caraterística das células de cada tipo.

5) Onde está localizado o núcleo nas células germinativas? Resposta: Nas células germinativas, o núcleo está normalmente localizado no centro da célula, mas pode deslocar-se à medida que a célula se desenvolve e se formam locais especializados no citoplasma ou depósitos de substâncias de reserva no mesmo.

A cromatina é constituída por quê? **Resposta:** A cromatina é constituída por ADN associado a um grande número de proteínas especiais - as histonas.

5- tarefa: Preencher os quadrados vazios

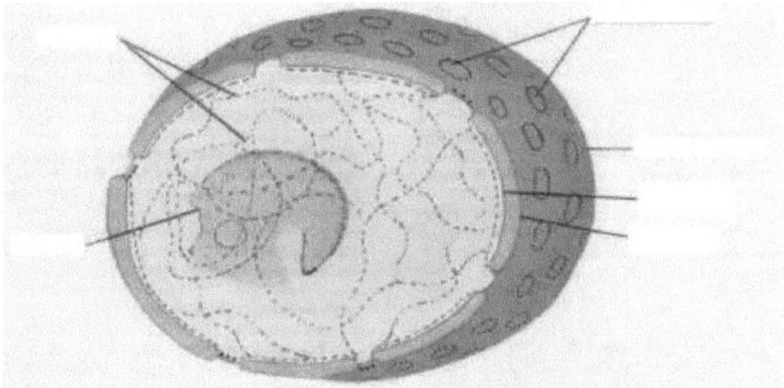

Fig.26. A estrutura do núcleo

Resposta:

Preencher os quadrados vazios:

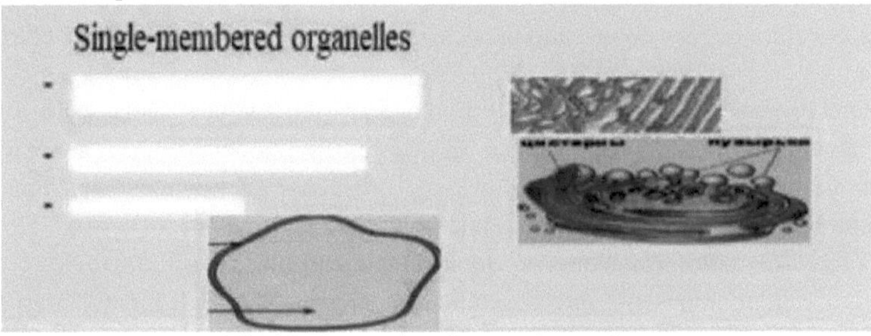

Fig.27. Organelos de um só membro

Resposta: Aparelho de Golgi, retículo endoplasmático, lisossomas.

Nível II (51 pontos +38 pontos =89 pontos)

1 etapa: *avaliação do nível de conhecimentos sobre* ***"Compreensão"***

*1- **tarefa:*** **Revelar a razão:**

1) Explique por que razão o envelope nuclear é impermeável a moléculas grandes? **Resposta**: Motivo. Uma vez que o invólucro nuclear é impermeável a moléculas grandes, os poros nucleares servem para regular o transporte de moléculas através do invólucro nuclear (transporte nuclear).

2) Explique por que razão o envelope nuclear é impermeável a moléculas grandes? **Resposta**: Motivo. A transferência de moléculas grandes, como as proteínas e o ARN, através do invólucro nuclear é necessária para a expressão dos genes e a manutenção dos cromossomas.

3) Explique por que razão o ADN das células bacterianas é chamado cromossoma bacteriano ou genofor? **Resposta**: Razão. O cromossoma bacteriano não está separado por membranas do citoplasma principal; no entanto, está reunido numa zona nuclear compacta - o nucleoide, que pode ser visto ao microscópio de luz após coloração especial.

2 etapas: *avaliação do nível de conhecimentos sobre a* ***"Análise"***

*2- **tarefa:*** De acordo com o diagrama de Venn, comparar as semelhanças e diferenças entre organelos e organelos eucarióticos.

Destaque a ideia principal do tema.

Venn diagram -3

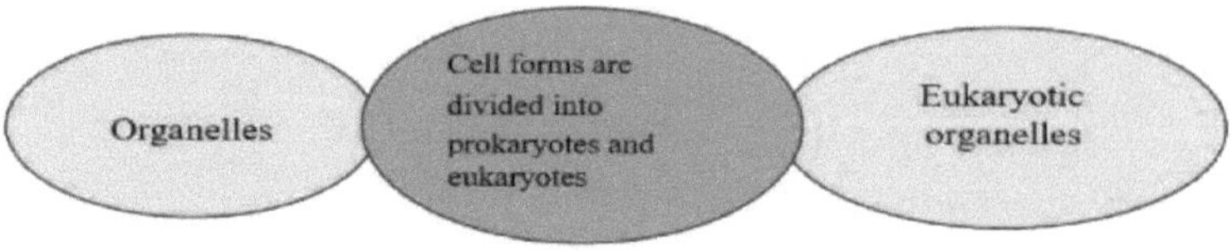

Assinale a resposta correta:

> Semelhanças entre organelos e organelos eucarióticos: organelos são construídos no citoplasma de células eucarióticas e procarióticas. Diferenças entre organelos e organelos eucarióticos: Organelas é uma estrutura celular minúscula que desempenha determinadas funções dentro da célula.

> Semelhanças entre organelos e organelos eucarióticos: nas células eucarióticas mais complexas, os organelos estão frequentemente rodeados pela sua própria membrana. Semelhanças entre organelos e organelos eucarióticos: os organelos estão integrados no citoplasma das células eucarióticas e procarióticas.

> Diferenças entre organelos e organelos eucarióticos : O organelo é uma estrutura celular minúscula que desempenha determinadas funções no interior da célula.

> Semelhanças entre organelos e organelos eucarióticos: nas células eucarióticas mais complexas, os organelos estão frequentemente rodeados pela sua própria membrana.

> Semelhanças entre organelos e organelos eucarióticos:As células eucarióticas também contêm uma membrana celular (membrana plasmática), citoplasma, citoesqueleto e vários organelos celulares.

> Semelhanças entre organelos e organelos eucarióticos:Organelos eucarióticos As células eucarióticas são células com um núcleo.

> Semelhanças entre organelos e organelos eucarióticos: tal como os órgãos internos do corpo, os organelos são especializados e desempenham funções específicas
funções necessárias ao funcionamento normal das células.

> Semelhanças entre organelos e organelos eucarióticos: Têm uma vasta gama de responsabilidades: desde a produção de energia até ao controlo do crescimento e da reprodução celular.

> Diferenças entre organelos e organelos eucarióticos: Existem também alguns organelos que se encontram nas células vegetais, mas que não se encontram nas células animais e vice-versa.

3-tarefa: **Selecionar a ideia principal do tema:**

Diferenças: O núcleo é um organelo importante rodeado por uma membrana dupla, chamada envelope nuclear, que separa o conteúdo do núcleo do resto da célula.

Diferenças: As células dos animais e das plantas contêm muitos organelos iguais ou diferentes.

Diferenças: Existem também alguns organelos que se encontram nas células vegetais, mas que não se encontram nas células animais e vice-versa

Semelhanças: Exemplos de organismos eucarióticos são os animais, as plantas, os fungos e os protistas.

Semelhanças: Exemplos dos principais organelos contidos nas células vegetais e animais incluem: O núcleo é uma estrutura relacionada com a membrana que contém informação hereditária (ADN) e controla o crescimento e a reprodução celular. É

> é normalmente o organelo mais importante da célula.

3 etapas: avaliação do nível de competências na "Aplicação" numa situação alterada

4-tarefa: Nomear as partes da célula

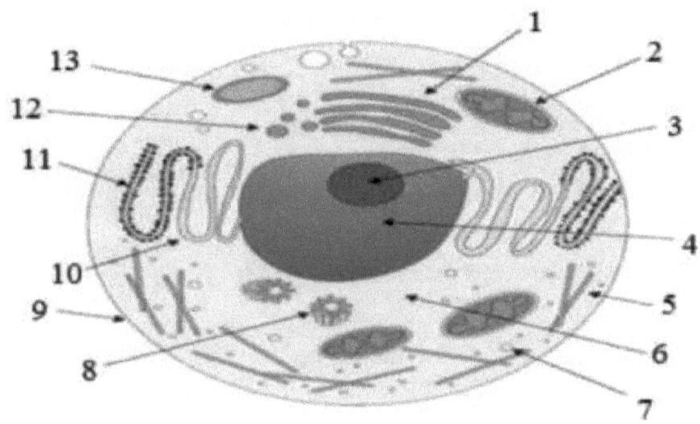

Fig.28. Esquema da célula vegetal

Responder: 1 - , 2 - , 3
4 - , 5 - , 6-
7- , 8- , 9-
10 -, 11- , 12 -
13 -

Nível Ili:(89 pontos + 11 pontos= lOOpontos)

1 etapa: *avaliação do nível de conhecimentos sobre* ***"Síntese***

1-tarefa: *Resolver as palavras cruzadas*

1. Função da dupla camada de lípidos da membrana celular. **Barreira**
2. Substância celular, portadora de informação hereditária. **ADN**
3. Está localizado entre os dois ombros do cromossoma. **Centrómero**
4. ADN ligado a proteínas. **Cromatina**
5. Proteínas nucleares necessárias para o correto empacotamento do ADN.
Histona
6. A estrutura mais importante nas células eucarióticas, que é o centro de controlo de
a célula e o armazenamento de informação na mesma. **Núcleo**
7. Formações proteicas, que transportam diferentes iões para dentro e para fora da célula.
Canais
8. Membrana que cobre todas as células do corpo. **Plasmática**
9. Com a sua ajuda, a célula apercebe-se de vários efeitos na sua superfície.
Receptores
10. ADN fortemente encadeado antes da divisão da célula. **Cromossomas**
O processo de endocitose reversa, quando a célula se livra de produtos metabólicos desnecessários. **Exocitose**
11. 12. O processo de penetração na célula de partículas alimentares. **Endocitose**

2- **etapa:** avaliação do nível de competências sobre a "Reflexão" e resolução de problemas reais

problemas

*3- **tarefa:*** Expressar a sua opinião em relação aos acontecimentos que ocorrem no texto, escrever um ensaio.

Núcleo da célula. O núcleo contém informação genética e controla a atividade vital da célula. O núcleo celular é a parte mais importante da célula. O núcleo é separado do citoplasma por uma membrana constituída por duas membranas. No invólucro

do núcleo, existem numerosos poros para que várias substâncias entrem no núcleo a partir do citoplasma e vice-versa. O conteúdo interno do núcleo é chamado de carioplasma ou nucleoplasma. A cromatina está localizada no nucleoplasma. A cromatina é uma cadeia de ADN. Se a célula começa a dividir-se, os fios da cromatina são enrolados firmemente por uma espiral em proteínas especiais, como fios numa bobina. Estas formações densas são claramente visíveis ao microscópio e designam-se por cromossomas.
O nucléolo é um corpo denso e redondo no interior do núcleo. Normalmente, no núcleo da célula existem de um a sete nucléolos. Eles são claramente visíveis entre as divisões celulares e, durante a divisão, são destruídos. A função dos nucléolos é a síntese de ARN e proteínas, a partir das quais se formam organelos especiais - os ribossomas. Os ribossomas estão envolvidos na biossíntese de proteínas. No citoplasma, os ribossomas estão mais frequentemente localizados num retículo endoplasmático rugoso. Raramente estão suspensos livremente no citoplasma da célula.
tarefa: O que é que aprendeste sobre a aula (opinião), escreve um ensaio? O que mais sabes? Utilizar os recursos da Internet e literaturas adicionais para escrever um ensaio. Escrever um ensaio está no nível criativo 4 acima do padrão.

PARTE SINÉTICA (identificação de problemas sobre o tema e sua solução)

Secção №3. Tema da aula: Fissão, mitose, miose, amitose.

Objetivo da aula: Conhecer as particularidades da cisão de uma célula vegetal.

Ficará a saber:

- A forma e a localização do núcleo na célula
- Organelos
- Fissão: mitose, meiose, amitose

Saberás!

PROBLEMA: *Alunos*! O que é a mitose? Porque é que as células precisam de mitose?

O plano da aula A tese da aula

Divisão das células

Existem três formas de dividir a célula:

- mitose,
- amitose
- meiose.

Mitose - mitos (grego - cordas) - divisão celular indireta. A mitose é composta por quatro fases:

- prófase,
- metáfase,
- anáfase,
- telófase.

A prófase ocupa 0,60 vezes o tempo total da mitose, a **metáfase** 0,05 vezes, **a anáfase** 0,05 vezes e **a telófase** 0,3 vezes o tempo total da mitose. A duração da mitose não é inferior a 10 minutos para diferentes células.

Os cromossomas não são visíveis ao microscópio de luz no núcleo **em interfase**. O volume do núcleo aumenta na prófase. Os cromossomas tornam-se visíveis, encurtam e engrossam. Podem ser vistos como sendo constituídos por duas cromátides ligadas por um centrómero. Os centríolos divergem para os pólos da célula. Forma-se o aparelho fusiforme. No final da prófase, os nucléolos e o envelope nuclear dissolvem-se e os cromossomas encontram-se no citoplasma. A prófase é a fase mais longa da mitose. Na prófase, o conjunto de cromossomas é de 2 n, e a quantidade de ADN é de 4 s. Na metáfase, a espiralização dos cromossomas atinge o máximo; os cromossomas localizam-se no plano equatorial do fuso, formando uma placa metafásica. Os centrómeros e as cromátides irmãs estão virados para pólos opostos. O fuso mitótico está completamente formado e é constituído por filamentos que ligam os pólos aos centrómeros dos cromossomas. Pode ver-se claramente que os cromossomas são constituídos por duas cromátides ligadas no campo dos centrómeros. O número e a forma dos cromossomas são claramente visíveis, o que permite a sua contagem e o estudo da sua estrutura. A metáfase é muito curta. Na anáfase

Quando os centrómeros se separam, as cromátides (cromossomas filhos) tornam-se independentes. Os fios do fuso de fissão, que estão ligados aos centrómeros, puxam os cromossomas-filhos para os pólos da célula. O movimento dos cromossomas é assegurado pela interação das regiões centroméricas dos cromossomas com os microtúbulos do fuso de fissão. Existem dois conjuntos diplóides de cromossomas na célula. A anáfase é muito curta. A mitose termina com a telófase. Os cromossomas são constituídos por uma única cromátide e estão localizados nos pólos da célula. São desespiralizados e tornam-se invisíveis. Forma-se um envelope nuclear; os fios do fuso de acromatina desintegram-se. Forma-se o nucléolo no núcleo. Ocorre a divisão do citoplasma (citotomia e citocinese) e a formação de duas células filhas. Nas células animais, o citoplasma é dividido por constrição, invaginando a membrana citoplasmática das bordas para o centro. Nas células vegetais - no centro forma-se um septo membranar, que cresce em direção às paredes da célula. Após a formação de uma membrana citoplasmática transversal, forma-se uma parede celular nas plantas.

1-tarefa: Explica, o que vês na imagem? Dar a definição.

Imagem-2

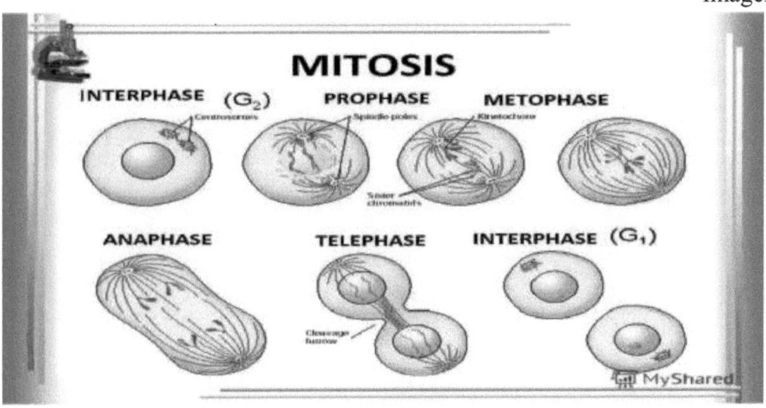

Meiose

Meiose (de outro grego - μείωσις - diminuição), ou divisão reducional da célula - divisão do núcleo da célula eucariótica com diminuição do número de cromossomas para metade. Ocorre em duas etapas (etapas de redução e de evolução da meiose). A meiose não deve ser confundida com a gametogénese - a formação de células sexuais especializadas, ou gâmetas, a partir de células estaminais indiferenciadas.

Com a diminuição do número de cromossomas devido à meiose durante o ciclo de vida, há uma transição da fase diploide para a fase haploide. A restauração dos ploides (a transição da fase haploide para a fase diploide) ocorre como resultado do processo sexual

Devido à fusão em pares (conjugação) dos cromossomas homólogos na prófase da primeira fase de redução, a meiose correta só é possível em células diplóides ou em células poliplóides pares (tetra-, hexaplóides, etc.). A meiose pode ocorrer em células poliplóides ímpares (células tri-, pentaplóides, etc.), mas nelas, devido à incapacidade de assegurar o emparelhamento dos cromossomas na prófase I, a discrepância dos cromossomas ocorre com perturbações que ameaçam a viabilidade da célula ou o desenvolvimento a partir dela organismo haploide multicelular.

O mesmo mecanismo está na base da esterilidade dos híbridos interespecíficos. Uma vez que os híbridos interespecíficos combinam, no núcleo das células, os cromossomas de progenitores pertencentes a espécies diferentes, os cromossomas não podem normalmente entrar em conjugação. Isto leva a violações na discrepância dos cromossomas durante a meiose e, em última análise, à inviabilidade das células germinativas, ou gâmetas (o principal meio de combater este problema é a utilização de conjuntos de cromossomas poliplóides, uma vez que, neste caso, cada cromossoma se conjuga com o cromossoma correspondente do seu kit).

As restrições à conjugação dos cromossomas são impostas por rearranjos cromossómicos (deleções, duplicações, inversões ou translocações).

2- tarefa: O que é dado a seguir? Explique o processo

Imagem-3

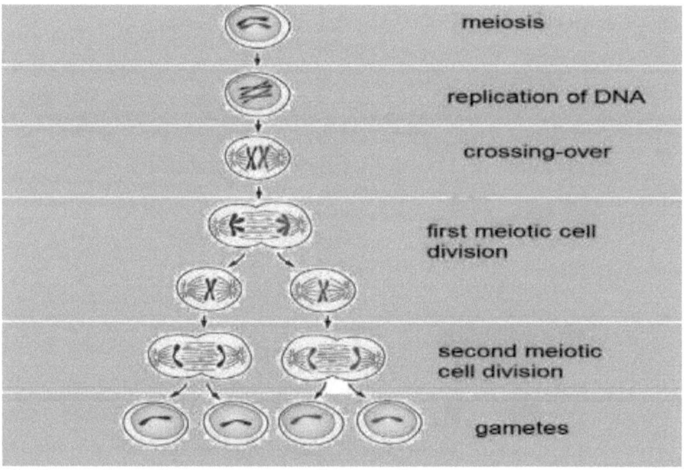

3- tarefa: Preencher a imagem com palavras-chave:

Imagem-4

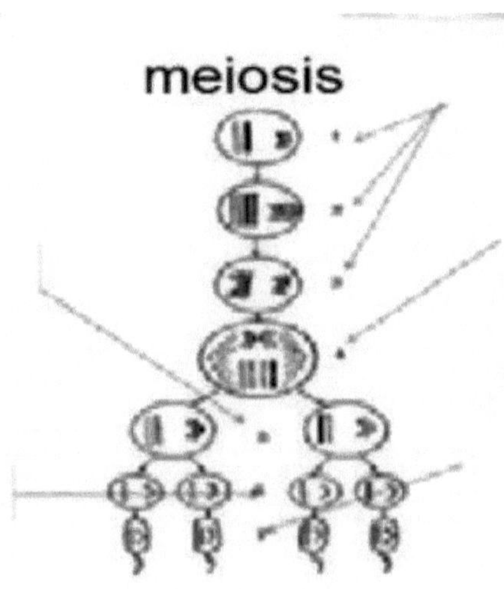

Palavras chave : - prófase; -metáfase; -anáfase; -telofase; -interfase.

Amitose.

Amitose (do grego "a" - partícula negativa e "mitose") - divisão direta (simples) do núcleo interfásico por meio de uma constrição. Ocorre fora do ciclo mitótico, ou seja, não é acompanhada por uma reestruturação complexa de toda a célula; também não ocorre a espiralização dos cromossomas. É evidente que este facto não assegura uma distribuição uniforme do material genético entre os núcleos pré-negros. A amitose pode ser acompanhada de divisão celular e pode ser limitada apenas pela divisão do núcleo sem divisão do citoplasma, o que leva à formação de células bi e multinucleares. A célula, que sofreu amitose, é ainda incapaz de entrar no ciclo mitótico normal. Em comparação com a mito-amitose, esta é rara. Normalmente, observa-se em tecidos altamente especializados, em células que já não se podem dividir: no epitélio e no fígado dos vertebrados, nas bainhas dos mamíferos, nas células do endosperma da semente das plantas. A amitose também se observa quando há necessidade de uma reparação rápida dos tecidos (após uma intervenção cirúrgica e um traumatismo). A amitose também divide frequentemente as células de tumores malignos.

4-tarefa: O que é que vês na imagem? Explica e tira uma conclusão:

Imagem-5

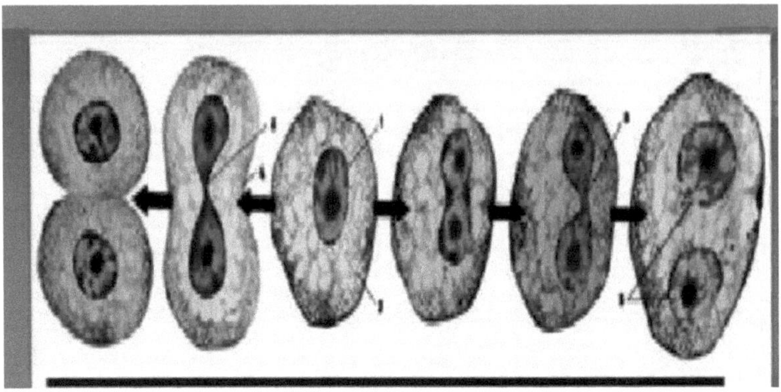

Resposta:

1 - núcleo;2 - citoplasma;3 - cordão;4 - citocinese;5 - célula binuclear. As respostas às questões que se seguem serão o objeto do nosso estudo na aula de hoje. Tenta tu próprio dominar o tema de hoje, preenchendo as lacunas das tarefas da segunda fase.

Novas tarefas para a produção autónoma de conhecimentos (em trabalho de grupo)

1 passo: tarefas para "Aprender"

Responde às seguintes perguntas:

A primeira parte:

1) Quais são as divisões das células? **Resposta:** Existem três formas de divisão celular: mitose, amitose e meiose.

2) O que é a mitose? **Resposta:** mitosis-mitos (grego. - fios) - divisão celular indireta.

3) Em quantas fases consiste a mitose? **Resposta:** A mitose é constituída por quatro fases: prófase, metáfase, anáfase e telófase.

4) Quanto tempo demora cada fase da mitose? **Resposta:** A prófase demora 0,60 do tempo total da mitose, a metáfase 0,05, a anáfase 0,05 e a telófase 0,05 - 0,3 do tempo total da mitose.

5) Qual é a duração da mitose? **Resposta:** Na mitose, a duração da mitose é diferente consoante as células, mas não é inferior a 10 minutos.

6) Qual é a caraterística do núcleo interfásico da mitose? **Resposta:** Na mitose, os cromossomas do núcleo interfásico não são visíveis ao microscópio de luz.

7) O que é a Meiose? **Resposta:** Meiose (de outros-grego. μείωσις- redução), ou divisão celular de redução - divisão do núcleo de células eucarióticas com diminuição do número de cromossomas duas vezes.

8) Quantas fases tem a meiose? **Resposta:** A meiose ocorre em duas fases: as fases de redução e de equação da meiose.

9) O que é a gametogénese e pode ser misturada com a meiose? **Resposta:** A meiose não deve ser misturada com a gametogénese - a formação de células germinativas especializadas, ou gâmetas, a partir de células estaminais

indiferenciadas.

10) O que acontece na prófase? **Resposta:** Na prófase aumenta a

11) volume do núcleo. Qual é a caraterística da prófase na meiose? **Resposta:** Na prófase, os cromossomas espiralam, tornam-se visíveis, encurtam e engrossam.

12) O que são os cromossomas no período de prófase? **Resposta:** Na prófase, verifica-se que são constituídos por duas cromátides ligadas por um centrómero.

13) O que acontece com os centríolos dos cromossomas na prófase? **Resposta:** Na prófase, os centríolos vão para os pólos da célula. Forma-se um fuso de divisão.

14) O que acontece aos núcleos e aos cromossomas no final do período de prófase? **Resposta:** No final da prófase o nucléolo e o envelope nuclear dissolvem-se e os cromossomas encontram-se no citoplasma.

A segunda parte:

1) O que acontece na prófase? **Resposta:** A prófase é a fase mais longa da mitose. Na prófase o conjunto de cromossomas é 2n, e a quantidade de ADN é 4C.

2) O que acontece com a meiose no ciclo de vida? **Resposta:** Com a diminuição do número de cromossomas devido à meiose no ciclo de vida, há uma transição da fase diploide para a haploide. A restauração da ploidia (a transição da fase haploide para a fase diploide) ocorre devido ao processo sexual.

3) O que acontece na prófase da primeira fase de redução? **Resposta:** Na fase de redução ocorre uma fusão de pares (conjugação) de cromossomas homólogos, o curso correto da meiose só é possível em células diplóides ou mesmo poliplóides (células tetra -, hexaplóides, etc.).

4) O que acontece com o plano equatorial do fuso? **Resposta:** Na metáfase a paralisia atinge o seu máximo, os cromossomas localizam-se no plano equatorial do fuso, formando uma placa metafásica.

5) O que acontece no centrómero irmão? **Resposta:** Os centrómeros irmãos e as cromátides estão virados para pólos opostos.

6) O que acontece com o fuso mitótico equatorial? **Resposta:** O fuso mitótico está completamente formado e é constituído por filamentos que ligam os pólos aos centrómeros dos cromossomas.

7) Na metáfase, o que é que se vê? **Resposta:** Na metáfase, vê-se claramente que os cromossomas são constituídos por duas cromátides ligadas na zona do centrómero.

8) O que acontece aos cromossomas no final da metáfase?O que acontece aos cromossomas na metáfase? **Resposta:** O número e a forma dos cromossomas são claramente visíveis, o que permite contá-los e estudar a sua estrutura. A metáfase é muito curta.

9) O que acontece na anáfase? **Resposta:** Na anáfase, os centrómeros são separados; as cromátides (cromossomas filhos) são independentes. Os fios do fuso ligados aos centrómeros puxam os cromossomas filhos para os pólos da célula O que acontece aos cromossomas na anáfase? **Resposta:** Na anáfase, o movimento dos cromossomas é assegurado pela interação dos sítios centroméricos dos

cromossomas com os microtúbulos do fuso.

11) O que acontece no final do período com os cromossomas na anáfase? **Resposta:** Existem dois conjuntos diplóides de cromossomas na célula. A anáfase é muito curta.

12) O que acontece aos núcleos e cromossomas no final do período? **Resposta:** A mitose termina com a telófase. Os cromossomas, constituídos por uma cromátide, encontram-se nos pólos da célula. Na telófase os cromossomas desespiralizam-se e tornam-se invisíveis.

A terceira parte:

1) O que acontece na telófase? **Resposta:** Resposta: Na telófase forma-se o invólucro nuclear, os fusos cromáticos filamentosos desintegram-se.

2) O que acontece com os núcleos da telófase? **Resposta:** o núcleo é formado pela telófase.

3) 3) O que acontece com o citoplasma na telófase? **Resposta:** Resposta:
A telófase é a divisão do citoplasma (citocinese e catatonia) e a formação de duas células filhas.

4) O que é que acontece ao citoplasma nas células animais? **Resposta:** Resposta: na telófase das células animais, o citoplasma divide-se por constrição, invaginação da membrana citoplasmática dos bordos para o centro.

5) O que acontece com o citoplasma nas células vegetais? **Resposta:** na telófase das células vegetais - no centro da membrana forma-se uma parede, que cresce em direção às paredes celulares.

6) O que acontece após a formação da membrana citoplasmática transversal nas células vegetais? **Resposta:** Resposta: na telófase, após a formação da membrana plasmática lateral nas plantas, forma-se a parede celular.

A quarta parte:

1) O que é a Amitose? **Resposta:** Amitose (do grego. "a" - partícula negativa e "mitose") - divisão direta (simples) do núcleo interfásico por constrição.

2) O que acontece na Amitose? **Resposta:** A Amitose ocorre fora do ciclo mitótico, ou seja, não é acompanhada por uma reestruturação complexa de toda a célula; também não ocorre a formação de hélices nos cromossomas.

3) O que acontece com o material genético na Amitose? **Resposta:** A amitose não permite uma distribuição uniforme do material genético entre os núcleos filhos.

4) O que acontece com os núcleos da Amitose? **Resposta:** A amitose pode ser acompanhada de divisão celular, e pode limitar-se apenas à divisão do núcleo sem separação do citoplasma, o que leva à formação de células DVU e multicore.

5) O que acontece às células que sofreram amitose? **Resposta:** aA célula que sofreu amitose é incapaz de entrar num ciclo mitótico normal.

6) Qual é a caraterística da amitose em comparação com a mitose? **Resposta:** Em comparação com a mitose, a amitose é bastante rara.

7) Onde é que é observado? **Resposta:** Observa-se em tecidos altamente especializados, em células que já não precisam de se dividir: no epitélio e no fígado

dos vertebrados, nas conchas embrionárias dos mamíferos, nas células do endosperma da semente das plantas.

8) Onde é que a amitose é observada? **Resposta:** A amitose também é observada em caso de necessidade de reparação rápida dos tecidos (após operações e ferimentos).

9) Que células se dividem por amitose? **Resposta:** Na amitose, as células de tumores malignos são frequentemente divididas.

2 etapas: tarefas para "Compreender"

Determinar a causa:

1) Explique por que razão a fase da mitose é longa? **Resposta:** Motivo. Na prófase, o conjunto de cromossomas é 2n e a quantidade de ADN é 4C.

2) Explique por que razão a meiose no ciclo de vida é a transição da fase diploide para a haploide? Justificação. **Responda:** Razão. Com a diminuição do número de cromossomas, a meiose no ciclo de vida é a transição da fase diploide para a haploide.

3) Explique por que razão a restauração da ploidia (transição da fase haploide para diploide) ocorre devido ao processo sexual? **Resposta:** Razão. Devido ao facto de na profase da primeira fase, de redução, haver uma fusão de pares (conjugação) de cromossomas homólogos, o curso correto da meiose é possível em células diplóides ou mesmo poliplóides (células tetra, hexaplóides, etc.).

4) Explique porque é que a Amitose ocorre fora do ciclo mitótico? **Resposta:** Motivo. A Amitose não proporciona uma distribuição uniforme do material genético entre os núcleos filhos.

Explique porque é que, em comparação com a mitose, a amitose é bastante rara? **Resposta:** Motivo. Normalmente, observa-se em tecidos altamente especializados, em células que já não se dividem: no epitélio e no fígado dos vertebrados, nas membranas embrionárias dos mamíferos, nas células do endosperma da semente das plantas.

3 etapas: tarefas para "Análise"

Elabora uma tabela que compare os tipos de divisão celular, como a mitose, a meiose e a amitose. Destaca a ideia principal do tópico:

Quadro 4

Divisão de processos		
Mitose	**Meiose**	**Amitose**
A mitose é célula indireta divisão. Mitose consiste em de quatro fases: prófase, Metáfase, anáfase e telófase.	Meiose divisão do núcleo com a diminuição do número de cromossomas para metade.	A amitose é uma divisão direta (simples) do núcleo interfásico por constrição.
Na prófase	A meiose ocorre em duas	Amidase acontece

aumenta o volume de o núcleo.	fases: redução e equação da meiose	fora do ciclo mitótico de helix de cromossomas também ocorre.
Na metáfase A espiralização atinge um miliampere máximo. A metáfase é muito curta.	Com a diminuição do número de cromossomas, há uma transição da fase diploide para a fase haploide	Observa-se em tecidos altamente especializados, em células que já não se dividem
No final da prófase, os nucléolos e o envelope dissolver. Os cromossomas têm-	Na prófase da primeira fase, de redução, ocorre a conjugação.	A amitose pode ser acompanhada por divisão do núcleo sem divisão do citoplasma, resultando em
Xia no citoplasma. A prófase é a fase mais longa da mitose	fusão de cromossomas homólogos, curso correto em células diplóides	dois - e muitas células nucleares.
Na anáfase, os centrómeros são desligado. A anáfase é muito curta	A meiose também pode ocorrer em poliplóides estranhos.	A amitose é também observada na reparação rápida dos tecidos
A célula contém dois conjuntos diplóides de cromossomas. A mitose termina com a telófase.	A meiose também pode ocorrer em poliplóides estranhos. Certas restrições à conjugação de cromossomas são impostas e rearranjos cromossómicos	A amitose partilha células tumorais malignas
No centro, forma-se uma partição de membrana, que cresce em direção às paredes da célula.	Neste caso, cada cromossoma conjuga-se com o cromossoma correspondente do seu conjunto.	Comparado com mitoses amicos é bastante raro

A ideia principal do tópico: existem três formas de divisão celular: mitose, amitose e meiose.

4 etapas: tarefas para "Síntese"

O que vês na imagem? Escreve sobre a sua função:

conjugação

Figura 29

Resposta: A primeira etapa da prófase - conjugação. Fusão de pares homólogos cromossomas, que se desenvolvem corretamente nas células diplóides. O seu papel contém o facto de ser uma fase primária de toda a mitose; isto significa que esta fase inicia a divisão. Para além disso, é responsável pela diferenciação genética das células.

5 etapas: tarefas para "Aplicação"

Considere os desenhos e escreva o processo que é mostrado abaixo:

Imagem-6

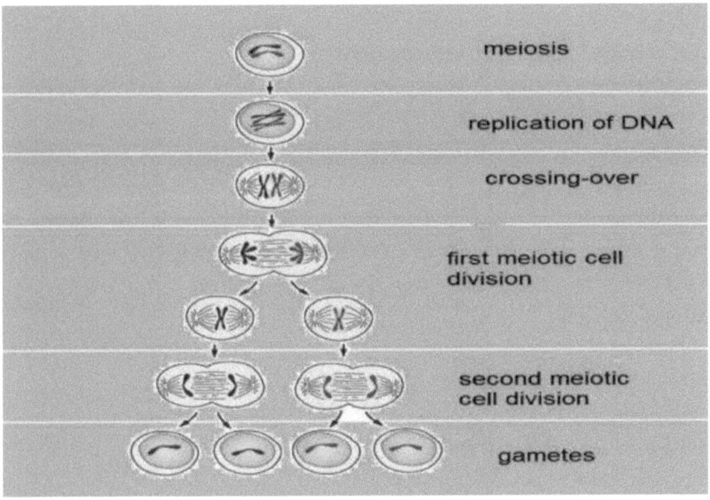

Resposta: Meiose divisão do núcleo com a diminuição do número de cromossomas para metade.

6 etapas: tarefas para "Avaliação"

1. **Que componente é inerente apenas à célula vegetal?**

A. microssomas

B. Mitocôndrias

C. plastídeos

D. ribossoma

E. dictiossoma

2. **Quais são as dimensões da célula vegetal do parênquima?**

A. 5-10 µm

B. 10-50 μm
C. 50-70 μm
D. 70-100 μm
E. 100-120 μm

3. **O que está contido nos vacúolos?**

A. citosol
B. Ziegel
C. a emulsão
D. a célula SAP
E. solução celular

4. **Especificar em que parte da célula não existem ribossomas:**

A. núcleo
B. o citoplasma
C. o microchip
D. mitocôndrias
E. plastídeo

5. **Nota: células organóides odnoobrazny**:

A. o ribossoma
B. microssoma
C. mitocôndrias
D. o microtúbulo
E. macrotúbulo

6. **Em que organoide ocorrem os processos respiratórios?**

A. núcleo
B. Aparelho de Golgi
C. o ribossoma
D. retículo endoplasmático
E. mitocôndrias

7. **Qual é a função dos microfilamentos?**

A. síntese de hidratos de carbono
B. decomposição dos hidratos de carbono
C. assimilação
D. transporte de organelos
E. regulação da osmose

8. **Descobre a função que a membrana celular não desempenha:**

A. síntese da parede celular
B. permeabilidade selectiva
C. a transmissão de sinais
D. transporte de iões
E. intercâmbio de energia

9. **Quais dos organelos têm o seu próprio ADN?**

A. o ribossoma

B. microssoma
C. plastídeo
D. dictiossoma
E. retículo endoplasmático

10. **O que diz a teoria celular?**

A. O tecido é formado a partir da célula.
B. o vírus é formado a partir de uma célula
C. a célula é formada a partir da célula.
D. a célula é formada a partir de tecido
E. o órgão é formado por células.

Respostas:1-C; 2-B; 3-D; 4-C; 5-B; 6-E; 7- D; 8-A; 9- C; 10- C.

PARTE ORIENTADA PARA O RESORT
(avaliação formativa por um sistema de critérios de 100 pontos)
Nível I (50 pontos)

1 etapa: avaliação do nível de conhecimentos sobre "Aprendizagem"

A primeira parte:

1) Quais são as divisões das células? **Resposta:** Existem três formas de divisão celular: mitose, amitose e meiose.
2) O que é a mitose? **Resposta:** mitosis-mitos (grego. - fios) - divisão celular indireta.
3) Em quantas fases consiste a mitose? **Resposta:** A mitose é composta por quatro fases: prófase, metáfase, anáfase e telófase.
4) Quanto tempo demora cada fase da mitose? **Resposta:** A prófase demora 0,60 do tempo total da mitose, a metáfase - 0,05 tempo, a anáfase - e a telófase 0,05 - 0,3 tempo de todas as mitoses.
5) Qual é a duração da mitose? **Resposta:** Na mitose, a duração da mitose é diferente consoante as células, mas não é inferior a 10 minutos.
6) Qual é a caraterística do núcleo interfásico da mitose? **Resposta:** Na mitose, os cromossomas do núcleo interfásico não são visíveis ao microscópio de luz.
7) O que é a Meiose? **Resposta:** Meiose (de outros-grego. μείωσις- redução), ou divisão celular de redução - divisão do núcleo de células eucarióticas com diminuição do número de cromossomas duas vezes.
8) Quantas fases tem a meiose? **Resposta:** A meiose ocorre em duas fases: as fases de redução e de equação da meiose.
9) O que é a gametogénese e pode ser misturada com a meiose? **Resposta:** A meiose não deve ser misturada com a gametogénese - a formação de células germinativas especializadas, ou gâmetas, a partir de células estaminais indiferenciadas.
10) O que acontece na prófase? **Resposta:** Na prófase aumenta o volume do núcleo.
11) Qual é a caraterística da prófase na meiose? **Resposta:** Na prófase, os cromossomas espiralam, tornam-se visíveis, encurtam e engrossam.
12) O que são os cromossomas no período de prófase? **Resposta:** Na prófase, verifica-se que são constituídos por duas cromátides ligadas por um centrómero.
13) O que acontece com os centríolos dos cromossomas na prófase? **Resposta:** Na prófase, os centríolos vão para os pólos da célula. Forma-se um fuso de divisão.
14) O que acontece aos núcleos e aos cromossomas no final do período de prófase? **Resposta:** No final da prófase o nucléolo e o envelope nuclear dissolvem-se e os cromossomas encontram-se no citoplasma.

A segunda parte:

1) O que acontece na prófase? **Resposta:** A prófase é a fase mais longa da mitose. Na prófase o conjunto de cromossomas é 2n, e a quantidade de ADN é 4C.
2) O que acontece com a meiose no ciclo de vida? **Resposta:** Com a diminuição

do número de cromossomas devido à meiose no ciclo de vida, há uma transição da fase diploide para a haploide. A restauração da ploidia (a transição da fase haploide para a fase diploide) ocorre devido ao processo sexual.

3) O que acontece na prófase da primeira fase de redução?

Resposta: Na fase de redução há uma fusão de pares (conjugação) de cromossomas homólogos, o curso correto da meiose só é possível em células diplóides ou mesmo poliplóides (células tetra -, hexaplóides, etc.).

4) O que acontece com o plano equatorial do fuso? **Resposta:** Na metáfase a paralisia atinge o seu máximo, os cromossomas localizam-se no plano equatorial do fuso, formando uma placa metafásica.

5) O que acontece no centrómero irmão? **Resposta:** Os centrómeros irmãos e as cromátides estão virados para pólos opostos.

6) O que acontece com o fuso mitótico equatorial? **Resposta:** O fuso mitótico está completamente formado e é constituído por filamentos que ligam os pólos aos centrómeros dos cromossomas.

7) Na metáfase, o que é que se vê? **Resposta:** Na metáfase, vê-se claramente que os cromossomas são constituídos por duas cromátides ligadas na zona do centrómero.

8) O que acontece aos cromossomas no final da metáfase?O que acontece aos cromossomas na metáfase? **Resposta:** O número e a forma dos cromossomas são claramente visíveis, o que permite contá-los e estudar a sua estrutura. A metáfase é muito curta.

9) O que acontece na anáfase? **Resposta:** Na anáfase, os centrómeros são separados; as cromátides (cromossomas filhos) são independentes. Os fios do fuso ligados aos centrómeros puxam os cromossomas filhos para os pólos da célula

10) O que acontece aos cromossomas na anáfase? **Resposta:** Na anáfase, o movimento dos cromossomas é assegurado pela interação dos locais centroméricos dos cromossomas com os microtúbulos do fuso.

11) O que acontece no final do período com os cromossomas na anáfase? **Resposta:** Existem dois conjuntos diplóides de cromossomas na célula. A anáfase é muito curta.

12) O que acontece aos núcleos e cromossomas no final do período? **Resposta:** A mitose termina com a telófase. Os cromossomas, constituídos por uma cromátide, encontram-se nos pólos da célula. Na telófase os cromossomas desespiralizam-se e tornam-se invisíveis.

A terceira parte:

1) O que acontece na telófase? **Resposta:** Resposta: Na telófase forma-se o invólucro nuclear e os fusos cromáticos desintegram-se.

2) O que acontece com os núcleos da telófase? **Resposta:** o núcleo é formado pela telófase.

3) 3) O que acontece com o citoplasma na telófase? **Resposta:** Resposta:
A telófase é a divisão do citoplasma (citocinese e catatonia) e a formação de duas

células filhas.

4) O que é que acontece ao citoplasma nas células animais? **Resposta:** Resposta: na telófase das células animais, o citoplasma divide-se por constrição, invaginação da membrana citoplasmática dos bordos para o centro.

O que acontece com o citoplasma nas células vegetais? **Resposta:** na telófase das células vegetais - no centro da membrana forma-se a parede, que cresce em direção às paredes celulares. 6) O que acontece após a formação da membrana citoplasmática transversal nas células vegetais? **Resposta:** Resposta: telófase em após a formação da membrana plasmática lateral nas plantas é formada a parede celular.

A quarta parte:

1) O que é a Amitose? **Resposta:** Amitose (do grego. "a" - partícula negativa e "mitose") - divisão direta (simples) do núcleo interfásico por constrição.

2) O que é que acontece na Amitose? **Resposta:** A Amitose ocorre fora do ciclo mitótico, ou seja, não é acompanhada por uma reestruturação complexa de toda a célula; também não ocorre a formação de hélices nos cromossomas.

3) O que acontece com o material genético na Amitose? **Resposta:** A amitose não permite uma distribuição uniforme do material genético entre os núcleos filhos.

4) O que acontece com os núcleos da Amitose? **Resposta:** A amitose pode ser acompanhada de divisão celular, e pode limitar-se apenas à divisão do núcleo sem separação do citoplasma, o que leva à formação de células DVU - e multicore.

5) O que acontece às células que sofreram amitose? **Resposta:** Uma célula que sofreu amitose é incapaz de entrar num ciclo mitótico normal.

6) Qual é a caraterística da amitose em comparação com a mitose? **Resposta:** Em comparação com a mitose, a amitose é bastante rara.

7) Onde é que é observado? **Resposta:** Observa-se em tecidos altamente especializados, em células que já não precisam de se dividir: no epitélio e no fígado dos vertebrados, nas conchas embrionárias dos mamíferos, nas células do endosperma da semente das plantas.

8) Onde é que a amitose é observada? **Resposta:** A amitose também é observada em caso de necessidade de reparação rápida dos tecidos (após operações e ferimentos).

Que células se dividem por amitose? **Resposta:** Na amitose, as células dos tumores malignos dividem-se frequentemente.

2 etapas: avaliação do nível de competências na "**Aplicação**" do modelo Que processos vê na imagem? Compare-os.

Imagem-7

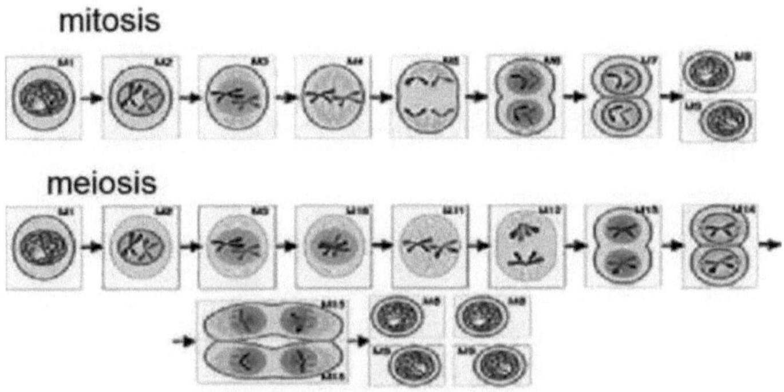

Resposta:

Mitose - divisão celular indireta. Na mitose, a duração da mitose é diferente consoante as células, mas não é inferior a 10 minutos.

Meiose - fissão nuclear com diminuição do número de cromossomas duas vezes.A meiose ocorre em duas fases: redução e equação das fases da meiose.

Nível II (51 pontos +38 pontos =89 pontos)

1 etapa: avaliação do nível de conhecimentos sobre **"Compreensão"**

O que é que vê na imagem? Compara estes processos.

Imagem-8

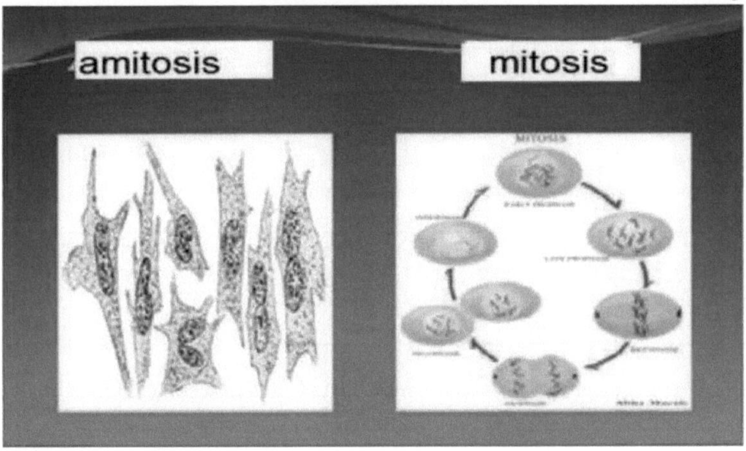

Resposta:

A amitose é uma divisão direta (simples) do núcleo interfásico por constrição.

A mitose é a divisão celular indireta. A mitose é constituída por quatro fases: prófase, metáfase, anáfase e telófase.

2 etapas: avaliação do nível de conhecimentos sobre a **"Análise"**

Elaborar um quadro que mostre as diferenças entre os tipos de divisão:

Quadro 5

Divisão de processos

Mitose	Meiose	Amitose
A mitose é a divisão celular indireta. A mitose é constituída por quatro fases: prófase, metáfase, anáfase e telófase.	Meiose divisão do núcleo com a diminuição do número de cromossomas para metade.	A amitose é uma divisão direta (simples) do núcleo interfásico por constrição.
Na prófase aumenta o volume do núcleo.	A meiose ocorre em duas fases: fases de redução e de equação da meiose	Amidase acontece fora do ciclo mitótico da hélice de cromossomas também ocorre.
Na metáfase, a espiralização atinge um miliampere máximo. A metáfase é muito curta.	Com a diminuição do número de cromossomas, há uma transição da fase diploide para a fase haploide	Observa-se em tecidos altamente especializados, em células que já não se dividem
No final da prófase	Na prófase da primeira fase, de redução,	A amitose pode ser acompanhada de divisão do núcleo sem divisão do
os nucléolos e o invólucro nuclear dissolvem-se. cromossomas têm- Xia no citoplasma. A prófase é a fase mais longa da mitose	conjugação ocorre. Fusão fusão de cromossomas homólogos, correto curso em células diplóides	citoplasma, resultando em duas - e muitas células nucleares.
Na anáfase, os centrómeros estão desligados. A anáfase é muito curta	A meiose também pode ocorrer em poliplóides estranhos.	A amitose é também observada na reparação rápida dos tecidos
A célula contém dois conjuntos diplóides de cromossomas. A mitose termina com a telófase.	A meiose também pode ocorrer em poliplóides estranhos. São impostas certas restrições à conjugação dos cromossomas e rearranjos cromossómicos	Amitose acções células tumorais malignas
No centro, forma-se uma partição de membrana, que cresce em direção às paredes da célula.	Neste caso, cada cromossoma conjuga-se com o cromossoma correspondente do seu conjunto.	Em comparação com a mitose amicos é bastante raro

3 passos: avaliação do nível de competências na "Aplicação" numa situação alterada

Escreva sobre o processo apresentado na imagem utilizando palavras-chave:

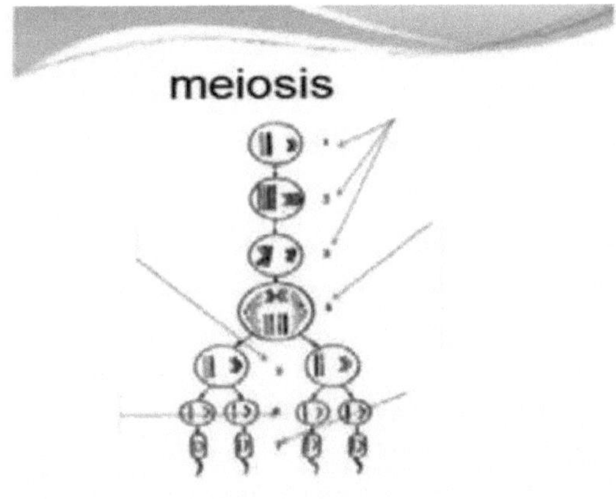

Pic.30

Palavras-chave: 1,2,3 - prófase; 4-metáfase; 5-anáfase; 6-telófase; 7- interfase.

Resposta:

Meiose (de outro grego - μείωσις - diminuição), ou divisão reducional da célula - divisão do núcleo da célula eucariótica com diminuição do número de cromossomas para metade. Ocorre em duas etapas (etapas de redução e de evolução da meiose). A meiose não deve ser confundida com a gametogénese - a formação de células sexuais especializadas, ou gâmetas, a partir de células estaminais indiferenciadas.

Com a diminuição do número de cromossomas devido à meiose no ciclo de vida, há uma transição da fase diploide para a fase haploide. A restauração dos ploides (a transição da fase haploide para a fase diploide) ocorre como resultado do processo sexual

Devido à fusão em pares (conjugação) dos cromossomas homólogos na prófase da primeira fase de redução, a meiose correta só é possível em células indiplóides ou em células poliplóides pares (tetra-, hexaplóides, etc.). A meiose pode ocorrer em células poliplóides ímpares (células tri-, pentaplóides, etc.), mas nelas, devido à incapacidade de assegurar o emparelhamento dos cromossomas na prófase I, ocorre a discrepância dos cromossomas com perturbações que ameaçam a viabilidade da célula ou o desenvolvimento do seu organismo multicelular haploide.

O mesmo mecanismo está na base da esterilidade dos híbridos interespecíficos. Uma vez que os híbridos interespecíficos combinam, no núcleo das células, os cromossomas de progenitores pertencentes a espécies diferentes, os cromossomas não podem normalmente entrar em conjugação. Isto leva a violações na discrepância dos cromossomas durante a meiose e, em última análise, à inviabilidade das células germinativas, ou gâmetas (o principal meio de combater este problema é a utilização de conjuntos de cromossomas poliplóides, uma vez que, neste caso, cada cromossoma se conjuga com o cromossoma correspondente do seu kit). As certas restrições à conjugação dos cromossomas são impostas por rearranjos cromossómicos (deleções, duplicações, inversões ou translocações de escala).

Nível III: (89+11=100 pontos)

1 etapa: avaliação do nível de competências sobre a "Reflexão" e resolução de problemas reais

Resposta às perguntas acima:

1. O que é que acha?
2. Escreva um ensaio sobre "Tecidos de cobertura e mecânicos".
3. O que é que aprendeu com a lição (opinião), escrever um ensaio?
4. O que é que sabe mais?

Utilizar os recursos da Internet, literatura adicional para escrever um ensaio.
Escrever um ensaio é 4 nível criativo acima do padrão.

PARTE SINÉTICA (identificação de problemas sobre o tema e sua solução)

Secção №4. Tecido vegetal: formal e básico. Estrutura e função. Localização e caraterísticas estruturais dos tecidos vegetais educacionais e básicos.

Objetivo: Conhecer as caraterísticas estruturais da célula vegetal e a função dos organelos da célula vegetal. O estudo da estrutura da célula vegetal e das suas partes principais.

Saberá:

- sobre a estrutura dos tecidos formais e básicos;
- sobre as caraterísticas da estrutura dos tecidos formais e básicos em várias plantas

Tu sabes:

- estrutura celular dos tecidos formais e básicos e suas funções;
- classificação dos tecidos vegetais;
- localização em plantas;
- propriedades dos tecidos vegetais.

Saberás!

Problema: *Alunos*! Porque é que os tecidos vegetais se diferenciaram? Que classificação e estrutura têm os tecidos vegetais formais e básicos?

Lembra-te!

(*Os alunos vêm com respostas prontas*)

1. O que é o tecido vegetal?
2. Que tipos de tecidos vegetais existem?
3. Que tecidos são chamados simples e quais são complexos? Exemplos
4. A que tecidos chamo primários e a que tecidos chamo secundários? Exemplos
5. O que são tecidos formais? Classificação por origem e posição no corpo do organismo vegetal.
6. Quais são os principais tecidos? Classificação por origem e posição no corpo do organismo vegetal.
7. Quais são as funções dos tecidos formais?
8. Enumere as caraterísticas das células meristemáticas.

9. O que são tecidos mecânicos?
10. Que papel desempenham nos organismos vegetais?
11. Que sinais constituem a base da classificação dos tecidos mecânicos?

O que é comum na estrutura de todos os tipos de tecidos mecânicos?

As respostas a estas perguntas serão o objeto da nossa investigação de hoje na aula.

Tente dominar o tema de hoje, preenchendo as lacunas das tarefas da segunda fase.

Plano de aulas

Dissertação de mestrado

Tecido vegetal

Os tecidos são designados por complexos celulares com uma estrutura semelhante, tendo uma origem comum e desempenhando as mesmas funções.

Os tecidos vegetais surgiram no processo de evolução com a transição das plantas para um estilo de vida terrestre e alcançaram a maior especialização na floração. A formação de tecidos ocorreu em paralelo com a diferenciação do corpo da planta em órgãos. As plantas que não apresentam uma divisão do corpo em órgãos vegetativos, em regra, não contêm tecidos diferenciados.

As caraterísticas de qualquer tecido podem ser efectuadas de acordo com o seguinte plano:

1. Estado fisiológico (tecido vivo ou morto)
2. A forma e o tamanho das células.
3. A natureza da ligação das células.
4. A presença de organóides (núcleo, citoplasma, plastídeos, vacúolos, etc.)
5. A relação entre o tamanho do núcleo e das células.
6. Caraterísticas da estrutura e composição química da parede celular

Os tecidos formais ou meristemas são tecidos celulares capazes de se dividir ilimitadamente ao longo da vida de um organismo. Quando cada célula meristemática se divide, formam-se duas células filhas. Uma delas permanece meristemática, retém a capacidade de divisão celular ativa indefinidamente e é chamada inicial. A segunda célula filha é chamada de derivada. Ela sofre um número limitado de divisões. As células resultantes diferenciam-se em células de tecidos permanentes. Assim, os tecidos formais dão origem a todas as células, tecidos e órgãos das plantas e, ao mesmo tempo, reproduzem-se constantemente.

Classificação

A classificação dos tecidos vegetais baseia-se na unidade das funções desempenhadas, na origem e na semelhança da estrutura e localização das células nos órgãos vegetais.

O tipo inicial de tecido é o formal. Devido à divisão e diferenciação das suas células, formam-se todos os outros tipos de tecidos, chamados permanentes. Estes incluem os tecidos tegumentares, mecânicos, condutores, assimiladores, de armazenamento, de sucção, excretores, pneumáticos e outros.

Os tecidos dividem-se em simples e complexos. Se o tecido for constituído por células idênticas, como o parênquima, trata-se de um tecido simples. Os tecidos complexos são constituídos por células diferentes na sua forma e função, mas estreitamente interligadas nas suas funções vitais . Um exemplo do primeiro é o clorênquima colunar, o clorênquima esponjoso, o colênquima, o segundo - xilema, floema.
Os tecidos complexos têm uma origem comum e desempenham uma única função, mas as diferentes células de um tecido complexo são muito diferentes umas das outras. Por exemplo, a madeira (xilema) é um tecido complexo que inclui tecidos condutores (traqueia e traqueídeos), mecânicos (fibras da madeira) e primários (parênquima da madeira). As células que formam o tecido podem ter forma arredondada, mais ou menos iguais em comprimento e largura - são as células **parenquimatosas**. Se as células forem muito alongadas em comprimento, são chamadas células prosenquimais. Os tecidos são divididos em **educativos (meristema)** e **permanentes.** Os tecidos especializados são chamados de formais, cujas células retêm uma capacidade de divisão a longo prazo, garantindo o crescimento da planta e dos seus órgãos individuais. Tendo em conta a posição no corpo da planta, dividem-se em **apicais** (ou apicais, situados nos ápices da raiz e do rebento), **intercalares** (ou intercalares, próprios do rebento - caule e folhas, situados nos entrenós e pecíolos) e **laterais** (ou laterais, representados principalmente nos órgãos axiais - na raiz e no caule das gimnospérmicas e nas angiospérmicas dicotiledóneas).
Chamam-se **permanentes** os tecidos cujas células perderam a capacidade de se dividir (totalmente ou retêm-na potencialmente) e se especializaram em desempenhar outras funções: protetora, de armazenamento, mecânica, condutora, etc. Tendo em conta a origem, a função predominante e a posição no corpo da planta, os tecidos permanentes, por sua vez, dividem-se em **lamelas, condutores** e **básicos**, que, durante o crescimento inicial, são dados pela **protoderme,** pelo **procâmbio** e pelo **meristema** principal, respetivamente.
Para além da classificação anatómica e fisiológica, existe também uma classificação ontogenética dos tecidos baseada na sua origem e no momento do seu aparecimento no processo de **morfogénese** dos órgãos. De acordo com esta classificação, os tecidos dividem-se em **primários** e **secundários.**
Os meristemas primários têm origem na primeira célula do novo organismo - **os zigotos**, que se caracterizam pela capacidade de se dividirem. São os primeiros a formar-se quando um novo organismo é posto e asseguram o seu crescimento primário. Estes são os meristemas apicais e intercalares. Os tecidos permanentes cujas células se diferenciam a partir das células derivadas do meristema primário são designados por primários. Estes tecidos incluem: lamelas primárias, condutores primários e básicos.
Os secundários são os meristemas, que se formam nos órgãos vegetativos mais tarde do que os primários e proporcionam o seu crescimento secundário. Estes são

os meristemas laterais - **cambium** e **phellogen** (cambium da cortiça). Os tecidos permanentes, que foram iniciados por células derivadas do meristema secundário, são chamados **secundários**. Estes incluem o **tecido de cobertura secundário e o tecido condutor secundário.**

Exercício 1. Quais são os tipos de tecidos?

Nas plantas adultas, a formação de novas células está confinada a determinadas zonas - os meristemas. Uma caraterística importante dos meristemas é que algumas das suas células (iniciais) são capazes de se dividir um número ilimitado de vezes, assegurando um aumento contínuo da massa da planta; outras células, derivadas das iniciais, dividem-se apenas um número limitado de vezes e depois procedem à especialização.

Os meristemas são constituídos por pequenas células densamente localizadas, com núcleos grandes e conchas finas. A localização do meristema pode ser dividida em apical, marginal, lateral, intercalar e ferida.

Os meristemas apicais estão localizados no topo dos rebentos e na ponta de todas as raízes jovens e proporcionam o crescimento da planta em comprimento. A formação do meristema marginal (marginal) que forma a lâmina foliar está associada topograficamente e ontogeneticamente ao meristema apical do rebento.

Os meristemas laterais primários (procâmbio, periciclo) surgem diretamente abaixo dos ápices e são os seus derivados. Os meristemas secundários (câmbio e felogénio) são formados a partir de tecidos de meristemas primários ou de células de tecidos permanentes no processo de simplificação da sua estrutura e de aquisição das propriedades do meristema.

Os intercalares estão normalmente localizados na base dos entrenós e permitem o crescimento da planta em comprimento. São temporários e transformam-se em tecidos permanentes.

A ferida (traumática) ocorre em qualquer parte da planta por ferimentos. As células do tecido permanente que circunda a lesão desdiferenciam-se, adquirem a capacidade de se dividir e formam o calo do tecido da ferida. As células do calo transformam-se gradualmente em células do tecido permanente (rolhas da ferida).

A localização das células é diversa, devido a diferenças na natureza da sua divisão e crescimento. Se a placa média for perpendicular à superfície do órgão, esta divisão é designada por anticlinal. O resultado é um meristema lamelar (formação de folhas). Quando a placa média é colocada paralelamente à superfície do órgão, ocorre a divisão periclinal, que forma o meristema colunar (formação da madeira, cortiça). A divisão com a colocação da divisória na circunferência é definida como tangencial. Neste caso, a divisão celular ocorre em todos os planos e, como resultado, forma-se um meristema maciço (formação de esporos, endosperma).

Tecido vegetal: básico

O tecido principal é constituído por células vivas, geralmente de paredes finas, que formam a base dos órgãos (daí o nome do tecido). Contém tecidos mecânicos, condutores e outros tecidos permanentes. O tecido principal desempenha uma série de funções, em relação às quais se distinguem a assimilação (clorênquima), o armazenamento, o transporte de ar (aerênquima) e o parênquima aquífero.

Sob o nome de parênquima **principal** reúnem-se os tecidos que constituem a maior parte dos diferentes órgãos da planta. São também designados **por parênquima principal** ou **simplesmente parênquima**. O tecido principal é constituído por células parenquimáticas vivas, mais ou menos arredondadas, com paredes finas de celulose. Entre as células existem espaços intercelulares. Nas células, os vacúolos são normalmente visíveis. O parênquima principal pode desempenhar qualquer função básica, por exemplo, numa folha está a assimilar, nos órgãos das plantas aquáticas é penetrado por passagens de ar e é chamado aerênquima. O tecido principal é especialmente utilizado para a deposição de produtos de reserva. O sistema de tecidos assimiladores (sintetizadores) reúne os tecidos cuja função principal é a assimilação no sentido restrito, ou seja, a fotossíntese. Em todas as plantas, esses tecidos são parenquimatosos pela forma geral de suas células; nas plantas superiores, eles geralmente têm uma cor verde, e seu tecido de assimilação pode ser chamado de parênquima verde, parênquima portador de clorofila ou clorênquima. As células do clorênquima possuem membranas de celulose, geralmente finas, sem poros pronunciados. O protoplasto está localizado na camada da parede; a parte central da célula é ocupada por um grande vacúolo. O acesso do ácido carbónico às células do clorênquima é facilitado pelo facto de este possuir um sistema de espaços intercelulares que formam um sistema coerente que comunica com as folhas atmosféricas, caules não-lignificados, frutos imaturos, sépalas, ou seja, nas partes verdes da planta. A sua função principal é a fotossíntese. As células do tecido de assimilação são geralmente parenquimatosas, de paredes finas, com um grande número de cloroplastos e espaços intercelulares. Os tecidos de armazenamento são representados por células parenquimatosas de paredes finas, nas quais podem ser depositadas substâncias como amido, proteínas, açúcares, gorduras e água. Este tipo de tecido pode estar localizado em vários órgãos das plantas (sementes, raízes, tubérculos, bolbos, rizomas, caules, folhas).

Aerenkim (tecido das vias aéreas) é um tecido com uma função predominante de troca de gases (ventilação), que tem grandes espaços intercelulares. As células parenquimatosas do tecido das vias respiratórias podem ter várias modificações e combinações, o que determina o carácter dos espaços intercelulares. O aerenkim desenvolve-se em plantas com trocas gasosas difíceis.

O parênquima assimilador, ou clorofilado (clorênquima), é mais típico das folhas e dos caules verdes assimiladores. Contém cloroplastos e desempenha a função de fotossíntese. As células são arredondadas ou ovais um pouco alongadas. As suas paredes são finas, nunca lenhificadas, por vezes dobradas. As células estão quase completamente cheias de cloroplastos, apenas no centro existe um avacúolo. O núcleo e o citoplasma ocupam uma posição próxima da parede. É subdividido em clorênquima colunar, ou paliçada, e esponjoso. As células do clorênquima colunar estão localizadas numa ou em várias camadas sob a pele superior. As células do clorênquima esponjoso estão dispostas sob o clorênquima colunar de forma frouxa, com grandes espaços intercelulares.

O parênquima de armazenamento desenvolve-se predominantemente nos órgãos axiais, nos órgãos reprodutivos e nos órgãos reprodutivos vegetativos. Serve para conservar os nutrientes. Formado por células de paredes finas, os cloroplastos estão ausentes. Durante a fotossíntese, o amido primário é formado primeiro diretamente nos cloroplastos, depois, sob a forma de sacarose, é transportado para os órgãos de armazenamento, em cujas células se forma o amido secundário, que se acumula nos amiloplastos (leucoplastos especializados). Os leucoplastos que armazenam óleos são chamados elioplastos. As proteínas de reserva são geralmente depositadas em vacúolos, que após desidratação se transformam em grãos de aleurona.

Exercício 2. O que é que a imagem mostra? Explique por origem que meristemas se distinguem?

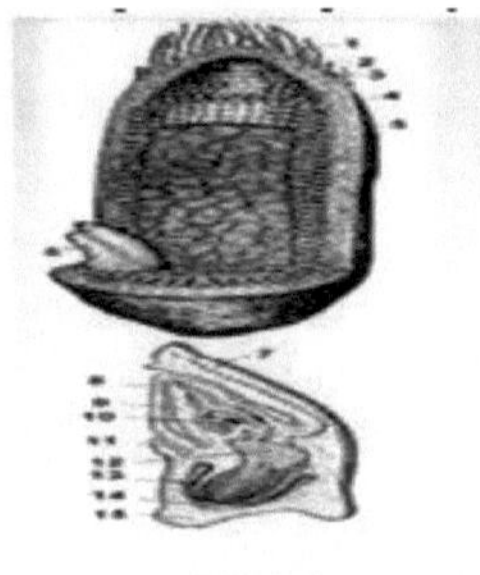

Figura 31

Por origem, distinguir:

1. Meristemas primários - meristemas germinativos. Determinam o desenvolvimento da plântula e o crescimento primário dos órgãos.

2. Meristemas secundários. Ocorrem na base dos primários. Proporcionam o crescimento de órgãos principalmente em largura.

Exercício 3. O que é que a figura mostra? Explique, por localização, quais os meristemas que se distinguem?

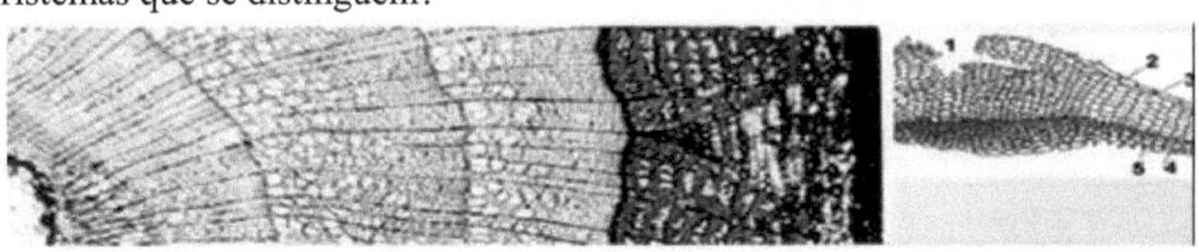

foto. 32

Por localização, o tecido formal (meristema) distingue-se entre:

1. Meristemas apicais (apicais).

2. Meristemas laterais (laterais). Surgem devido à atividade do meristema primário. Como regra, causam o espessamento dos órgãos axiais. Estes incluem o câmbio e o câmbio da cortiça - felogénio.

Exercício 4. O que é que a figura mostra? Explique a localização e a localização de que meristemas se distinguem?

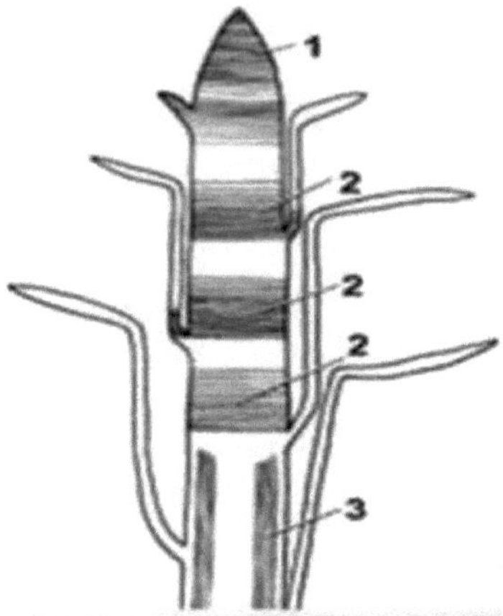

Foto 33

Por localização, o tecido formal (meristema) distingue-se entre:

1. **Meristemas intercalares (intercalares).** Áreas de células que se dividem intensamente, geralmente localizadas acima dos nós dos rebentos.

Meristemas de feridas (traumáticos). Proporcionam o crescimento de feridas, bloqueiam o acesso a agentes patogénicos.

Exercício 5. Diz o nome da imagem? Descreve os principais tipos de tecidos?

Imagem-9

Tecidos vegetais

Quatro tipos de tecidos:

1. tecido meristemático

- onde são produzidas novas células

2. tecido dérmico,

- forma o revestimento exterior da planta
- inclui a epiderme e a periderme

3. tecido moído

- constitui a maior parte do interior de uma planta
- inclui células do parênquima, do colênquima e do esclerênquima

4. tecido vascular

- transporta água, minerais e outras substâncias através da planta
- presta apoio
- inclui o xilema e o floema

A estrutura e a função do tecido principal

O tecido de assimilação (clorênquima) está localizado sob a epiderme nas folhas, caules não-lignificados, frutos imaturos, sépalas, ou seja, nas partes verdes da planta. A sua função principal é a fotossíntese. As células do tecido de assimilação são geralmente parenquimatosas, de paredes finas, com um grande número de cloroplastos e espaços intercelulares.

Os tecidos de armazenamento são representados por células parenquimatosas de paredes finas, nas quais podem ser depositadas substâncias como amido, proteínas, açúcares, gorduras e água. Este tipo de tecido pode estar localizado em vários órgãos das plantas (sementes, raízes, tubérculos, bolbos, rizomas, caules, folhas).

O tecido pneumático, ou aerênquima, caracteriza-se pela presença de grandes espaços intercelulares que efectuam trocas gasosas e comunicam com o meio exterior, em regra, através de lentilhas e estomas. O aerênquima está bem desenvolvido nas plantas aquáticas, bem como nas espécies que crescem em solos compactados e pantanosos, onde as raízes têm dificuldade em absorver oxigénio.

Exercício 6. O que é que a imagem mostra? Que tipos de parênquima se distinguem?

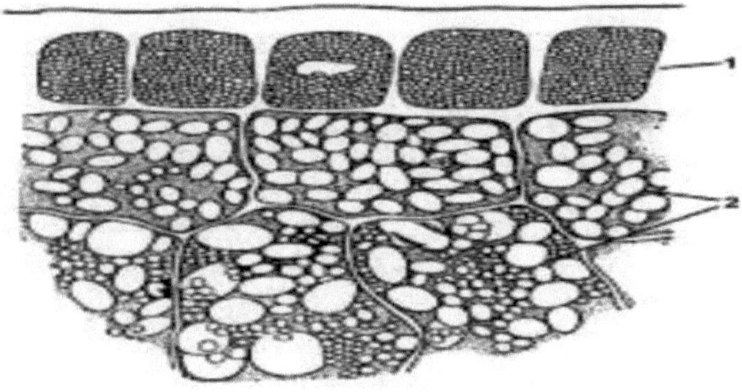

Pic. 34

Distinguir o parênquima:

1. Parênquima assimilativo ou portador de clorofila (clorênquima);

2. Parênquima armazenado

Desenvolvem-se predominantemente nos órgãos axiais, nos órgãos reprodutores e nos órgãos reprodutores vegetativos. Servem para a conservação de nutrientes.

Novas tarefas para a produção autónoma de conhecimentos (em trabalho de grupo)

1 etapa: tarefas para "Aprender"

1- tarefas: Responder às seguintes perguntas.

parte1:

1) O que é o tecido vegetal? **Resposta**: Tecido é um conjunto de células que têm a mesma estrutura, origem comum e desempenham a mesma função.

2) Que tipos de tecidos vegetais existem? **Resposta**: Existem seis grupos principais de tecidos:

1) tecido meristemático (formal),

2) tecido tegumentar (fronteira);
3) tecidos de base;
4) tecidos mecânicos;
5) tecido condutor;
6) tecido secretor (secretório).

3) O que é o tecido formal? **Resposta**: Os tecidos formais ou meristemas são tecidos celulares que são capazes de se dividir ilimitadamente ao longo da vida de um organismo.

4) Que tecidos são chamados simples e quais são complexos? Exemplos. **Resposta**: Os tecidos são divididos em simples e complexos. Se o tecido for constituído por células idênticas, como o parênquima, trata-se de um tecido simples. Os tecidos complexos têm uma origem comum e desempenham uma única função, mas as diferentes células de um tecido complexo são muito diferentes umas das outras. Por exemplo, a madeira

(O xilema é um tecido complexo que inclui tecidos condutores (traqueia e traqueídos), mecânicos (fibras da madeira) e primários (parênquima da madeira).

parte2:

1) Que tipos de tecido formal? **Resposta**: Dependendo da posição no corpo da planta, existem vários tipos de tecidos formais:

- apicais ou apicais situadas na parte superior dos rebentos e das pontas das raízes. Provocam o crescimento dos órgãos em comprimento.
- laterais ou laterais dispostas paralelamente à superfície do corpo. Devido à sua divisão, verifica-se um crescimento dos órgãos em espessura (procâmbio, câmbio, felogénio).
- Os meristemas intercalares ou intercalares encontram-se na base dos entrenós e das folhas jovens em crescimento e determinam o crescimento dos órgãos em comprimento.
- Os meristemas de feridas (traumáticos) surgem aquando da cicatrização de tecidos e órgãos danificados. São formados perto do local afetado pela não diferenciação de células vivas com a subsequente formação de um tampão protetor ou de outros tecidos.

2) Onde está localizado o meristema apical? **Resposta**: O meristema apical está localizado na parte superior dos rebentos principais e laterais.

Quais são os processos de histogénese e organogénese? **Resposta**: Como resultado da divisão e diferenciação do meristema apical e das suas células, realiza-se a histogénese (formação de tecidos) e a organogénese (formação de órgãos).

parte3:

1) O que é o parênquima de armazenamento? Que papel desempenham nos organismos vegetais? **Resposta**: O parênquima de armazenamento desenvolve-se predominantemente em órgãos axiais, órgãos reprodutivos e órgãos reprodutivos vegetativos. Serve para conservar os nutrientes.

2) Enumere os sinais caraterísticos do parênquima de armazenamento? Que papel

desempenham nos organismos vegetais? **Resposta**: Formado por células de paredes finas, os cloroplastos estão ausentes. Durante a fotossíntese, o amido primário é primeiro formado diretamente nos cloroplastos, depois, sob a forma de sacarose, é transportado para os órgãos de armazenamento, em cujas células se forma o amido secundário, que se acumula nos amiloplastos (leucoplastos especializados).

3) O que são óleos armazenados? **Resposta**: Os leucoplastos que armazenam óleos são chamados elaioplastos. As proteínas de reserva são normalmente depositadas em vacúolos que, após desidratação, se transformam em grãos de aleurona.

4) Que células são chamadas parenquimatosas a, células chamadas prosenquimatosas? **Resposta**: As células que formam os tecidos podem ter uma forma arredondada, mais ou menos iguais em comprimento e largura - são as células parenquimatosas. Se as células forem muito alongadas em comprimento, chamam-se células prosenquimatosas.

parte4:

1) Quais são os principais tecidos? **Resposta**: O tecido principal - consiste em células vivas, geralmente de paredes finas, que formam a base dos órgãos (daí o nome do tecido).

2) Em que é que os tecidos são maioritariamente colocados? **Resposta**: Contém tecidos mecânicos, condutores e outros tecidos permanentes.

3) Que funções desempenham os tecidos principais? **Resposta**: O tecido principal desempenha uma série de funções, em relação às quais se distinguem a assimilação (clorênquima), o armazenamento, o transporte de ar (aerênquima) e o parênquima aquífero.

4) O que é o tecido de assimilação? **Resposta**: O parênquima assimilador ou clorofilado (clorênquima) é o mais típico das folhas e dos caules verdes assimiladores.

2 etapas: tarefas para "Compreender"

Identificar a razão:

1) Porque é que os tecidos se dividem em simples e complexos? Explica. **Resposta**: Devido à divisão e diferenciação das suas células, formam-se todos os outros tipos de tecidos, chamados permanentes. Quando cada célula meristemática se divide, formam-se duas células filhas. Uma delas permanece meristemática, mantém a capacidade de divisão celular ativa indefinidamente e é chamada inicial. A segunda célula filha é chamada de derivada. Ela sofre um número limitado de divisões. As células resultantes diferenciam-se em células de tecidos permanentes.

2) Porque é que os tecidos se dividem em primários e secundários? **Resposta**: Dependendo da sua origem, os tecidos formais podem ser primários e secundários. Quais meristemas são chamados de primários e quais são secundários? **ExemplosResposta**: Pela sua origem, distinguem-se os meristemas primários e secundários. Primários - meristemas do embrião, determinam o desenvolvimento da plântula e o crescimento primário dos órgãos. Os meristemas secundários

surgem na base dos primários e asseguram o crescimento dos órgãos, principalmente em largura.

3 etapas: tarefas para "Análise"

Explicar a localização e a estrutura dos tecidos e células formais

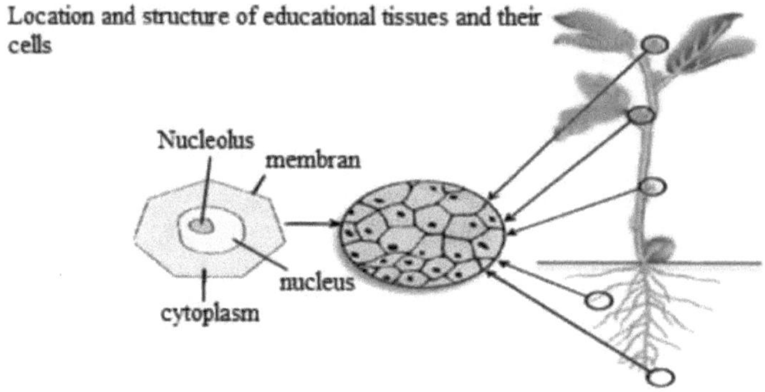

Figura 34

Resposta: O meristema apical do rebento está localizado na parte superior dos rebentos principais e laterais. Como resultado da divisão e diferenciação das suas células, realiza-se a histogénese (formação de tecidos) e a organogénese (formação de órgãos). As células do meristema apical, em regra, têm uma forma isodiamétrica, muito próximas umas das outras, com um citoplasma denso, um núcleo grande e vários nucléolos. As membranas celulares são muito finas, primárias, com um grande número de substâncias pécticas. Os vacúolos estão ausentes ou sob a forma de pequenas bolhas. Muitas mitocôndrias e ribossomas. Os plastídeos não são diferenciados. Não existe uma terminologia geralmente aceite para designar o meristema apical. É designado por ponto de crescimento, cone de crescimento, ápice, ponta do rebento; estes termos são utilizados como sinónimos. Alguns anatomistas dão uma definição mais precisa, segundo a qual o ponto de crescimento é a parte apical lisa do cone de crescimento, situada acima do botão foliar mais jovem. O cone de crescimento inclui o ponto de crescimento e a zona dos botões foliares constituída por células indiferenciadas.

4 etapas: tarefas para "Síntese"

1) Como a estrutura do tecido está associada à função desempenhada. Para isso, recorrendo às tabelas, ao exame microscópico e a objectos vivos (rebentos de plantas, folhas, plantas de interior), preenche-se a seguinte tabela.

Quadro 6

Tipo de tecido	*Localização*
Formal	Parte superior da raiz da planta e do caule da planta.
Básico	A polpa de uma folha é uma planta, a polpa é um fruto. A raiz média da planta e o caule da planta. As partes moles da planta com flor. A massa principal da casca da planta.
Mecânica	Veias folha planta. Planta de talo de fibras. Caroço de alperce.

	Casca de noz
Capa	Descascar a folha da planta e a casca da árvore.
Condutor	Nas nervuras das folhas da planta, na raiz da planta e no caule da planta.

5 etapas: tarefas para "Aplicação"

Descreve a estrutura das células dos tecidos parenquimatosos:

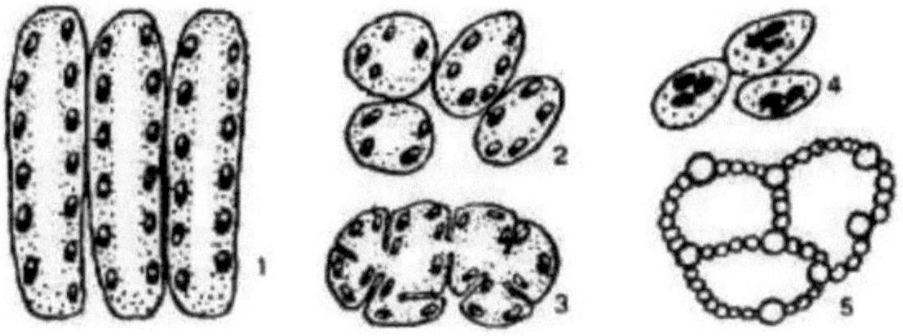

pic.35

Resposta:

Tecidos parenquimatosos:

1-3 - portadores de clorofila (colunares, esponjosos e dobrados, respetivamente); 4 - armazenadores (células com grãos de amido); 5 - aéreos, ou aerênquima.

6 etapas: tarefas para "Avaliação"

1. Que meristema proporciona um crescimento adicional dos órgãos em comprimento?

A. apical;
B. intercalar;
C. lateral;
D. traumático.

2. Que secção da biologia estuda os tecidos dos corpos dos organismos?

A. anatomia;
B. histologia;
C. embriologia;
D. citologia.

3. Que tecidos vegetais têm células grandes e redondas com grandes espaços intercelulares?

A. meristemas;
B. parênquima;
C. prosenchy;
D. lamelas.

4. Que meristemas asseguram o crescimento dos órgãos axiais em espessura?

A. apical;
B. intercalar;
C. lateral;
D. traumático.

5. Que tecido tem lentilhas?

A. epiblema;

B. epiderme;

E. cambium;

D. batoque.

6. Que tecido forma os pêlos radiculares?

A. epiblema;

B. epiderme;

C. câmbio;

D. batoque.

7. Que tecido forma o câmbio da cortiça?

A. epiblema;

B. epiderme;

C. câmbio;

D. felloderma.

8. Determinar as caraterísticas do parênquima das folhas:

A. aerenchyma;

B. colênquima;

C. sclerenchyma;

D. clorenchyma.

9. Teste. Que tecido é utilizado para a acumulação de produtos de reserva?

A. epiderme;

B. batoque;

C. parênquima;

D. meristema.

10. Quantos grupos de tecidos básicos existem?

A. dois;

B. seis;

C. quatro;

D. sete.

F. **Responde:** 1- B; 2- B;3 - B;4 - C; 5 - D; 6 - B; 7 - D;8 - D; 9 - C; 10 B.

PARTE ORIENTADA PARA O RESORT
(avaliação formativa por um sistema de critérios de 100 pontos)
Nível I (50 pontos)

1 etapa: avaliação do nível de conhecimentos sobre "Aprendizagem"

Responde às perguntas seguintes:

Parte 1:

1) Que tecidos são chamados simples e quais são complexos? Exemplos **Resposta**: Os tecidos são divididos em simples e complexos. Se o tecido for constituído por células idênticas, como o parênquima, trata-se de um tecido simples. Os tecidos complexos têm uma origem comum e desempenham uma única função, mas as diferentes células de um tecido complexo são muito diferentes umas das outras. Por exemplo, a madeira (xilema) é um tecido complexo que inclui tecidos condutores (traqueia e traqueídeos), mecânicos (fibras da madeira) e primários (parênquima da madeira).

Como é que surge o tecido inicial? **Resposta**: Caraterísticas da estrutura e da composição química da parede celular. Assim, os tecidos formais dão origem a todas as células, tecidos e órgãos das plantas e, ao mesmo tempo, reproduzem-se constantemente.

3) Quais são as funções dos meristemas apicais ou apicais? **Resposta**: Os meristemas apicais ou apicais situam-se na parte superior dos rebentos e nas pontas das raízes. Provocam o crescimento dos órgãos em comprimento.

4) Quais são as funções dos meristemas laterais (laterais)? **Resposta**: Surgem devido à atividade dos meristemas primários. Em regra, provocam o espessamento dos órgãos axiais. Os meristemas laterais incluem o câmbio e o câmbio da cortiça - felogénio.

5) Que funções desempenham os meristemas intercalares? **Resposta**: Áreas de células em intensa divisão, geralmente localizadas nos nós dos rebentos ou nas bases das lâminas foliares. São remanescentes do meristema apical. Quando o crescimento dos entrenós ou das folhas pára, os meristemas intercalares transformam-se em tecidos permanentes, ou seja, a sua atividade é de curta duração.

6) Quais são as funções dos meristemas feridos (traumáticos)? **Resposta**: Surgem aquando da cicatrização de tecidos e órgãos danificados. São formados perto do local afetado por desdiferenciação de células vivas com a subsequente formação de um tampão protetor ou de outros tecidos.

Parte 2:

1) Enumere as caraterísticas das células meristemáticas? **Resposta**: As células do meristema apical, em regra, têm uma forma isodiamétrica, muito próximas umas das outras, com um citoplasma denso, um núcleo grande e vários nucléolos. As membranas celulares são muito finas, primárias, com um grande número de substâncias pécticas. Os vacúolos estão ausentes ou têm a forma de pequenas bolhas. Muitas mitocôndrias e ribossomas. Os plastídeos não são diferenciados.

2) O que é um ponto de crescimento? **Resposta**: Não existe uma terminologia geralmente aceite para designar o meristema apical, que é chamado de ponto de crescimento, cone de crescimento, ápice, ponta do rebento, estes termos são usados como sinónimos.
3) Diferentemente chamado de ponto de crescimento? **Resposta**: Alguns anatomistas dão uma definição mais precisa, segundo a qual o ponto de crescimento é a parte apical lisa do cone de crescimento, localizada acima do botão foliar mais jovem.
4) O que é um cone de crescimento? **Resposta**: O cone de crescimento inclui o ponto de crescimento e a zona dos botões foliares constituída por células indiferenciadas.
5) O que é um cone de crescimento ou uma túnica? **Resposta**: As camadas superficiais das células
do cone de crescimento são chamados de túnica. Pode ser de camada simples ou dupla. As células da túnica têm, regra geral, a forma de 4 carvões e estão frequentemente divididas por partições anticlinais. As células do casco localizadas sob a túnica têm geralmente uma forma poligonal e estão divididas em diferentes direcções.

Parte 3:

1. Quais são as funções do tecido formal? **Resposta**: Os tecidos formais são um nome genérico para os tecidos vegetais que consistem em dividir-se intensamente e manter a atividade fisiológica durante toda a vida das células, proporcionando um crescimento contínuo da massa vegetal e fornecendo material para a formação de vários tecidos especializados (condutores, mecânicos, etc.)
2. O que são os meristemas primários? Exemplos. **Resposta**: Por origem, distinguem-se os meristemas primários e secundários. Primários - meristemas do embrião, determinam o desenvolvimento da plântula e o crescimento primário dos órgãos. A partir dos quais o embrião é constituído, são chamados primários (meristemas apicais, procâmbio, periciclo)
3. Que meristemas são chamados secundários? **Resposta**: Os meristemas secundários surgem na base dos primários e asseguram o crescimento dos órgãos principalmente em largura.
4. Que meristemas são chamados primários e quais são secundários? Exemplos. **Resposta**: Dependendo da origem, os tecidos formais podem ser primários e secundários. Os meristemas, que têm origem em células embrionárias e são descendentes de tecidos embrionários, são chamados meristemas secundários, que têm origem em qualquer tecido permanente ou em meristemas primários (câmbio, felogénio, câmbio adicional).
5. Quais são os principais tecidos primários permanentes? **Resposta**: De acordo com esta classificação, os tecidos permanentes também se dividem em dois grupos: tecidos permanentes primários formados a partir de tecidos formais primários e tecidos permanentes secundários gerados por tecidos formais secundários.

Parte 4:

1) O que é o tecido de assimilação? **Resposta**: O parênquima assimilador ou clorofilado (clorênquima) é mais típico das folhas e dos caules verdes assimiladores.

2) Quais são as funções do tecido de assimilação? **Resposta**: Contém cloroplastos e realiza a função de fotossíntese.

3) Enumerar as caraterísticas das células de assimilação? **Resposta**: As células são arredondadas ou ovais um pouco alongadas. As suas paredes são finas, nunca lenhificadas, por vezes dobradas. As células estão quase completamente cheias de cloroplastos, apenas no centro existe um vacúolo. O núcleo e o citoplasma ocupam uma posição próxima da parede.

4) Enumere os sinais caraterísticos do clorênquima? **Resposta**: Subdividido em clorênquima colunar, ou paliçada, e esponjoso. As células do clorênquima colunar estão localizadas numa ou em várias camadas sob a pele superior. As células do clorênquima esponjoso estão dispostas sob o clorênquima colunar de forma frouxa, com grandes espaços intercelulares.

2 etapas: avaliação do nível de conhecimentos sobre **"Compreensão"** *Identificar as razões:*

1) Porque é que o tecido se chama inicial? **Resposta**: Caraterísticas da estrutura e composição química da parede celular. Assim, os tecidos formais dão origem a todas as células, tecidos e órgãos das plantas e, ao mesmo tempo, reproduzem-se constantemente.

2) Quais são os tipos de tecido formal? **Resposta:** Dependendo da posição no corpo da planta, existem vários tipos de tecidos formais. Apical ou apical localizado no topo dos rebentos e nas pontas das raízes. Provocam o crescimento dos órgãos em comprimento. Laterais ou laterais dispostos paralelamente à superfície do corpo. Devido à sua divisão, há um crescimento dos órgãos em espessura (procâmbio, câmbio, felogénio). Os meristemas intersticiais ou intercalares estão localizados na base dos entrenós e das folhas jovens em crescimento e determinam o crescimento dos órgãos em comprimento. Os meristemas de ferida (traumáticos) surgem durante a cicatrização de tecidos e órgãos danificados. São formados perto do local afetado por desdiferenciação de células vivas com a subsequente formação de um tampão protetor ou de outros tecidos.

3) Porque é que se divide em células parenquimatosas e prosenquimatosas? **Resposta**: As células que formam os tecidos podem ter uma forma arredondada, mais ou menos iguais em comprimento e largura - são as células parenquimatosas. Se as células forem muito alongadas em comprimento, são chamadas células prosenquimatosas.

4) Porque é que o parênquima celular é assim chamado? **Resposta**: Porque as células parenquimatosas têm a mesma largura ou não são mais do que 2-3 vezes as células isotónicas que não diferem umas das outras. Este é um exemplo das células

das folhas e dos frutos.

5) Porque é que as células parenquimatosas são assim chamadas? **Resposta**: As células prosinogénicas são várias vezes maior do que a largura. O comprimento médio das células da célula superior é de 10100 μg. As células prossénicas do linho, urtiga, armação e tela são grandes e compridas.

Nível II (51 pontos +38 pontos =89 pontos)

1 etapa: avaliação do nível de conhecimentos sobre **"Compreensão"**

Parte 1:

1) O que é que é mostrado na imagem? Enriquecer a função e a estrutura do tecido principal:

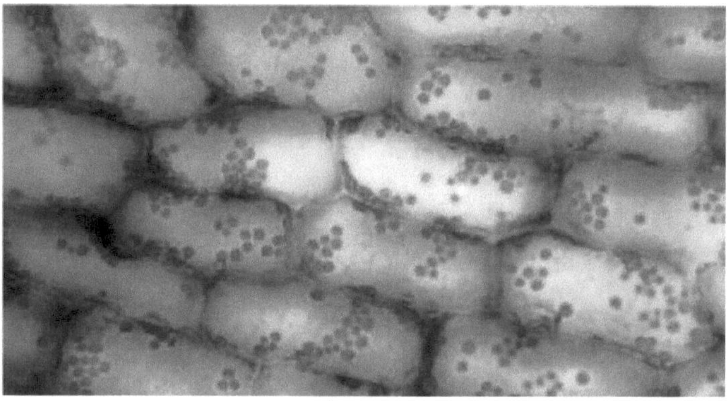

Figura 36

Resposta: O tecido principal - consiste em células vivas, geralmente de paredes finas, que formam a base dos órgãos (daí o nome do tecido). Contém tecidos mecânicos, condutores e outros tecidos permanentes. O tecido principal desempenha um certo número de funções, em relação às quais se distinguem a assimilação (clorênquima), o armazenamento, o transporte de ar (aerênquima) e o parênquima aquífero, também designado por parênquima principal ou simplesmente parênquima. O tecido principal é constituído por células parenquimatosas vivas, mais ou menos arredondadas, com paredes finas de celulose. Entre as células existem espaços intercelulares. Nas células, os vacúolos são geralmente visíveis. O parênquima principal pode desempenhar qualquer função básica, por exemplo, numa folha está a assimilar, nos órgãos das plantas aquáticas é penetrado por passagens de ar e é chamado aerênquima. O tecido principal é especialmente utilizado para a deposição de produtos de reserva.

2) Explique em que origem se distinguem os meristemas?

Resposta: Os tecidos formais (meristemas) distinguem-se pela sua localização: meristemas apicais (apicais) e meristemas laterais (laterais). Surgem devido à atividade dos meristemas primários. Em regra, provocam o espessamento dos órgãos axiais. Estes incluem câmbio e câmbio da cortiça - felogénio.

2 etapas: avaliação do nível de conhecimentos sobre a "**Análise**"

parte2: De acordo com o diagrama de Venn, compare as semelhanças e diferenças entre os tecidos meristemáticos e subjacentes. Destacar a ideia principal do tema.

Diagrama de Venn-4

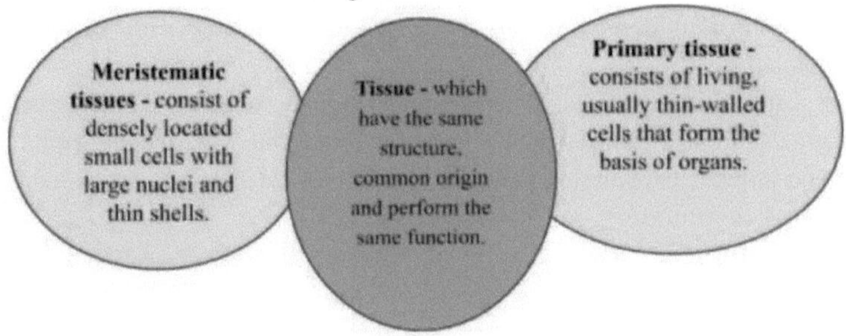

Destacar a ideia principal do tema ...

> A especificidade dos tecidos meristemáticos. **Resposta**: A localização do meristema pode ser dividida em apical, marginal, lateral, intercalar e ferida.

> A especificidade dos tecidos apicais. **Resposta**: Os tecidos apicais (apical) estão localizados no topo dos rebentos e na ponta de todas as raízes jovens e asseguram o crescimento da planta em comprimento.

> Especificidade do tecido lateral. **Responder**: Os tecidos laterais (laterais) contribuem para o crescimento das plantas em espessura e estão localizados paralelamente à superfície lateral do órgão em que se encontram.

Especificidade dos meristemas laterais primários. **Resposta**: Os meristemas laterais primários (procâmbio, periciclo) surgem diretamente sob os ápices e são os seus derivados.

> Especificidade dos meristemas laterais secundários. **Resposta**: Os meristemas secundários (câmbio e felogénio) são formados a partir dos tecidos do meristema primário ou das células dos tecidos permanentes no processo de simplificação da sua estrutura e aquisição das propriedades do meristema.

> A especificidade do tecido intercalar. **Resposta**: Os tecidos intercalares (intercalares) estão normalmente localizados na base dos entrenós e permitem o crescimento da planta em comprimento. São temporários e transformam-se em tecidos permanentes.

> Especificidade do tecido da ferida. **Resposta**: As feridas (traumáticas) ocorrem em qualquer parte da planta durante os ferimentos. As células do tecido permanente que circunda a lesão desdiferenciam-se, adquirem a capacidade de se dividir e formam o calo do tecido da ferida. As células do calo transformam-se gradualmente em células do tecido permanente (rolhas da ferida).

> A especificidade dos tecidos principais. **Resposta**: O tecido principal - consiste em células vivas, geralmente de paredes finas, que formam a base dos órgãos (daí o nome do tecido). Contém tecidos mecânicos, condutores e outros tecidos

permanentes. O tecido principal desempenha uma série de funções, em relação às quais se distinguem a assimilação (clorênquima), o armazenamento, o suporte de ar (aerênquima) e o parênquima aquífero.

> A especificidade dos tecidos principais. **Resposta**: Sob o nome de tecidos principais estão reunidos os tecidos que constituem a maior parte dos diferentes órgãos da planta.

> A especificidade dos tecidos principais. **Resposta**: São também designados por parênquima principal ou simplesmente parênquima. O tecido principal é constituído por células parenquimatosas vivas, mais ou menos arredondadas, com paredes finas de celulose.

> A especificidade dos tecidos principais. **Resposta**: Existem espaços intercelulares entre as células. Nas células, os vacúolos são normalmente visíveis. O parênquima principal pode desempenhar qualquer função básica, por exemplo, numa folha está a assimilar, nos órgãos das plantas aquáticas é penetrado por passagens de ar e é chamado aerênquima. O tecido principal é especialmente utilizado para a deposição de produtos de reserva.

> A especificidade dos tecidos de assimilação. **Resposta**: O sistema de tecidos assimiladores (sintetizadores) está unido por tecidos cuja função principal é a assimilação em sentido estrito, ou seja, a fotossíntese.

> A especificidade dos tecidos de assimilação. **Resposta**: Em todas as plantas, esses tecidos são parenquimatosos pela forma geral de suas células; em plantas superiores, eles geralmente têm uma cor verde, e seu tecido de assimilação pode ser chamado de parênquima verde, parênquima portador de clorofila ou clorênquima.

> A especificidade do parênquima portador de clorofila. **Resposta**: As células do clorênquima têm membranas de celulose, geralmente finas, sem poros pronunciados. O protoplasto está localizado na camada da parede, a parte central da célula é ocupada por um grande vacúolo. O acesso do ácido carbónico às células do clorênquima é facilitado pelo facto de este possuir um sistema de espaços intercelulares que formam um sistema coerente que comunica com a atmosfera.

> A especificidade dos tecidos de assimilação. **Resposta**: O tecido de assimilação (clorênquima) está localizado sob a epiderme nas folhas, nos caules não lenhosos, nos frutos imaturos, nas sépalas, ou seja, nas partes verdes da planta. A sua função principal é a fotossíntese.

> A especificidade dos tecidos de assimilação. **Resposta**: As células do tecido de assimilação são geralmente parenquimatosas, de paredes finas, com um grande número de cloroplastos e espaços intercelulares. Os tecidos de armazenamento são representados por células parenquimatosas de paredes finas, nas quais podem ser depositadas substâncias como amido, proteínas, açúcares, gorduras e água. Este tipo de tecido pode estar localizado em vários órgãos das plantas (sementes, raízes, tubérculos, bolbos, rizomas, caules, folhas).

> Especificidade dos tecidos aerenquimatosos. **Resposta**: O aerênquima (tecido das vias aéreas) é um tecido com uma função predominante de troca gasosa

(ventilação), com grandes espaços intercelulares. As células parenquimatosas do tecido das vias aéreas podem ter várias modificações e combinações, o que determina o carácter dos espaços intercelulares. O aerenkim desenvolve-se em plantas com trocas gasosas difíceis.

> A especificidade dos tecidos de assimilação. **Resposta**: O parênquima assimilador ou clorofilado (clorênquima) é o mais típico das folhas e dos caules verdes assimiladores. Contém cloroplastos e realiza a função de fotossíntese. As células são arredondadas ou ovais um pouco alongadas. As suas paredes são finas, nunca lenhificadas, por vezes dobradas. As células estão quase completamente cheias de cloroplastos, apenas no centro existe um vacúolo.

> A especificidade dos tecidos de assimilação. **Resposta**: O núcleo e o citoplasma ocupam uma posição próxima da parede. Subdivide-se em clorênquima colunar, ou paliçada, e esponjoso.

> A especificidade dos tecidos de assimilação. **Resposta**: As células do parênquima colunar estão localizadas numa ou em várias camadas sob a pele superior. As células do clorênquima esponjoso estão dispostas sob o clorênquima colunar de forma frouxa, com grandes espaços intercelulares.

> Especificidade dos tecidos de armazenamento. **Responder**: O parênquima de reserva desenvolve-se predominantemente nos órgãos axiais, nos órgãos reprodutores e nos órgãos reprodutores vegetativos.

> Especificidade dos tecidos de armazenamento. **Resposta**: Servem para conservar os nutrientes. Formados por células de paredes finas, os cloroplastos estão ausentes.

> Especificidade dos tecidos de armazenamento. **Resposta**: Durante a fotossíntese, o amido primário é primeiro formado diretamente nos cloroplastos e depois, sob a forma de sacarose, é transportado para os órgãos de armazenamento.

Parte 3: Destacar a ideia principal do tema

Semelhanças: O tecido é um conjunto de células que têm a mesma estrutura, origem comum e desempenham a mesma função.

Diferenças: O tipo de tecido original é formal.

Diferenças: Devido à divisão e diferenciação das suas células, formam-se todos os outros tipos de tecidos, chamados permanentes.

Diferenças: Estas incluem as diferenças tegumentares, mecânicas, tecidos condutores, assimiladores, de armazenamento, de sucção, excretores, respiratórios e > outros.

Parte 4: Dependendo da posição no corpo das plantas, que tipos de tecidos formais são distinguidos?

1) ***Apical*** ou ***apical localizado*** no topo dos rebentos e pontas das raízes. Provocam o crescimento dos órgãos em comprimento.

2) ***Lateral*** ou ***laterais dispostas paralelamente*** à superfície do corpo. Devido à sua divisão, há um crescimento dos órgãos em espessura (procâmbio, câmbio, felogénio).

*3) **Os meristemas intersticiais*** ou ***intercalares*** estão localizados na base dos entrenós e das folhas jovens em crescimento e determinam o crescimento dos órgãos em comprimento.

Os meristemas de feridas (traumáticos) surgem aquando da cicatrização de tecidos e órgãos danificados. São formados perto do local afetado por desdiferenciação de células vivas com a subsequente formação de um tampão protetor ou de outros tecidos.

Nível III: (89 pontos + 11 pontos= 100 pontos)

1 etapa: avaliação do nível de conhecimentos sobre "**Síntese**

Parte 1:

1) Na imagem, reconstituir a função e a estrutura do tecido de forma.

pêlos radiculares

área de diferenciação zona de estiramento

apical

meristema

o caso da forma de raiz

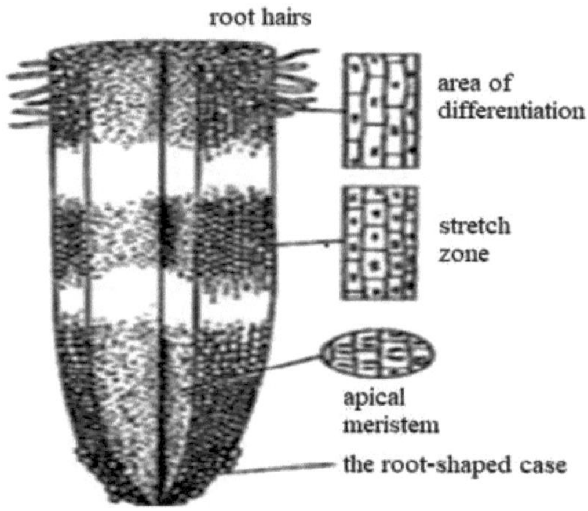

Figura 37

Funções: os tecidos formais dão origem a todas as células, tecidos e órgãos das plantas e, ao mesmo tempo, reproduzem-se constantemente.

Estrutura: os tecidos formais ou meristemas são tecidos celulares capazes de se dividir ilimitadamente ao longo da vida do organismo.

2) Na figura, completar a função e a estrutura do tecido.

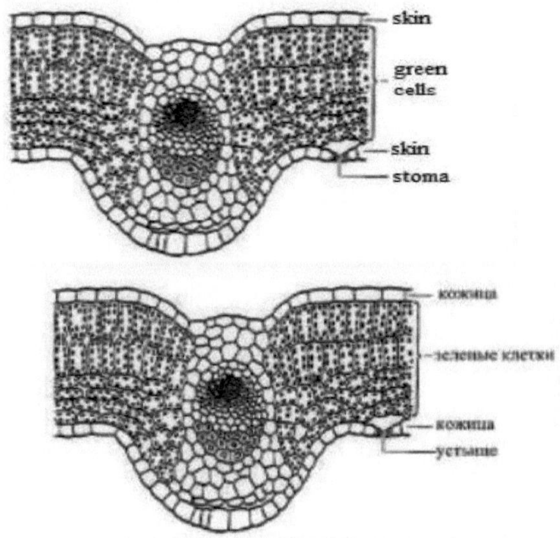

Pic.38

Funções: O tecido de base serve, sobretudo, para depositar produtos sobresselentes.

Estrutura: Combinação dos tecidos que constituem a maior parte dos diferentes órgãos da planta.

São também designados por parênquima principal ou simplesmente parênquima.

3) Que tipos de tecidos vegetais existem?

Resposta: Existem seis grupos principais de tecidos: tecido meristemático (formal); tecido de cobertura (fronteira); tecidos básicos; tecidos mecânicos; tecido condutor e tecido excretor (secretor).

Imagem-10

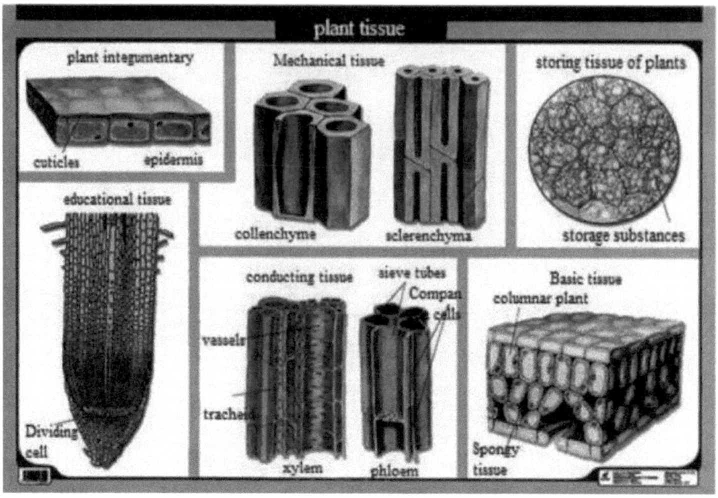

2 etapas*:* avaliação do nível de competências sobre a "Reflexão" e resolução de problemas reais

problemas

Parte 2:

O que é que acha?

Escreva um ensaio sobre "Tecidos vegetais: forma e núcleo. Estrutura e função. Localização e caraterísticas estruturais dos tecidos vegetais educativos e básicos".

Parte 3:

O que aprendeste sobre a aula (opinião), escreve um ensaio

O que é que sabe mais? Utilizar os recursos da Internet e literaturas adicionais para escrever um ensaio. Escrever um ensaio é um nível criativo 4 acima do padrão.

PARTE SINÉTICA (identificação de problemas sobre o tema e sua solução)

Secção №5. O tema da lição: tecido externo e mecânico.

Estrutura e funções. Caraterísticas da estrutura dos tecidos externos e mecânicos de várias plantas. Classificação, estrutura, funções, localizações em plantas.

O objetivo da aula: Familiarização com as caraterísticas da estrutura dos tecidos de cobertura e mecânicos.

Ficará a saber mais sobre:

- A estrutura dos tecidos externos e mecânicos;
- A estrutura e a função dos tecidos vegetais;
- As caraterísticas da estrutura dos tecidos externos de várias plantas.

Tu sabes:

- Tecido externo celular, estrutura do tecido externo e suas funções ;
- Classificação dos tecidos vegetais;
- Localização em plantas;

- As propriedades dos tecidos vegetais.

Saberás!

PROBLEMA: *Alunos*! Porque é que se deu a formação do tecido epitelial? Qual é a estrutura dos tecidos tegumentares das plantas?

Lembra-te!

(Os alunos vêm com respostas prontas)

1) Quantos tipos totais de tecidos são isolados de plantas superiores?
2) Que tecido nas plantas superiores é o tecido primário a partir do qual todos os outros tecidos vegetais são formados?
3) As fibras de bastão e de madeira são os componentes de que tecido?
4) Peel, cork e peel são alguns tipos de tecido?
5) Que tipo de tecido dá força à planta?
6) Quantos sistemas de transporte forma um tecido condutor?
7) Onde se encontra o tecido principal e arejado da planta?
8) Quantos tipos de tecido básico existem?
9) Que tipo de tecido básico contribui para a acumulação de substâncias orgânicas necessárias ao desenvolvimento das plantas?

O plano da conferência

A tese da conferência

Um tecido externo das plantas

O tecido externo - o tecido exterior da planta. O tecido epitelial refere-se aos tecidos protectores. É necessário para proteger a planta de mudanças bruscas de temperatura, da evaporação excessiva da água, de micróbios, fungos, animais e de todos os tipos de danos mecânicos e de bactérias e vírus patogénicos e outros efeitos adversos do ambiente. O tecido externo é responsável pela absorção e libertação de água e outras substâncias. As trocas gasosas são efectuadas através dos tecidos externos do caule. Na epiderme ocorre através dos estomas. Após a formação da periderme, a epiderme morre e esfolia, e as trocas gasosas são efectuadas através das lenticelas. Muitas vezes, a epiderme das plantas apresenta uma variedade de formações: emergens, coberturas e pêlos glandulares (tricomas) que constituem a pubescência da planta. Os tecidos exteriores das plantas são formados por células, vivas e mortas, capazes de fazer passar o ar, proporcionando as trocas gasosas necessárias ao crescimento das plantas. O tecido epitelial. Regra geral, chamam-se tecidos externos aos tecidos que cobrem o corpo da planta e que interagem com o meio externo. Protegem os tecidos internos da ação de factores ambientais adversos, regulam as trocas gasosas e a transpiração.

Caraterísticas da estrutura dos tecidos de revestimento em várias plantas

- Todas as variedades de tecido tegumentar são semelhantes em estrutura (os tecidos vegetais tegumentares são formados por células e espaço intercelular) e têm certas caraterísticas.
- Nos tecidos tegumentares, existem muitas células e pouca substância extracelular.

- As células e outras partículas estruturais estão localizadas muito próximas umas das outras.
- O tecido tegumentar regenera-se rapidamente (as células não vivem muito tempo; dividem-se rapidamente, pelo que o tecido é constantemente atualizado).
- As principais funções são a proteção dos órgãos jovens contra a secura, a proteção mecânica e as trocas gasosas.

De facto, os tecidos epiteliais são o tecido externo primário - a pele, o tecido externo secundário - a periderme e o tecido externo terciário - a cortiça.

- **O tecido externo primário**. A pele das folhas e caules chama-se epiderme, a pele da raiz - epiblema. As principais funções da epiderme - proteção dos órgãos jovens contra a secagem, proteção mecânica e trocas gasosas. A epiderme é geralmente representada por uma camada de células bem fechadas, na superfície externa da substância semelhante à gordura; Kutin forma uma película protetora - cutícula. Na superfície da cutícula encontra-se frequentemente um revestimento de cera. As paredes das células são geralmente sinuosas, as paredes exteriores são mais espessas do que as restantes.
- **O tecido externo secundário**. Periderme, constituída por fellema - cortiça, felogénio - câmbio da cortiça e feloderme - parênquima da cortiça. Substitui a epiderme, que se extingue e se desprende progressivamente. O felogénio é depositado na epiderme,

sob a epiderme e mesmo nas camadas mais profundas dos órgãos axiais. A cortiça é constituída por células bem espaçadas com as paredes testadas. O conteúdo da célula morre.

Não permeável à água e aos gases. Para as trocas gasosas e a transpiração nas lentilhas em cortiça.

- Cortiça, o tecido externo terciário. Na formação da casca, uma nova camada de felogénio e periderme origina-se no tecido subjacente, que é mais profundo do que a primeira periderme externa. As camadas de cortiça recém-formadas separam-se para a periferia do órgão não só de periderme, mas também de parte do parênquima subjacente do córtex. Por conseguinte, existe uma formação multicelular espessa e morta. Como a crosta não pode ser esticada, com o espessamento do tronco, ela rebenta e fissuras. **Conclusão:**

- ***o tecido externo primário*** - a pele;
- ***o tecido externo secundário*** - a periderme;
- ***o tecido*** **externo** ***terciário*** - a cortiça.

Tarefa 1: O que vês na imagem? Explique, que tipo de tecido externo vê?

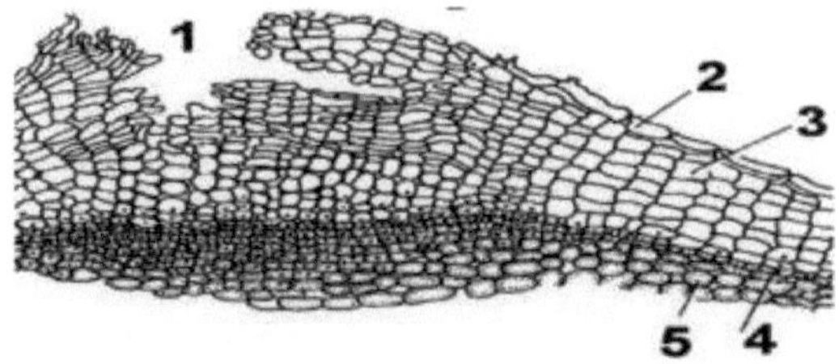

Pic.39

Responder: Periderme: 1 - lentilhas; 2 - restos da epiderme; 3 - velino; 4 - felogénio; 5 - heloderme.

Tarefa 2: O que é que vês na imagem que se segue?

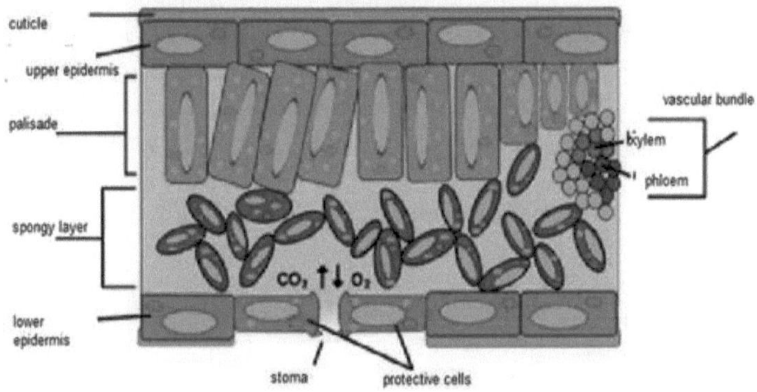

Fig.40 Epiderme da planta

Funções

Principais funções: proteção dos órgãos jovens contra a dessecação, proteção mecânica e trocas gasosas. Distinguem-se: a epiderme, a periderme e a casca. A epiderme da folha possui estruturas para as trocas gasosas - os estomas. Os estomas são limitados por duas células de fecho, em forma de feijão. As células de fecho contêm cloroplastos, e as células da epiderme que rodeiam o fecho, chamadas laterais ou adjacentes, não contêm cloroplastos.

2-tarefa: O que é que a imagem mostra? Explica a estrutura deste tecido.

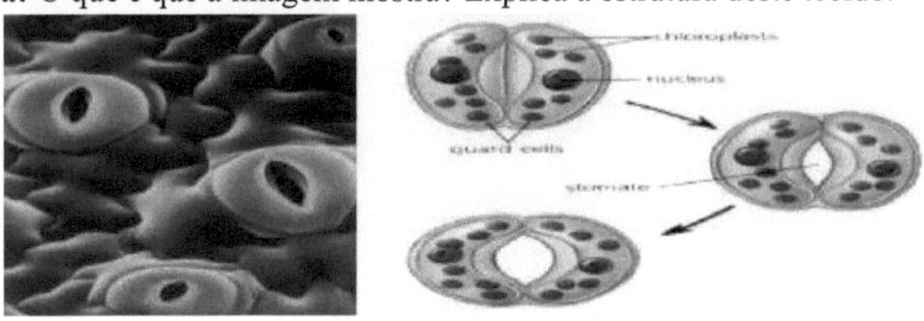

Fig.41 Tecido externo

Resposta: Sob os estomas existe uma câmara de gás-ar. Os estomas estão mais frequentemente localizados na parte inferior da folha.

3 tarefas: O que é que a imagem mostra? Explica a estrutura deste tecido.

Fig.42. Tecido externo

Responda: Aerênquima (tecido portador de ar) - tecido com função predominante de troca gasosa (ventilação), com grandes espaços intercelulares. **Cutícula**. A função protetora da epiderme pode ser reforçada pela presença da cutícula. A cutícula e o revestimento de cera são encontrados em frutos, folhas, caules e partes da flor. A cutícula e o revestimento de cera são ligeiramente permeáveis à água e aos gases.

Caraterísticas da estrutura dos tecidos externos em várias plantas.

Os elementos estruturais dos tecidos epiteliais são formados por células de paredes finas habituais, através do desaparecimento progressivo do protoplasto, da clarificação (a lenhificação) das conchas e dos nódulos múltiplos. Estas células desenvolvem-se de duas maneiras:

- do meristema principal;
- do parênquima.

Para garantir a força e rigidez dos esclereides possível, denotando o lugar de sua localização em plantas. Entre eles está a casca dos frutos secos, os caroços dos frutos.

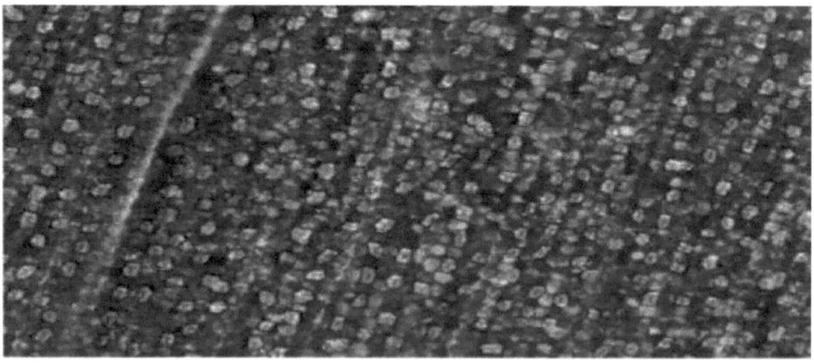

Pic.43

A forma destas estruturas pode ser muito diferente. Assim, existem:

- *células rochosas curtas e arredondadas (bahisleri);*
- *ramificada; Para respirar as plantas na crosta formaram fendas, no fundo das quais existem processos especiais, lentilhas, através das quais ocorre a troca*

gasosa.

- *altamente alongado-fibroso;*
- *osteosclerótica - com a forma de um osso do fémur humano.*

Muitas vezes, estas estruturas encontram-se mesmo na polpa dos frutos, o que os protege da ingestão de várias aves e animais.

Tecido mecânico

O tecido mecânico é um tipo de tecido no corpo da planta, fibras de células vivas e mortas com uma parede celular fortemente espessada, dando resistência mecânica ao corpo. Surge a partir do meristema apical, e devido às actividades do procâmbio e do câmbio.

O grau de desenvolvimento dos tecidos mecânicos depende em grande parte das condições, estão pouco presentes em plantas de florestas húmidas e em muitas plantas costeiras, mas estão bem desenvolvidos na maioria das plantas de habitats áridos.

Os tecidos mecânicos estão presentes em todos os órgãos da planta, mas são mais desenvolvidos na periferia do caule e na parte central da raiz.

***4-tarefa**:* Diz o nome da imagem? O que é que vês nela?

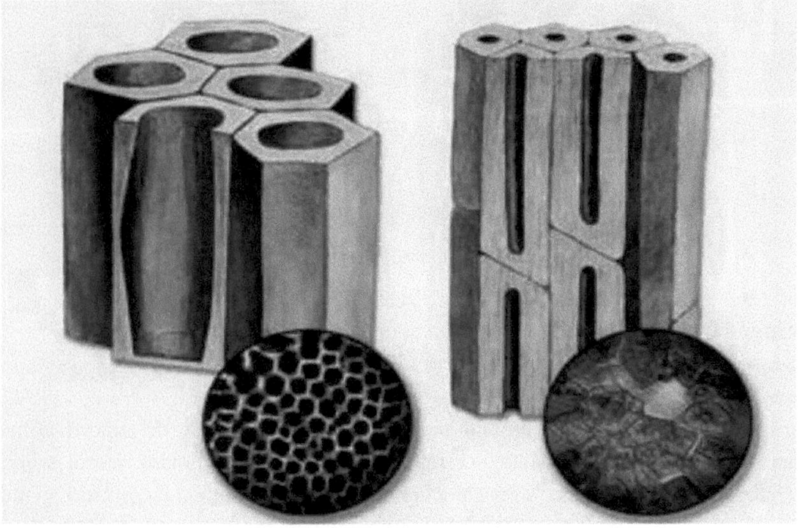

Fig.44. Tecido mecânico

Resposta: O colênquima é um tecido de suporte elástico; o esclerênquima é um tecido resistente.

Existem três tipos principais de estruturas deste tipo, cada uma das quais tem as suas próprias caraterísticas de estrutura mecânica:

- *Colênquima;*
- *O esclerênquima;*
- *Esclereidas.*

Cada um destes tecidos pode ser formado a partir de meristemas primários e secundários. Todas as células dos tecidos mecânicos têm paredes celulares espessas e fortes, o que explica em grande parte a capacidade de desempenhar estas funções. O conteúdo de cada célula pode ser tanto vivo como morto. Além disso, a estrutura dos tecidos mecânicos deste tipo envolve vários tipos de articulação celular. Nesta base, é habitual distinguir três tipos de colênquima:

- **Lamelar**. As paredes celulares são espessadas de forma homogénea, dispostas firmemente umas às outras, paralelamente ao caule. Forma alongada (um exemplo de uma planta que contém este tipo de tecido é o girassol).
- Invólucro **do colênquima** de canto desigualmente espessado nos cantos e no meio. Juntam-se com estas partes, formando um pequeno espaço (trigo mourisco, abóbora e azeda).
- **Solto** - o nome fala por si. As paredes celulares são espessadas, mas a sua ligação com grandes espaços intercelulares. Desempenha frequentemente uma função fotossintética (beleza, mãe e madrasta).

5-tarefa*:* Explicar a estrutura dos tecidos:

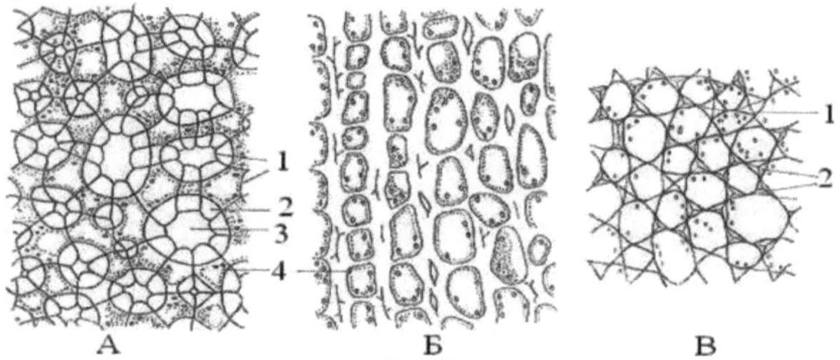

Pic.45

Responda: A - solto; B - lamelar; B - canto.1 - a casca primária, 2 - a casca espessa, 3 - a rede intercelular, 4 - o protoplasto.

Função.

Para além da fotossíntese, também se pode designar a função de suporte como a principal. No entanto, ele não desempenha um papel tão grande nisso, como o esclerênquima. No entanto, a resistência à rutura do colênquima é comparável à dos metais (alumínio, por exemplo, e chumbo). Além disso, as funções do tecido mecânico deste tipo também são explicadas pela capacidade de formar membranas lignificantes secundárias em órgãos vegetais antigos.

O **esclerênquima**, as células. Ao contrário do **colênquima**, as células deste tecido são, na maioria das vezes, conchas lignificadas, fortemente espessadas. O conteúdo vivo (protoplasto) acaba por morrer. Muitas vezes, as estruturas celulares do esclerênquima estão impregnadas de uma substância especial - a lignina, que aumenta muitas vezes a sua resistência. A resistência à fratura em sklerenhimy comparável com os parâmetros do aço de construção. Os principais tipos de células que compõem este tecido são os seguintes:

1. **O esclerênquima** - tecido durável das células que morrem rapidamente com membranas uniformemente espessadas e lignificadas. Fornece força aos órgãos e a todo o corpo das plantas. Existem dois tipos de células de esclerênquima: **as fibras** são alongadas e apontadas para cima, estruturas prozenquimatosas com membranas fortemente espessadas e lignificadas, **os poros** são muito pequenos. Localizadas nos locais de fim dos processos de crescimento das plantas: entrenós, caule, parte central da raiz, pecíolos. E a madeira e as fibras liberianas são de grande importância como companheiras dos tecidos condutores que as rodeiam. As caraterísticas da estrutura do tecido mecânico do esclerênquima são que todas as células estão mortas, com uma casca de madeira firmemente formada. No seu conjunto, conferem uma enorme resistência às plantas. O esclerênquima é formado a partir de um meristema primário, câmbio e procâmbio. Localiza-se em troncos (caules), pecíolos, raízes, pedúnculos, recetáculo, pedúnculos e folhas.

2. **A esclerina** - células mortas arredondadas com membranas lignificadas muito espessas. Formam a casca das sementes, a casca dos frutos secos, os caroços das cerejas, das ameixas, dos alperces; conferem à polpa das peras um carácter distintivo de crotchety. Existem grupos na crosta (a parte exterior da casca) das coníferas e de algumas espécies de folha caduca, nas cascas duras das sementes e dos frutos. As suas células são redondas, com paredes espessas e um pequeno núcleo.

Localização em plantas

A antracenediona ocorre em representantes de várias famílias de plantas superiores: Polygonaceae (Tangut ruibarbo, azeda), Rusinovich (amieiro preto, zhostera íons), Rubiaceae (madder), leguminosas (Cassia), klyshevich (incluindo caça), etc. Encontram-se também em alguns líquenes, fungos, insectos e animais marinhos. Nas plantas, os glicosídeos são dissolvidos no suco celular, e os agliconas estão na forma de inclusões cristalinas, mais frequentemente localizadas nos raios centrais (ruibarbo, espinheiro), parênquima da casca, onde podem ser facilmente detectados devido à cor caraterística.

A dinâmica da acumulação de derivados de antracenos está associada à idade das plantas e à fase de desenvolvimento. Com a idade, o número de antracenos na planta aumenta, e as formas oxidadas prevalecem nas plantas velhas, nas plantas jovens - as reduzidas. No início da primavera acumulam-se mais formas reduzidas, que no outono se transformam em oxidadas. Este facto deve ser tido em conta na preparação das matérias-primas, uma vez que as propriedades farmacológicas mais valiosas têm formas oxidadas. O antraceno restaurado provoca frequentemente efeitos secundários: náuseas, vómitos, cólicas. Por conseguinte, a casca de espinheiro recém-colhida que contém formas reduzidas não pode ser utilizada imediatamente, mas deve ser conservada durante 1 ano ou submetida a um tratamento térmico a 1000 C durante 1 hora. Neste caso, dá-se a oxidação das formas reduzidas.

Relação entre estrutura e função dos tecidos

Na atribuição, estudo e sistematização dos tecidos nas plantas é necessário ter em conta as suas caraterísticas específicas:

o A formação, a estrutura, a topografia e as funções dos tecidos são controladas geneticamente. Isto explica a semelhança e a diferença de tecidos em diferentes genótipos de plantas.

o Os tecidos não ocorrem em forma definitiva, ou seja, em forma finalizada. Eles desenvolvem-se durante a ontogénese das plantas. No processo de ontogénese, a composição química, a estrutura celular e as funções dos tecidos podem mudar. Por exemplo, nas membranas celulares mentoladas do parênquima de células pequenas do caule adjacente ao esclerênquima, a lignina pode ser impregnada, aumentando a dureza da palha. Nas espécies lenhosas, o envelhecimento do caule é uma destruição irreversível dos vasos e a conversão da madeira condutora em sonora, ou seja, não condutora. É apresentado um exemplo de alterações na estrutura dos feixes condutores em dicotiledóneas herbáceas. Inicialmente, desenvolvem-se a partir de progamas e são constituídos por protoxilos e protoplay, mais tarde nos feixes aparecem elementos condutores do metoxilema primário e do metafloema primário. Com o aparecimento do câmbio nestes feixes formam-se os elementos do xilema secundário e do floema secundário.

o Os tecidos podem ser formados por células separadas espacialmente. Assim, em particular, as células de suporte estão localizadas nas folhas do chá chinês.

o Diferentes tecidos podem desempenhar as mesmas funções. Por exemplo, a elasticidade da haste é fornecida principalmente por tecidos mecânicos e é significativamente complementada por tecidos condutores.

Nas plantas, é possível observar a transição gradual de alguns tecidos para outros. Nas áreas de crescimento de raízes, caules e outros órgãos não há limites claros entre tecidos educativos e permanentes.

o Tecidos funcional e estruturalmente semelhantes podem ter origens diferentes. Por exemplo, o tecido mecânico, o esclerênquima, pode ser formado a partir das células do periciclo e das células do câmbio; o tecido condutor nas dicotiledóneas pode surgir a partir do procâmbio e do câmbio.

o As diferenças na estrutura celular de um mesmo tecido podem ocorrer devido à heterocronia, ou seja, à sua postura. Por conseguinte, a diferença entre as células da madeira da primavera, do verão e do outono dos mesmos anéis anuais das árvores, bem como dos tecidos dos diferentes entrenós da erva-azul.

O significado

O colênquima é representado por células parenquimatosas vivas com membranas desigualmente espessadas, o que as torna particularmente adequadas para o reforço de órgãos jovens em crescimento. Sendo primárias, as células do colênquima são facilmente esticadas e praticamente não interferem no alongamento da parte da planta em que estão localizadas. Normalmente, o colênquima é constituído por filamentos individuais ou por um cilindro contínuo por baixo da epiderme do caule jovem e dos pecíolos, bem como por uma borda das nervuras das folhas das dicotiledóneas. Por vezes, o colênquima contém cloroplastos.

O esclerênquima é constituído por células alongadas com membranas uniformemente espessadas, frequentemente lignificadas, cujo conteúdo morre nas fases iniciais. As conchas de células esclerenquimáticas têm uma elevada resistência, próxima da resistência do aço. Este tecido está amplamente representado nos órgãos vegetativos das plantas terrestres e constitui o seu suporte axial.

Existem dois tipos de células do esclerênquima: **as fibras e as esclereídes**.

- As fibras são células longas e finas, geralmente reunidas em cordões ou feixes (por exemplo, fibras de fibra curta ou de madeira).
- Os escleritos são células mortas arredondadas com membranas lignificadas muito espessas. Formam a casca das sementes, a casca dos frutos secos, os caroços das cerejas, das ameixas, dos alperces; conferem à polpa das pêras um carácter distintivo de crotchety.

O tecido básico, ou **parênquima**, é constituído por células vivas, geralmente de paredes finas, que formam a base dos órgãos (daí o nome do tecido). Contém tecidos mecânicos, condutores e outros tecidos permanentes. O tecido principal desempenha uma série de funções, pelo que se distinguem os parênquimas assimilador (hlorenhimu), garner, pneumático (aerênquima) e aquífero.

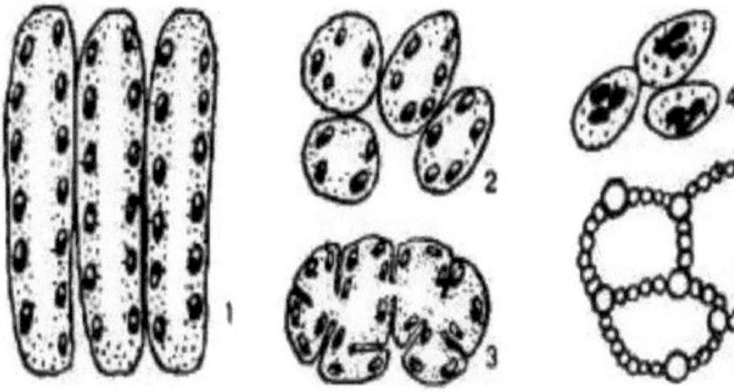

Fig.46 Tecido de Parenhime.

A imagem: 1-3-portadores de clorofila (colunares, esponjosos e dobrados, respetivamente); 4-estocásticos (células com grãos de amido); 5-portadores de ar, ou aerênquima.

As células do tecido de assimilação contêm cloroplastos e realizam a função de fotossíntese. A maior parte deste tecido está concentrada nas folhas, uma parte mais pequena nos caules verdes jovens.

As proteínas, os hidratos de carbono e outras substâncias são depositados nas células do parênquima de reserva. Está bem desenvolvido nos caules das plantas lenhosas, nas raízes, nos tubérculos, nos bolbos, nos frutos e nas sementes. Em plantas de habitats desérticos (cactos) e pântanos salgados, nos caules e folhas existe um parênquima aquífero, servindo para a acumulação de água (por exemplo, em grandes espécimes de cactos do género Carnegie nos tecidos contém até 2-3 mil litros de água). As plantas aquáticas e pantanosas desenvolvem um tipo especial de tecido básico - o parênquima aéreo, ou aerênquima. As células do aerênquima formam grandes espaços intercelulares aéreos, através dos quais o ar é fornecido às partes da planta, cuja ligação à atmosfera é difícil.

As respostas às perguntas seguintes serão objeto do nosso estudo na aula de hoje hoje.

Tente dominar o tema de hoje, preenchendo as lacunas das tarefas da segunda fase.

Novas tarefas para a produção autónoma de conhecimentos (em trabalho de grupo)

1 etapa: tarefas para "Aprendizagem"

Responde às seguintes perguntas:

A primeira parte:

1. O que é que se chama tecido tegumentar? **Resposta**: o tecido de cobertura é o tecido que cobre o corpo da planta e interage com o ambiente.
2. Como são classificados os tecidos tegumentares? **Resposta**: Os tecidos epiteliais são o tecido tegumentar primário - a pele, o tecido tegumentar secundário - a periderme e o tecido tegumentar terciário - a cortiça.
3. Qual é o papel dos tecidos tegumentares? 3) **Resposta**: protegem os tecidos internos da ação de factores ambientais adversos, regulam as trocas gasosas e a transpiração.
4. Onde se encontram os tecidos tegumentares?**Resposta** Tecido de cobertura - o tecido exterior da planta.
5. Que tecidos incluem os tecidos tegumentares? **Resposta**: O pano de cobertura pertence aos tecidos de proteção.
6. Qual é a função dos tecidos tegumentares? **Resposta**: É necessário proteger a planta de mudanças bruscas de temperatura, da evaporação excessiva de água, de micróbios, fungos e de bactérias e vírus patogénicos e de outros efeitos ambientais adversos.
7. O que é que os tecidos de cobertura podem fazer? **Resposta**: Os tecidos de cobertura absorvem e libertam água e outras substâncias.

A segunda parte:

1) Como se processam as trocas gasosas nos tecidos tegumentares? **Resposta:** Através dos tecidos tegumentares do caule ocorrem as trocas gasosas. Na epiderme, ocorre através dos estomas. Após a formação da periderme, a epiderme morre e desprende-se, e as trocas gasosas são efectuadas através das lentilhas.
2) Que tipo de formação tem a epiderme? **Resposta**: Muitas vezes, a epiderme das plantas apresenta várias formações: emergenes, pêlos de cobertura e pêlos glandulares (tricomas), que constituem a pubescência da planta.

3) Quais são as funções das células do tecido tegumentar? Resposta: Os tecidos de revestimento das plantas são formados por células, vivas e mortas, capazes de transmitir ar,
proporcionando as trocas gasosas necessárias ao crescimento das plantas.

4) Como se dividem os tecidos tegumentares? **Resposta**: Os tecidos de revestimento distinguem: a epiderme, a periderme e a casca.

5) O que é a epiderme? **Resposta**: Epiderme, tecido tegumentar primário. É formada por uma única camada de células que cobre todos os órgãos jovens das plantas.

A terceira parte:

1) A que é que se chama epiblema? **Resposta:** O tecido tegumentar da zona de absorção radicular é designado por epiblema (rizoderma).

2) A que é que se chama periderme? **Resposta:** Periderme, tecido tegumentar secundário. É constituída por felema - na realidade cortiça, felogénio - câmbio da cortiça e feloderma - parênquima da cortiça. Substitui a epiderme, que morre gradualmente e esfolia.

3) Onde é colocado o felogénio? **Resposta**: O felogénio é depositado na epiderme, sob a epiderme e mesmo nas camadas mais profundas dos órgãos axiais.

4) O que é que se chama uma rolha? **Resposta**: A cortiça é constituída por células densamente localizadas com paredes em cortiça. O conteúdo da célula morre. Não é permeável à água e aos gases. Para as trocas gasosas e a transpiração, formam-se lentilhas no engarrafamento.

5) Dar exemplos de tecidos tegumentares primários? **Resposta**: Tecido tegumentar primário. A pele das folhas e dos caules chama-se epiderme, a pele da raiz chama-se epiblema.

6) Quais são as funções da epiderme? **Resposta**: As principais funções da epiderme são a proteção dos órgãos jovens contra a secura, a proteção mecânica e as trocas gasosas.

A quarta parte:

1) Descrever a estrutura da epiderme? **Resposta**: A epiderme, em regra, é representada por uma camada de células bem fechadas, na superfície exterior da substância semelhante à gordura, a cutina, que forma uma película protetora - a cutícula.

2) Descrever a estrutura da cutícula? **Resposta**: A superfície da cutícula é frequentemente revestida por uma camada de cera. As paredes celulares são geralmente tortuosas, com paredes exteriores mais espessas do que outras.

3) O que é um tecido de revestimento secundário? **Resposta:** A periderme é um tecido de revestimento secundário.

4) O que é a periderme? **Resposta**: A periderme é constituída por feleme - a cortiça, fellogen - o câmbio da cortiça e feloderma - o parênquima da cortiça.

5) O que é o tecido tegumentar terciário? **Resposta**: Crosta (ritidoma), tecido tegumentar terciário.

6) Como é formada a crosta? **Resposta**: Quando uma crosta é formada, uma nova camada de felogénio e periderme é colocada no tecido principal que se encontra mais profundo do que
a primeira periderme externa.

2 etapas: tarefas para "Compreender"

Determinar a causa:

1) Porque é que se chama tecido primário? Explica. **Resposta**: a pele das folhas e As hastes são chamadas de epiderme, a raiz da pele - epiblema. A epiderme é geralmente representada por uma camada de células bem fechadas, na superfície externa da gordura - como a substância Kutin forma uma película protetora - cutícula. Na superfície da cutícula é muitas vezes um revestimento de cera. As paredes celulares são geralmente sinuosas, as paredes externas são mais espessas do que as outras.

2) Porque é que se chama tecido secundário? Explique. **Resposta**: A periderme é constituída por Bellamy - o tubo propriamente dito, fellogen - câmbio da cortiça e heloderme e parênquima da medula.

3) Porque é que se chama cortiça? Explique. **Resposta**: A cortiça é constituída por células bem organizadas com paredes testadas. O conteúdo da célula morre. Não é permeável à água e aos gases. Para as trocas gasosas e a transpiração nas lentilhas tubulares.

4) Porque é que se chama tecido terciário? Explique. **Resposta**: Na formação da casca, uma nova camada de felogénio e periderme origina-se no tecido subjacente, que é mais profundo do que a primeira periderme externa. As camadas de cortiça recém-formadas separam-se para a periferia do órgão não só de periderme, mas também de parte do parênquima subjacente do córtex. Por conseguinte, existe uma formação multicelular espessa e morta. Uma vez que a crosta
não pode ser esticado, com o engrossamento do tronco, rebenta e formam-se fissuras.

3 etapas: tarefas para "Análise"

Comparar as semelhanças e as diferenças entre a epiderme, a periderme e a cortiça. **Destaque a ideia principal do tópico.**

> A especificidade da epiderme. **Resposta**: Epiderme, tecido de cobertura primário.

> A especificidade da epiderme. Resposta: É formada por uma camada de células que cobre todos os órgãos jovens das plantas.

> A especificidade da epiderme. **Resposta**: O tecido integumentar da zona de sucção das raízes é chamado epiblema (rizoderma).

> A especificidade da periderme. **Resposta:** Periderme, tecido tegumentar secundário. É constituída por um feltro - na realidade uma cortiça,

> A especificidade da filogenia. **Resposta:** O phellogen é o câmbio da cortiça e o phelloderm é o parênquima da cortiça. Substitui a epiderme, que se extingue e se desprende progressivamente.

> A especificidade da filogenia. **Resposta:** O felogénio é depositado na epiderme,

sob a epiderme e até nas camadas mais profundas dos órgãos axiais.

> A especificidade da cortiça. **Resposta**: A cortiça é constituída por células firmemente dispostas com paredes testadas. O conteúdo da célula morre. Não é permeável à água e ao gás. Para
trocas gasosas e transpiração nas lentilhas em forma de tubo.

Destacar a ideia principal do tema

Atualmente, os tecidos epiteliais são o tecido tegumentar primário - a pele, o tecido tegumentar secundário - a periderme e o tecido tegumentar terciário - a cortiça.

4 etapas: tarefas para "Síntese"

Fazer uma conclusão, resumir todo o conteúdo do texto e dar uma definição. Explicar a estrutura do tecido de cobertura das plantas.

1) Em primeiro lugar, encontra-se a pele ou epiderme, que cobre as folhas da planta, os caules e as partes mais vulneráveis da flor; as células da pele são vivas, elásticas, protegem a planta da perda excessiva de humidade;
2) Segue-se a cortiça ou periderme, que também se encontra nos caules e raízes da planta (onde morre uma camada de cortiça, a pele); a cortiça protege a planta dos efeitos ambientais adversos.
3) Também distinguimos este tipo de tecido de cobertura como crosta. Este é o tecido de cobertura mais durável, neste caso a cortiça forma-se não só à superfície mas também em profundidade, e as suas camadas superiores morrem lentamente. De facto, a crosta é constituída por cortiça e tecido morto.
4) Para respirar a planta na crosta formam-se fendas, no fundo das quais se encontram processos especiais, lentilhas, através das quais ocorre a troca gasosa.

5 etapas: tarefas para "Aplicação"

O que vês na imagem? Explica, que tipo de tecido externo vês?

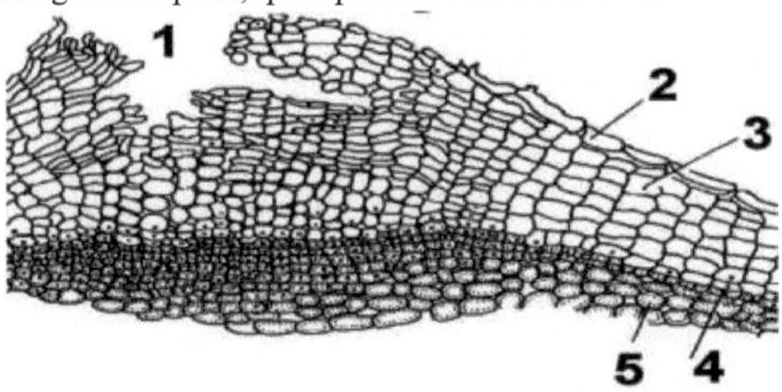

Pic.47. Tecidos de cobertura

Resposta: A estrutura secundária dos tecidos epiteliais Periderme: 1 - Lentilhas;2 - restos da epiderme; 3 - velame; 4 - felogénio; 5 - heloderme.

6 etapas: tarefas para "Avaliação"

1. **A epiderme refere-se a...**

A. tecido básico
B. tecido excretor
C. tecido de sucção

D. tecido educativo
E. tecido externo
2. **Que órgãos cobrem a epiderme?**
A. caules e folhas verdes.
B. troncos de árvores
C. perto da ponta
D. caules lisos castanhos
E. raízes grossas
3. **Que sinal não é típico da epiderme?**
A. tecido de camada única
B. células vivas
C. têm estomas
D. conchas, lignificadas
E. existem pêlos e glândulas
4. **A forma da célula epidérmica:**
A. proserpina
B. parenquimatoso arredondado
C. parenquimatoso com contornos sinuosos de conchas
D. colunar
E. esponjoso
5. Nas células, que tecido tem o conteúdo vivo (citoplasma com organelos)?
A. esclerina
B. navios
C. a epiderme
D. fibras liberianas
E. traqueídos
A. **Que tipo de tecido é uma rolha?**
A. primário superior
B. secundário superior
C. cobertura terciária
D. excretora
E. principal
B. **Onde está a rolha?**
A. No cimo dos caules
C. ao longo do caule e da raiz, sob a casca
D. na superfície dos caules verdes
E. na superfície de caules lisos castanhos
F. na superfície dos troncos das árvores
8. **Que sinal não é típico da cortiça?**
A. tecido de camada única vivo
B. o tecido está morto, o protoplasto está ausente
C. há lentilhas

D. conchas, testadas
E. as células estão localizadas firmemente, sem espaços intercelulares
9. **Que tipo de tecido tem várias camadas?**
A. idioblastos
B. tubo
C. a resina move-se
D. mlechnikov
E. a epiderme
10. **Que tecido é testado?**
A. fibras liberianas
B. casca
C. libriforme
D. navios
E. traqueídos
11. **Qual é a função da periderme?**
A. divisão, formação de novas células
B. constitui a base da autoridade
C. determina a força do órgão
D. protege contra a evaporação
E. conduz nutrientes

Respostas: 1E; 2A; 3D; 4C; 5C; 6B; 7D; 8A; 9B; 10B; 11B.

PARTE ORIENTADA PARA O RESORT

(avaliação formativa por um sistema de critérios de 100 pontos)

Nível I (50 pontos)

1 etapa: avaliação do nível de conhecimentos sobre "Aprendizagem"

A primeira parte:

1. O que é que se chama tecido tegumentar? **Resposta**: o tecido de cobertura é o tecido que cobre o corpo da planta e interage com o ambiente.
2. Como são classificados os tecidos tegumentares? **Resposta**: Os tecidos epiteliais são o tecido tegumentar primário - a pele, o tecido tegumentar secundário - a periderme e o tecido tegumentar terciário - a cortiça.
3. Qual é o papel dos tecidos tegumentares? **Resposta**: protegem os tecidos internos da ação de factores ambientais adversos, regulam as trocas gasosas e a transpiração.
4. Onde se encontram os tecidos tegumentares?**Resposta** Tecido de cobertura - o tecido exterior da planta.
5. Que tecidos incluem os tecidos tegumentares? **Resposta**: O pano de cobertura pertence aos tecidos de proteção.
6. Qual é a função dos tecidos tegumentares? **Resposta**: É necessário proteger a planta de mudanças bruscas de temperatura, da evaporação excessiva de água, de micróbios, fungos e de bactérias e vírus patogénicos e de outros efeitos ambientais adversos.
7. O que é que os tecidos de cobertura podem fazer? **Resposta**: Os tecidos de cobertura absorvem e libertam água e outras substâncias.

A segunda parte:

1. Como se processam as trocas gasosas nos tecidos tegumentares? **Resposta:** Através dos tecidos tegumentares do caule ocorrem as trocas gasosas. Na epiderme, ocorre através dos estomas. Após a formação da periderme, a epiderme morre e desprende-se, e as trocas gasosas são efectuadas através das lentilhas.
2. Que tipo de formação tem a epiderme? **Resposta**: Frequentemente, a epiderme das plantas apresenta várias formações: emergenes, pêlos de cobertura e pêlos glandulares (tricomas), que constituem a pubescência da planta.
3. Quais são as funções das células do tecido tegumentar? Resposta: Os tecidos de cobertura das plantas são formados por células, vivas e mortas, capazes de fazer passar o ar, proporcionando as trocas gasosas necessárias ao crescimento das plantas.
4. Como se dividem os tecidos tegumentares? **Resposta**: Os tecidos de revestimento distinguem: a epiderme, a periderme e a casca.
5. O que é a epiderme? **Resposta**: Epiderme, tecido tegumentar primário.

Formado por uma única camada de células que cobre todos os órgãos jovens das plantas.

A terceira parte:

1. A que é que se chama epiblema? **Resposta:** O tecido tegumentar da zona de

absorção radicular é designado por epiblema (rizoderma).

2. A que é que se chama periderme? **Resposta:** Periderme, secundário tecido tegumentar. É constituída por felema - na realidade cortiça, fellogen - câmbio da cortiça e feloderma - parênquima da cortiça. Substitui a epiderme, que morre gradualmente e esfolia.

3. Onde é colocado o felogénio? **Resposta**: O felogénio é depositado na epiderme, sob a epiderme e mesmo nas camadas mais profundas dos órgãos axiais.

4. O que é que se chama uma rolha? **Resposta**: A cortiça é constituída por células densamente localizadas com paredes em cortiça. O conteúdo da célula morre. Não é permeável à água e aos gases. Para as trocas gasosas e a transpiração, formam-se lentilhas no engarrafamento.

5. Dar exemplos de tecidos tegumentares primários? **Resposta**: Tecido tegumentar primário. A pele das folhas e dos caules chama-se epiderme, a pele da raiz chama-se epiblema.

6. Quais são as funções da epiderme? **Resposta**: As principais funções da epiderme são a proteção dos órgãos jovens contra a secura, a proteção mecânica e as trocas gasosas.

A quarta parte:

1. Descreva a estrutura da epiderme? **Resposta**: A epiderme, em regra, é representada por uma camada de células bem fechadas, na superfície exterior da cutina, uma substância semelhante à gordura, que forma uma película protetora - a cutícula.

2. Descrever a estrutura da cutícula? **Resposta**: A superfície da cutícula é frequentemente revestida por uma camada de cera. As paredes celulares são geralmente tortuosas, com paredes exteriores mais espessas do que outras.

3. O que é um tecido de revestimento secundário? **Resposta:** A periderme é um tecido de revestimento secundário.

4. O que é a periderme? **Resposta**: A periderme é constituída por feleme - a cortiça, fellogen - o câmbio da cortiça e feloderma - o parênquima da cortiça.

5. O que é o tecido tegumentar terciário? **Resposta**: Crosta (ritidoma), tecido tegumentar terciário.

6. Como é formada a crosta? **Resposta**: Quando uma crosta é formada, uma nova camada de felogénio e de periderme é colocada no tecido principal, situando-se mais profundamente do que a primeira periderme externa.

2 etapas: avaliação do nível de competências na "**Aplicação**" do modelo Qual é a estrutura dos seguintes tecidos? Diz o nome deles.

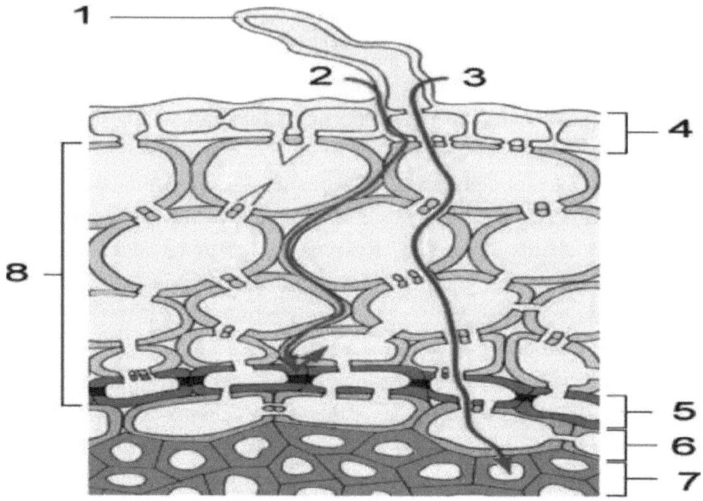

Pic.48. Tecidos de cobertura

Resposta:1. epiderme; 2. endoderme; 3. células de passagem da endoderme; 4. periciclo; 5. cilindro axial (estela); 6. Mergulho; 7. pressão osmótica dos pêlos radiculares;

8. Trajeto apoplástico e simplástico do transporte horizontal.

Nível II (51 pontos +38 pontos =89 pontos)

1 etapa: avaliação do nível de conhecimentos sobre **"Compreensão"**

Fazer uma conclusão, resumir todo o conteúdo do texto e dar uma definição. Explicar a estrutura do tecido de cobertura das plantas.

1) Em primeiro lugar, encontra-se a pele ou epiderme, que cobre as folhas da planta, os caules e as partes mais vulneráveis da flor; as células da pele são vivas, elásticas, protegem a planta da perda excessiva de humidade;

2) Segue-se a cortiça ou periderme, que também se encontra nos caules e raízes da planta (onde morre uma camada de cortiça, a pele); a cortiça protege a planta dos efeitos ambientais adversos.

3) Também distinguimos este tipo de tecido de cobertura como a crosta. Este é o tecido de cobertura mais durável, neste caso a cortiça forma-se não só à superfície, mas também em profundidade, e as suas camadas superiores morrem lentamente. De facto, a crosta é constituída por cortiça e tecido morto.

4) Para respirar a planta na crosta formam-se fissuras, no fundo das quais existem processos especiais, lentilhas, através das quais ocorre a troca gasosa.

2 etapas: avaliação do nível de conhecimentos sobre a **"Análise"**

Como é que a estrutura do tecido está relacionada com a função desempenhada. Para tal, recorrendo a tabelas, exames microscópicos e objectos vivos (rebentos de plantas, folhas, plantas de interior) é preenchida a seguinte tabela.

Quadro 7

Tipo de tecido Funções do tecido

Externas Protegem os tecidos internos das plantas da influência direta de factores ambientais, regulam a evaporação e as trocas gasosas.

- Epiderme É um tecido tegumentar primário complexo e está localizado na superfície das folhas e caules jovens.
- Coberto por uma cutícula - uma substância hidrofóbica que impede a evaporação excessiva da água.
- São aberturas delimitadas por duas células de guarda.
- As células laterais, que diferem das células principais da epiderme em tamanho e forma, estão frequentemente próximas e participam no movimento dos estomas.
- O aparelho estomático é constituído por células laterais e de arrasto.

Tricomas (pêlos)	• Os tricomas podem ser divididos em revestidos e glandulares. • Os pêlos de cobertura são geralmente formações mortas cheias de ar que cobrem os caules e as folhas de muitas xerófitas. • Pêlos glandulares - estruturas vivas que emitem alcatrão, açúcar, óleos essenciais, muco. • As principais funções dos tricomas incluem a proteção dos órgãos das plantas contra o sobreaquecimento, a remoção de sais tóxicos dos tecidos das folhas, bem como a proteção mecânica e química contra os insectos.
Periderm	Tecido tegumentar secundário - felema (cortiça). Juntamente com o felogénio (câmbio da cortiça) e a feloderme, faz parte da periderme, recentemente atribuída a uma zona anatómica e topográfica especial.
Felloderm	A feloderme é representada por uma ou várias camadas de células vivas parenquimatosas radialmente localizadas, adjacentes ao felogénio a partir do interior, e desempenha a função da sua nutrição.
Fellogen	O felogénio é representado pelo tecido meristemático que forma a periderme. Ao corte, apresenta-se como uma camada constituída por células rectangulares achatadas ao longo do raio do órgão. No interior do felogénio encontram-se as células da feloderme, no exterior - os engarrafamentos.
Fellem (rolhas)	Os feltros (rolhas) depositados pelo felogénio têm uma casca fina. Depois, há membranas secundárias que contêm sumeerina e lamelas de cera, em resultado das quais a sua parede celular sonda, perde conteúdo vivo e é preenchida com ar.
Lentilhas	Na periderme, formam-se lentilhas - zonas através das quais se efectuam as trocas gasosas.
Cortiça (Ritidom)	Composição histológica difícil. Protege a planta de danos mecânicos, flutuações bruscas de temperatura, incêndios.
Mecânica	Este tipo de tecido inclui o colênquima e o esclerênquima.

Colênquima	• O colênquima é um tecido mecânico primário que serve para fortalecer os caules e as folhas jovens durante o crescimento. • As células do colênquima são vivas, com paredes não lignificadas de espessura irregular, pelo que podem esticar-se à medida que o órgão cresce. • Consoante a natureza: tipos de sino em placa ou solto.
Sclerenchyma	O esclerênquima é constituído por células mortas com invólucros uniformemente espessados e, em regra, lignificados. É constituído por dois tipos de células: as fibras de esclerênquima e as esclereides.
Fibras de esclerênquima	As fibras de esclerênquima são formadas por células prosenquimais mortas com extremidades afiadas e conchas espessas que têm poros simples.
As esclereidas	As esclereides, que estão localizadas firmemente, sem espaços intercelulares, formam os ossos dos frutos de ameixa, cereja, damasco,
	casca de noz. Desempenhar uma função de apoio

2- tarefa: **Destacar a ideia principal do tema:**

> **Semelhanças**: Todos os tecidos vegetais podem ser divididos em dois grupos desiguais: os tecidos indiferenciados de formação, ou meristemas, e os tecidos diferenciados ou permanentes.

> **Semelhanças:** De acordo com o princípio anatómico e fisiológico, distinguem-se os tecidos educativos, assimiladores, de armazenamento, aéreos, superficiais, de sucção, secretores, mecânicos e condutores.

> **Diferenças:** Os tecidos de cobertura protegem os tecidos internos das plantas da influência direta dos factores ambientais, regulam a evaporação e as trocas gasosas.

> **Diferenças**: Os tecidos mecânicos determinam a resistência de uma planta. Este tipo de tecido inclui o colênquima e o esclerênquima.

> **Diferenças**: Na raiz, é aconselhável colocar os tecidos mecânicos no centro.

> **Diferenças**: Em diferentes tecidos, podem ser encontradas estruturas unicelulares ou multicelulares que diferem nitidamente em estrutura e função das células do tecido principal e são chamadas idioblastos.

3 etapas: avaliação do nível de competências na "Aplicação" numa situação alterada

Escreve a função e a estrutura dos tecidos externos:

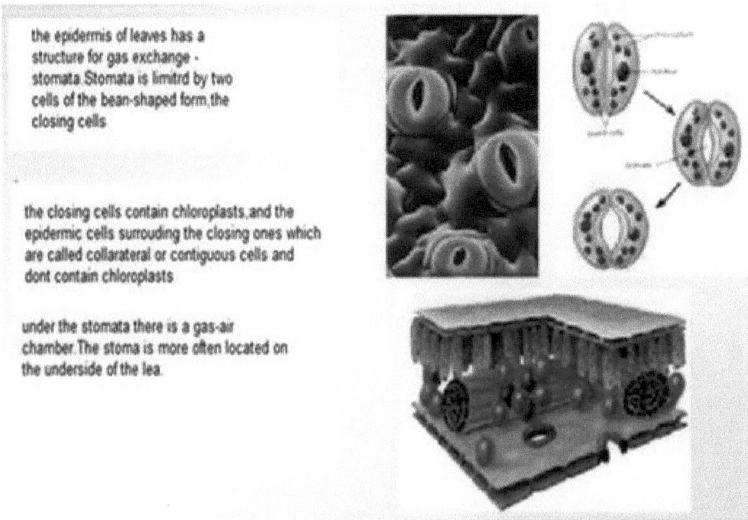

A epiderme das folhas tem *uma* estrutura que permite as trocas gasosas. Estomas Os estomas são formados por duas células em forma de feijão, as células de dosagem.
as células de fecho contêm cloroplastos e as células epidérmicas que rodeiam as células de fecho são chamadas células colaterais ou contíguas e não contêm cloroplastos
sob os estomas existe um ar de gás
câmara O estoma localiza-se mais frequentemente na parte inferior da lea

Resposta:

1) Os tecidos de cobertura protegem os tecidos internos das plantas da influência direta dos factores ambientais, regulam a evaporação e as trocas gasosas.
2) Em primeiro lugar, encontra-se a pele ou epiderme, que cobre as folhas da planta, os caules e as partes mais vulneráveis da flor; as células da pele são
3) vivas, elásticas, protegem a planta da perda excessiva de humidade;
4) Segue-se a cortiça ou periderme, que também se encontra nos caules e nas raízes da planta (onde se forma a camada de cortiça, a pele morre); a cortiça protege a planta dos efeitos adversos do ambiente.
5) Este tipo de revestimento também se distingue como uma casca. Este é o tecido de revestimento mais durável, a cortiça neste caso forma-se não só à superfície, mas também em profundidade, com as suas camadas superiores a morrerem lentamente. De facto, a crosta é constituída por cortiça e tecido morto.
6) Para a respiração das plantas na crosta formaram-se fendas, no fundo das quais se encontram processos especiais, lentilhas, através das quais ocorre a troca gasosa.

Nível Ill: (89 pontos + 11 pontos =100 pontos)

1 etapa: avaliação do nível de conhecimentos sobre **"Síntese**

Faça um teste clicando na ligação indicada:

http://testedu.ru/test/biologiya/11-klass/tkani-rastenij.html

http://onlinetestpad.com/ru/test/204-korka

2- ***etapa:*** avaliação do nível de competências sobre a "Reflexão" e resolução de problemas reais

Resposta às perguntas acima:

1. O que é que acha?
2. Escreva um ensaio sobre "Tecidos de cobertura e mecânicos".
3. O que é que aprendeu com a lição (opinião), escrever um ensaio?
4. O que é que sabe mais?

Utilizar os recursos da Internet e literaturas adicionais para escrever um ensaio.
Redigir um
O ensaio está a 4 níveis criativos acima da norma.

PARTE SINÉTICA (identificação de problemas sobre o tema e sua solução)

Secção №6. Tema da aula: Tecidos vegetais: Secretores e vasculares. Feixes vasculares. Caraterísticas da estrutura dos tecidos secretores em várias plantas. Classificação, estrutura, funções, localização nas plantas.

O objetivo da aula: Conhecer as caraterísticas dos tecidos vegetais e a sua função. Estudar a construção do tecido vegetal e as suas partes principais.

Ficará a saber mais sobre:

- A estrutura e a função dos tecidos secretores e vasculares;
- As peculiaridades da estrutura dos tecidos secretores e vasculares em várias plantas.

Sabe como é:

- estrutura celular dos tecidos secretores e vasculares e suas funções;
- classificação dos tecidos secretores e vasculares;
- localização em plantas
- Propriedades dos tecidos secretores e vasculares.

Lembra-te!

(Os alunos vêm com respostas prontas)

1. Quais os tecidos vasculares que transportam o movimento das substâncias orgânicas e quais os tecidos minerais?
2. Qual é a semelhança da ontogenia dos tubos e vasos crivosos?
3. O que é uma célula de acompanhamento? Quais são as suas funções?
4. Qual é a diferença entre os tubos de peneira e os recipientes?
5. Qual a duração dos tubos e recipientes crivados e qual a razão da sua cessação?
6. Qual é a diferença entre vasos sanguíneos e traqueídos?
7. Porque é que os vasos em anel e em espiral são caraterísticos dos órgãos vegetais jovens, e os porosos, em malha, em escada - mais velhos?
8. Que vasos têm o diâmetro mais pequeno e quais os maiores?
9. Que perfurações entre as articulações dos vasos são mais primitivas?

O plano da aula A tese da aula

Tecido secretor das plantas

Os tecidos secretores incluem as passagens de resina e de óleo etéreo, as glândulas, os pêlos glandulares, os nectários, etc. As plantas produzem substâncias aromáticas e açucaradas que atraem os insectos polinizadores. Os óleos essenciais protegem as plantas da ingestão de herbívoros. Algumas plantas com flor têm canais lactíferos que contêm látex (sumo leitoso) em vacúolos. Nas folhas e nos caules do pelargonium existem pêlos glandulares que libertam óleos essenciais (óleos voláteis). As folhas de algumas plantas insectívoras estão cobertas de glândulas, que libertam muco pegajoso e gorduroso incolor, ao qual os insectos se colam. Muitas plantas têm células glandulares que produzem óleos essenciais odoríferos. Nas flores existem nectários que produzem néctar, para atrair os insectos.

Consoante a localização dos tecidos secretores, estes podem ser **externos** e

internos.
4- Tecidos secretores externos. Os pêlos glandulares são derivados da epiderme. Morfologicamente são variáveis - podem ter uma cabeça multicelular, ser alongados, em forma de escudo no caule, etc. ... ***Os hidatódios*** são estruturas que descarregam o excesso de água em condições de transpiração reduzida e de humidade elevada - *gutação*. Estas estruturas são formadas por grupos de células vivas incolores com paredes finas - um efema. Este tecido é adjacente ao feixe condutor. A água é excretada através de estomas de água especiais, que diferem dos estomas normais pela sua imobilidade e abertura constante. A composição do líquido de evacuação varia muito, desde a água quase pura até uma mistura muito complexa de substâncias. **Nectários**. Para muitas plantas, é caraterístico isolar um líquido que contém de 7 a 87% de mono e oligossacáridos. Este processo é efectuado por estruturas especiais - os nectários. Consoante a localização da flor, ou das flores, distinguem-se os nectários, bem como as plantas localizadas nos caules e nas folhas - nectários não florais, ou extraflorais. O néctar pode ser um sumo de floema inalterado, que é transportado para a superfície ao longo dos espaços intercelulares e é excretado através dos estomas. Os néctares mais complexos são formados pelo parênquima glandular coberto pela epiderme com pêlos glandulares. O néctar é excretado quer pelas células da epiderme, quer pelos pêlos glandulares. Neste caso, o néctar segregado difere do suco do floema. Uma vez que é dominado por glicose, frutose, sacarose e, no suco do floema, por glicose. Os iões contêm uma pequena concentração. Para atrair polinizadores, o néctar pode conter hormonas esteróides, que são necessárias para os insectos.

4- Tecidos secretores internos estruturas dispersas pelo corpo da planta sob a forma de idiblastos, substâncias que fora do corpo não excretam, acumulando-as em si mesmas:

a) Os idiblastos são células vegetais que diferem em forma, estrutura ou conteúdo de outras células do mesmo tecido. Consoante a sua origem, distinguem-se os receptáculos esquizogénicos e lisogénicos das substâncias.

b) Receptáculos esquizogénicos. Trata-se de espaços intercelulares mais ou menos extensos cheios de substâncias excretadas. Por exemplo, a resina deriva de coníferas, aral, guarda-chuva e outros. Acredita-se que a resina tem propriedades bactericidas, repele animais herbívoros, tornando as plantas para eles não comestíveis.

c) Os receptáculos lisigénicos formam-se no lugar das células vivas, que morrem e são
destruídas após a acumulação de substâncias nas mesmas. Estas formações podem ser observadas na casca dos citrinos.

d) Para além dos tipos principais, existem formas intermédias. **Os ductos laticíferos,** nos quais se encontra o látex, são novamente de dois tipos:

1. Células de *látex* ou *condutas* de *látex não articuladas* As células de látex ou condutas de látex não articuladas são formadas por muitas células vivas dispostas em cadeia. No local de contacto, as conchas são destruídas, os protoplastos fundem-se e, como resultado, forma-se uma única rede. Os dutos de látex são encontrados em Compositae.

2. *Vasos de látex ou látex articulado.*

Tarefa 1: O nome latino de tecido secretor é o seguinte: o que é e como são os tecidos secretores?

Fig. 49. Tecidos secretores.

Resposta: Estes são gidatods e referem-se ao exterior que atribuímos aos tecidos. Excretories textus.

Tecido vascular

O tecido vascular (do latim Prolixus terxtus) é constituído por duas partes. Uma parte é

O xilema, ou lenho, que fornece uma corrente ascendente e leva a água e os sais minerais das raízes para a parte terrestre da planta. A outra parte é o **floema**, que fornece uma corrente descendente e conduz as substâncias orgânicas formadas nas folhas para os locais de utilização ou de deposição na reserva - para os órgãos subterrâneos, frutos maduros e sementes. O bastão é constituído por tubos crivosos e células companheiras. Nos tubos crivosos, nas divisórias transversais dos segmentos, existe um grande número de pequenos orifícios através dos quais se formam as substâncias orgânicas, formadas nas folhas, para os caules, raízes, frutos, sementes, pontos de crescimento. Nas árvores e arbustos, as células dos tubos crivosos entopem-se em 3-4 anos, morrem e são substituídas por novas células vivas.

2-tarefa: Que tecido é este e o que é mostrado na imagem?

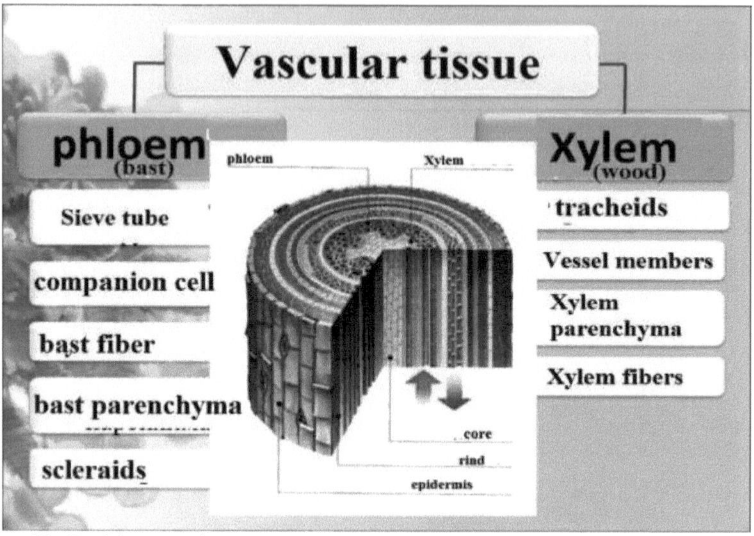

Figura 50. Tecido vascular

Resposta: É um tecido vascular das plantas.
O xilema e o floema estão geralmente localizados lado a lado, formando camadas, ou os chamados feixes vasculares (lat.flor), representados nas plantas por vários tipos.
Consoante a localização do xilema e do floema entre si, distinguem-se os seguintes tipos
1. **Colateral** , quando o xilema e o floema estão situados lado a lado, ou seja, num só raio.
2. **Bicolateral** - o floema é adjacente ao xilema em ambos os lados. A parte externa do floema é mais poderosa.
3. **Concêntrico:**
a) Anfivasal - o xilema com um anel fechado envolve o floema.
b) anfibacilar - o floema envolve o xilema.
4. **Radial** - o xilema diverge do centro dos raios, e o floema está localizado entre os raios.

Os feixes vasculares, dependendo da presença ou ausência de câmbio neles, são abertos e fechados. No aberto - entre o xilema e o floema há um câmbio. No fechado - não há câmbio.

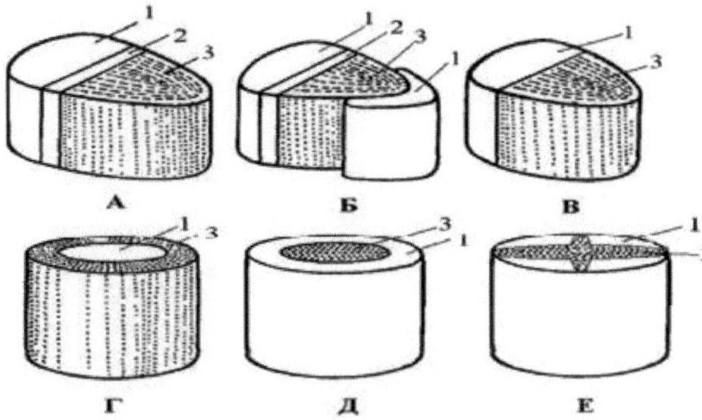

Fig.51. Tipos de feixes vasculares

Tipos de feixes vasculares: A - colateral aberto; B - bicolateral aberto; B - colateral fechado

colateral fechado; G, D - concêntrico (G - anfibasal, D - anfíbio); E é radial. 1 - floema,

2 - câmbio, 3 - xilema.

Os tecidos vasculares permitem o movimento da água e dos nutrientes nela dissolvidos através da planta. Existem dois tipos de tecido vascular - **o xilema (madeira) e o floema (lub).**

O xilema é o principal tecido condutor de água das plantas vasculares superiores, proporcionando o movimento da água com substâncias minerais dissolvidas das raízes para as folhas e outras partes da planta (corrente ascendente). Desempenha também uma função de suporte. A composição do xilema inclui traqueídos e traqueias (vasos) (Figura 8.3), parênquima lenhoso e tecido mecânico.

Os traqueídos são células mortas estreitas e longas, com extremidades pontiagudas e membranas lenhosas. A penetração de soluções de uma traqueia para outra ocorre por filtração através dos poros - perfuração, apertados por uma membrana. O fluido traqueídico flui lentamente, uma vez que a membrana dos poros impede o movimento da água. As traqueídes encontram-se em todas as plantas superiores e, na maioria das cavalinhas, plátanos, fetos e gimnospérmicas, constituem o único elemento condutor do xilema.

Traquéia (vasos) são tubos ocos que consistem em segmentos separados localizados um acima do outro. Nos segmentos das paredes transversais, formam-se orifícios - perfurações, ou estas paredes são completamente destruídas, de modo que a velocidade da corrente das soluções ao longo dos vasos se multiplica. A flora conduz as substâncias orgânicas sintetizadas nas folhas para todos os órgãos da planta (corrente descendente). Tal como o xilema, é um tecido complexo e é constituído por tubos crivados com células companheiras (ver Figura 8.3), parênquima e tecido mecânico. Os tubos crivosos são formados por células vivas situadas umas sobre as outras. As suas paredes transversais são permeadas por pequenos orifícios, formando uma espécie de peneira. As células dos tubos crivosos são desprovidas de núcleos, mas contêm na parte central o citoplasma, cujos filamentos passam através dos orifícios das divisórias transversais para as células vizinhas. Os tubos crivosos, tal como os vasos sanguíneos, estendem-se ao longo de todo o comprimento da planta. As células companheiras estão ligadas aos segmentos dos tubos crivosos por numerosos plasmodesmos e aparentemente desempenham parte das funções perdidas pelos tubos crivosos (síntese de enzimas, formação de ATP).

As respostas às perguntas seguintes serão objeto do nosso estudo na aula de hoje.

Tente dominar o tema de hoje, preenchendo as lacunas das tarefas da segunda fase.

Novas tarefas para a produção autónoma de conhecimentos (em trabalho de grupo)

1 etapa: tarefas para "Aprender"

Responde às seguintes perguntas:

A primeira parte:

1) Quais são os efeitos dos tecidos secretores? **Resposta:** Estes tecidos incluem as passagens de óleo etéreo, as glândulas, os pêlos glandulares, os nectários, etc.
2) O que é que protege as plantas de comerem herbívoros? **Resposta:** Os óleos essenciais protegem as plantas da ingestão de herbívoros.
3) Que substâncias são excretadas pelas plantas que atraem os insectos polinizadores?**Resposta:** As plantas produzem substâncias aromáticas e açucaradas que atraem os insectos polinizadores.
4) Onde é que a bisnaga de leite contém látex? **Resposta**: Algumas plantas com flor têm tubos de látex que contêm látex em vacúolos.
5) Os tecidos secretores dividem-se em? **Resposta:** Os tecidos secretores dividem-se em externos e internos
6) Onde são armazenados os resíduos do metabolismo dos tecidos secretores? São excretados nos tecidos secretores? **Resposta:** Nos tecidos secretores, os resíduos metabólicos são armazenados dentro de células individuais, lacrimejantes, receptáculos lisigénicos, e os excretores são alocados para o exterior (pêlos glandulares, nectários) ou para o intercelular (receptáculos esquizogénicos).
7) Qual é o objetivo dos tecidos secretores? **Resposta:** Os tecidos secretores servem para acumular e isolar substâncias do organismo das plantas.
8) O que é que se forma nos espaços intercelulares? **Resposta:** Nos espaços intercelulares, formam-se passagens resinosas (nas coníferas e nos citrinos).
9) O que é que se acumula nos **canais lactíferos**? **Resposta:** Algumas plantas têm células em que se acumula o suco lactífero que contém resina, borracha, etc.
10) O que são os contentores? **Responder:** Distinguir entre receptáculos esquizogénicos e lisigénicos. Os primeiros surgem sob a forma de espaços intercelulares cheios de substâncias excretadas e rodeados por células vivas do epitélio. Os segundos surgem no lugar de um grupo de células que se desintegram após a acumulação de substâncias.

11) Quais são os dispositivos excretores do canal chamado conteúdo? **Resposta:** Os dispositivos excretores dos canais são designados pelo seu conteúdo de óleo, alcatrão, muco e goma.

12) O que são os canais de resina schemogenic (condutas de resina)? **Resposta:** Os canais de resina esquemogénicos (canais de resina) são espaços intercelulares tubulares longos preenchidos com resina e rodeados por células epiteliais vivas.

13) Quais são os reservatórios esquizogénicos dos óleos essenciais? **Resposta:** Os reservatórios esquizogénicos de óleos essenciais contêm uma camada epitelial de células secretoras bem fechadas, frequentemente de forma isodiamétrica.

14) O que é que se forma no interior das células epiteliais? **Resposta:** No interior das células epiteliais, formam-se óleos essenciais ou resinas, que são libertados na cavidade da glândula.

15) O que acontece às células excretoras nos receptáculos lisigénicos? **Resposta:**Nos receptáculos lisigénicos, as células excretoras dissolvem-se; os seus invólucros são também destruídos, dos quais, por vezes, apenas se conservam restos. A cobertura

e o recipiente do segredo formado é uma camada bem fechada de células do tecido subjacente que envolve o compartimento intercelular com um segredo.

A segunda parte:

1. Quais são as funções desempenhadas pelas larvas (tubos de leite)? **Resposta:** As células excretoras (idioblastos) acumulam várias substâncias: cristais de oxalato de cálcio (cristais simples, drusas, ráfides, etc.), muco, taninos, óleos essenciais. Encontram-se em células de diferentes tecidos, podem ter uma forma e uma composição química diversas.
2. Quais são as funções desempenhadas pelas larvas (tubos de leite)? **Resposta:** As células do painço (tubos de leite) desempenham várias funções - condutora, armazenadora, excretora.
3. Em que consistem as larvas (tubos de leite)? **Resposta:** A sua parede é constituída por celulose. São células vivas com um citoplasma, muitos núcleos e um vacúolo cheio de sumo leitoso (látex).
4. Quais são os diferentes tipos de larvas (tubos de leite)? **Resposta:**
Existem dois tipos de mlechnics: articulados e não segmentados.
5. Como se formam os espinhos das articulações (tubos de leite)? **Resposta:** Os artrópodes formam da mesma forma que os vasos, em resultado da destruição das paredes transversais da fila vertical de células.
6. Como é que os bichos-patos não articulados se formam e que tipo de células são? **Resposta:** Os mlechniki não segmentados surgem como resultado do crescimento de células especiais do embrião. Trata-se de células gigantes, cilíndricas ou ramificadas.
7. Onde estão as larvas (tubos de leite)? **Resposta:** As veias estão localizadas ou apenas no floema, ou permeiam todo o órgão (caule, raiz, folha).
8. Que tipo de membros da família são **os ductos laticíferos** (vasos **lácteos**)?

Resposta: Os vasos de látex são inerentes apenas a certos grupos de plantas, por exemplo, representantes das famílias Asteraceae, Papaveraceae, Euphorbiaceae.

A terceira parte:

1) Quais podem ser os tecidos secretores consoante a sua localização? Dependendo da localização, os tecidos excretores podem ser externos e internos.

2) O que são hidátodos? **Resposta:** Os hidátodos são estruturas que realizam a libertação do excesso de água em condições de transpiração reduzida e de humidade elevada.

3) A que é que o hidátodo se junta e o que é que significa a água? **Resposta:** Este tecido é adjacente ao feixe vascular. A água é libertada através de estomas de água especiais, que são diferentes dos estomas normais

4) Qual é a composição do líquido de evisceração? **Resposta**: A composição do líquido de evisceração varia muito, desde a água quase pura até uma mistura muito complexa de substâncias.

5) Que tipos de nectários existem? **Resposta**: consoante a localização, distinguem-se flores, ou florais, nectários situados nos caules, nas folhas da planta - venezuelae, ou nectários extraflorais.

6) O que é o néctar? **Resposta**: o néctar pode representar um floema não modificado

SAP, em que a substância intercelular é entregue à superfície e sai pelos estomas.

7) Os néctares educados mais complexos? **Resposta**: os néctares mais complexos são formados por parênquima glandular coberto por epiderme com pêlos glandulares.

8) O que é típico de muitas plantas? O que são os nectários? **Resposta**: muitos caracterizam-se pela libertação de um líquido que contém de 7 a 87% de mono e oligossacáridos. Este processo é efectuado por estruturas especiais.

9) O que é que torna o néctar disponível? **Resposta**: o néctar é apresentado pelas células da epiderme ou pelos glandulares. Neste caso, o néctar produzido é diferente do sumo do floema. Este é dominado pela glicose, frutose, sacarose e pelo suco do floema - glicose. Numa pequena concentração contém iões.

10) O que contém o néctar para atrair os polinizadores? Para atrair os polinizadores, o néctar pode conter hormonas esteróides que são necessárias aos insectos.

11) O que são idioblastos? **Resposta**: Os idioblastos são células vegetais que diferem em forma e estrutura ou conteúdo de outras células do mesmo tecido. Dependendo da origem, distinguem esquizogenia e recetáculo lisogénico de substâncias emitidas.

12) O que são contentores esquizogénicos? Dê um exemplo! **Resposta**: Os receptáculos esquizogénicos. São espaços intercelulares mais ou menos extensos cheios de excrementos. Por exemplo, as passagens de resina dos pinheiros, das Araliaceae, das Apiaceae e outras. A resina tem propriedades antibacterianas, dissuade os herbívoros tornando as plantas não comestíveis para eles.

13) O que são os contentores lishenie? Exemplo! **Resposta**: Os recipientes lisogénicos são formados no local de células vivas que morrem e são destruídas após a acumulação de substâncias nas mesmas. Estas formações podem ser observadas na casca dos citrinos. Para além dos tipos principais, existem formas intermédias.

14) Qual a parte das larvas? **Resposta**: As larvas - são de dois tipos: não articuladas e articuladas.

15) Onde é que as larvas são não-articuladas e articuladas? Resposta: Essas larvas ocorrem em Asteraceae.

A quarta parte:

1. Quais são as partes do tecido secretor? **Resposta**: O tecido secretor é constituído por duas partes.
2. Qual é o nome da parte que fornece a corrente ascendente? **Resposta**: uma das partes é o xilema, ou madeira, que fornece uma corrente ascendente e leva a água e os sais minerais das raízes para a parte terrestre da planta.
3. Qual é a parte que fornece a corrente descendente? **Resposta**: a outra parte é o floema ou lub, que fornece uma corrente descendente e conduz as substâncias orgânicas formadas nas folhas para os locais da sua utilização ou depósitos na reserva - para os órgãos subterrâneos, frutos maduros e sementes.
4. O que é uma parte do floema? **Resposta**: parte do floema é constituída por tubos crivados e células-companheira.
5. O que é que existe nos tubos de peneira nas divisórias transversais dos segmentos? **Resposta**: Nos tubos crivados das divisórias transversais dos segmentos existe um grande número de pequenos orifícios através dos quais as substâncias orgânicas, formadas nas folhas, são transportadas para os caules, raízes, frutos, sementes e pontos de crescimento.
6. O que é que forma o xilema e o floema, se estiverem próximos? **Resposta**: O xilema e o floema estão normalmente localizados lado a lado, formando camadas, ou os chamados feixes vasculares, representados nas plantas por vários tipos.
7. O que são colaterais e como se organizam? **Resposta**: Colateral (lateral), quando o xilema e o floema estão situados lado a lado, ou seja, no mesmo raio.
8. Os feixes vasculares concêntricos dividem-se em quê? **Resposta**: Concêntricos: a) anfivasais - o anel de xilema envolve o floema. b) anficriais - o floema envolve o xilema.
9. Como divergem o xilema e o floema radiais? **Resposta**: Radial - o xilema diverge em raios a partir do centro, e o floema está localizado entre os raios.
10. O que são feixes vasculares pela presença ou ausência de câmbio em eles? **Resposta**: Os feixes vasculares, consoante a presença ou ausência de câmbio, são abertos e fechados.
11. A diferença entre feixes vasculares abertos e fechados? **Resposta**: no aberto - entre o xilema e o floema existe o câmbio; no fechado - não existe câmbio.

2 etapas: tarefas para "Compreender" Determinar a causa:

1) Porque é que o néctar do floema é diferente do suco do floema? Explique. **Resposta:** O néctar é apresentado ou nas células da epiderme ou nos pêlos glandulares. Neste caso, o néctar produzido é diferente do suco do floema. Este é dominado pela glicose, frutose, sacarose e o suco do floema pela glicose.

2) Porque é que as plantas atraem os polinizadores? Explica. **Resposta**: para atrair os polinizadores, o néctar pode conter hormonas esteróides necessárias aos insectos.

3) Porque é que se chama Colateral? Explique. **Resposta**: quando o xilema e o floema se encontram

situados lado a lado, ou seja, com o mesmo raio.

4) Porquê chamar lateral a Bicol? Explique. **Resposta**: quando o floema é adjacente ao xilema em ambos os lados. A secção exterior do floema é mais potente.

5) Porque é que se chama Concêntrico? Explique. **Responda**: Quando: a) anfivasal - o anel de xilema circunda o floema. b) anficriarcal o floema circunda o xilema.

6) Porque é que se chama Radial? Explique. **Resposta:** quando o xilema diverge em raios a partir do centro, e o floema está localizado entre os raios?

7) Porque é que os feixes condutores são abertos e fechados? **Resposta**:Os feixes condutores, consoante a presença ou ausência de câmbio, são abertos e fechados.

3 etapas: tarefas para "Análise"

3-tarefas: **Explicar os componentes do tecido que é dado a seguir:**

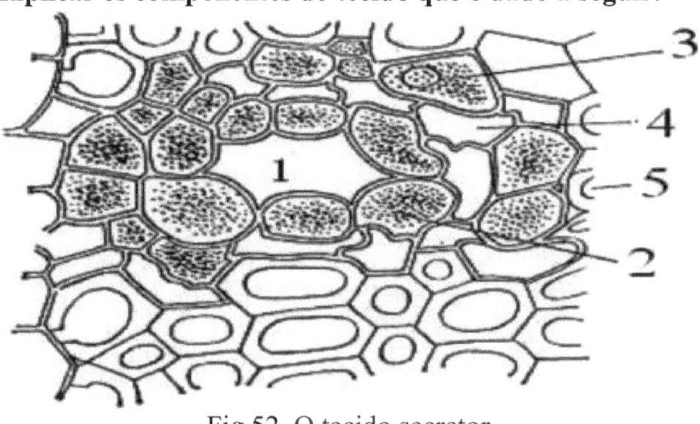

Fig.52. O tecido secretor

Respostas: 1-cavidade intercelular, 2-epitélio, 3-células parenquimatosas vivas, 4-células mortas esmagadas de paredes finas, 5-traqueídos.

4 etapas: tarefas para "Síntese"

***3-Escreva* os nomes dos tipos de feixes vasculares, que são apresentados na figura abaixo:**

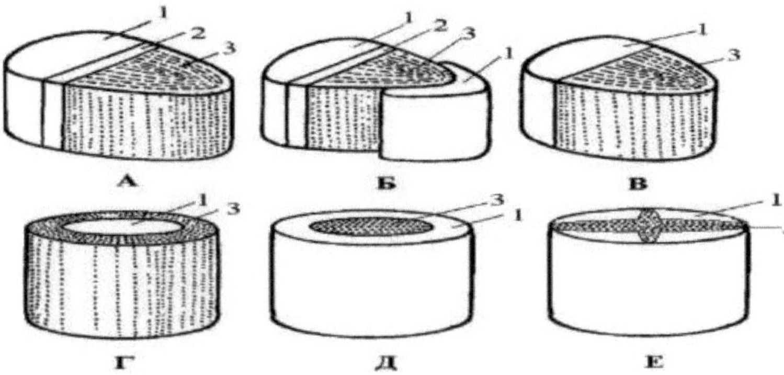

Pic.53.

Resposta:

Tipos de feixes vasculares: A - colateral aberto; Б - Bicol lateral aberto; В - colateral fechado; Г, Д - concêntrico (Г - anfibasal, Д - anfíbio); E é radial. .1 - floema, 2 - câmbio, 3 - xilema.

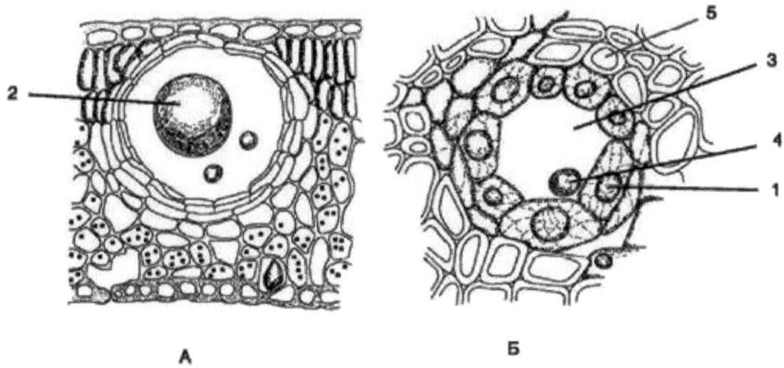

Pic.54 . O tecido secretor

Respostas: A- recetáculo lisogénico de óleos essenciais na folha de limoeiro; B- Recetáculo esquizogénico (curso de resina) na madeira de pinheiro: 1-células epiteliais; 2-gotas de óleo essencial; 3 - a cavidade resinosa; 4 - uma gota de resina; 5 - esclerênquima

1) Examinar os traços de resina esquizogénica sobre uma micro-preparação permanente de secção transversal de madeira comum de pinheiro (Pinus sylvestris).

5 etapas: tarefas para "Aplicação"

5-tarefas: O que é um tecido e o que é mostrado na figura? Explica.

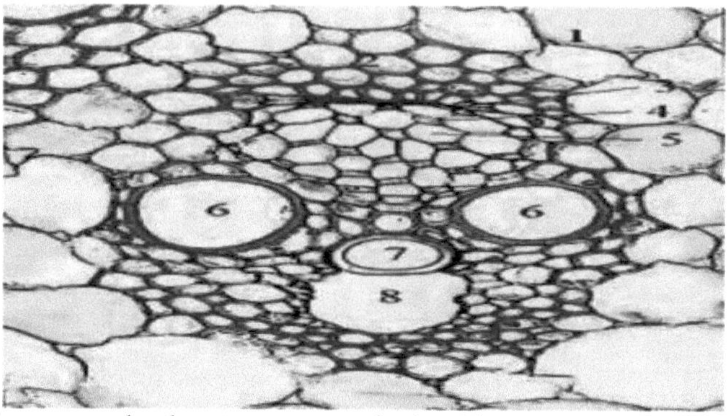

Fig.55 . Grupo vascular de grãos no exemplo do milho

Respostas: 1 - parênquima; 2 - feixes de eléctrodos condutores mecânicos (esclerênquima); 3 - protoplasma; 4 células acompanhantes do met-floema;5 - tubo crivoso do met-floema; 6 - vasos do met-xilema; 7 - vasos dos protoxilos;8 - canal do aquífero.

6 etapas: tarefas para "Avaliação"

1. **Os tecidos vasculares incluem ...**

A. floema
B. meristema
C. cortiça
D. cascas

2. **Que secção da biologia estuda os tecidos dos corpos dos organismos?**

A. Anatomia;
B. Histologia;
C. embriologia;
D. citologia.

3. **Que tipo de substâncias são transportadas pelo fluxo descendente ao longo da planta?**

A. água;
B. Mineral;
C. orgânico;
D. excretora.

4. **Que células de transporte transportam células de transporte ao longo do seu citoplasma?**

A. Tubos de peneiração;
B. traqueia;
C. traqueídos;
D. as células são companheiras.

5. **Os tubos de peneira referem-se a:**

A. Tecidos secretores;
B. mecânico;

C. Vascular
D. lamelas.
6. **Cachos constituídos apenas por traqueídos ou apenas por tubos crivados:**
A. vascular fibroso;
B. Geral;
C. complexo;
D. Simples.
7. **Feixes constituídos por vasos, traqueídos e tubos crivados:**
A. vascular fibroso;
B. Geral;
C. complexo;
D. Simples.
8. **Cachos que têm, para além dos condutores, até um tecido parenquimatoso:**
A. vascular fibroso;
B. Geral;
C. complexo;
D. Simples.
9. **Se entre o floema e o xilema existir um câmbio, então trata-se de feixes:**
A. fechado;
B. aberto;
C. Garantias.
10. **A água e as substâncias minerais nela dissolvidas movem-se através dos tecidos da planta?**
A. Capa
B. Vascular
C. mecânico
D. meristema

Respostas:1A; 2B; 3C; 4A; 5C; 6D; 7B; 8C; 9B; 10B.

PARTE ORIENTADA PARA O RESORT
(avaliação formativa por um sistema de critérios de 100 pontos)
1. nível (50 pontos)
1 etapa: avaliação do nível de conhecimentos sobre "Aprendizagem"
A primeira parte:

1) Quais são os efeitos dos tecidos secretores? **Resposta:** São as passagens de alcatrão e de óleo etéreo, as glândulas, os pêlos glandulares, os nectários, etc.

2) O que é que protege as plantas de comerem herbívoros? **Resposta:** Os óleos essenciais protegem as plantas da ingestão de herbívoros.

3) Que substâncias são excretadas pelas plantas que atraem insectos polinizadores? **Resposta:** As plantas produzem substâncias aromáticas e açucaradas que atraem os insectos polinizadores.

4) Onde é que a bisnaga de leite contém látex? **Resposta**: Algumas plantas com flor têm tubos de látex que contêm látex em vacúolos.

5) Os tecidos secretores dividem-se em? **Resposta:** Os tecidos secretores dividem-se em externos e internos

6) Onde são armazenados os resíduos do metabolismo dos tecidos secretores? São excretados nos tecidos secretores? **Resposta:** Nos tecidos secretores, os resíduos metabólicos são armazenados no interior das células individuais, nos receptáculos lacrimogéneos e lisigénicos, e os resíduos excretórios são alocados para o exterior (pêlos glandulares, nectários) ou para o intercelular (receptáculos esquizogéneos).

7) Qual é o objetivo dos tecidos secretores? **Resposta:** Os tecidos secretores servem para acumular e isolar substâncias do organismo das plantas.

8) O que é que se forma nos espaços intercelulares? **Resposta:** Nos espaços intercelulares, formam-se passagens resinosas (nas coníferas e nos citrinos).

9) O que é que se acumula nos **canais lactíferos**? **Resposta:** Algumas plantas têm larvas - células nas quais se acumula suco lactífero contendo resina, borracha, etc.

10) O que são os contentores? **Responder:** Distinguir entre receptáculos esquizogénicos e lisigénicos. Os primeiros surgem sob a forma de espaços intercelulares cheios de substâncias excretadas e rodeados por células vivas do epitélio. Os segundos surgem no lugar de um grupo de células que se desintegram após a acumulação de substâncias.

11) Quais são os dispositivos excretores do canal chamado conteúdo? **Resposta:** Os dispositivos excretores dos canais são designados pelo seu conteúdo de óleo, alcatrão, muco e gomas.

12) O que são os canais de resina schemogenic (condutas de resina)? **Resposta:** Os canais de resina esquemogénicos (canais de resina) são espaços intercelulares tubulares longos preenchidos com resina e rodeados por células epiteliais vivas.

13) Quais são os reservatórios esquizogénicos dos óleos essenciais? **Resposta:** Os receptáculos esquizogénicos de óleos essenciais contêm uma camada epitelial de células secretoras bem fechadas, frequentemente de forma isodiamétrica.

14) O que é que se forma no interior das células epiteliais? **Resposta:** No interior

das células epiteliais, formam-se óleos essenciais ou resinas, que são libertados na cavidade da glândula.

15) O que acontece às células excretoras nos receptáculos lisigénicos? **Resposta:** Nos receptáculos lisigénicos, as células excretoras dissolvem-se; os seus invólucros também são destruídos, dos quais, por vezes, apenas se conservam restos. A cobertura e o recipiente do segredo formado é uma camada bem fechada de células do tecido subjacente que envolve o compartimento intercelular com um segredo.

A segunda parte:

1) Quais são as funções desempenhadas pelas larvas (tubos de leite)? **Resposta:** As células excretoras (idioblastos) acumulam várias substâncias: cristais de oxalato de cálcio (cristais simples, drusas, ráfides, etc.), muco, taninos, óleos essenciais. Encontram-se em células de diferentes tecidos, podem ter uma forma e uma composição química diversas.

2) Quais são as funções desempenhadas pelas larvas (tubos de leite)? **Resposta:** As células do painço (tubos de leite) desempenham várias funções - condutora, armazenadora, excretora.

3) Em que consistem as larvas (tubos de leite)? **Resposta:** A sua parede é constituída por celulose. São células vivas com um citoplasma, muitos núcleos e um vacúolo cheio de sumo leitoso (látex).

4) Quais são os diferentes tipos de larvas (tubos de leite)? **Resposta:** Existem dois tipos de mlechnics: articuladas e não segmentadas.

5) Como se formam os espinhos das articulações (tubos de leite)? **Resposta:** Os artrópodes formam-se da mesma forma que os vasos, em resultado da destruição das paredes transversais da fila vertical de células.

6) Como é que os bichos-patos não articulados se formam e que tipo de células são? **Resposta:** Os mlechniki não segmentados surgem como resultado do crescimento de células especiais do embrião. Trata-se de células gigantes, cilíndricas ou ramificadas.

7) Onde estão as larvas (tubos de leite)? **Resposta:** As veias estão localizadas ou apenas no floema, ou permeiam todo o órgão (caule, raiz, folha).

8) Que tipo de membros da família são **os ductos laticíferos** (vasos **lácteos**)? **Resposta:** Os vasos de látex são inerentes apenas a determinados grupos de plantas, por exemplo, representantes das famílias Asteraceae, Papaveraceae, Euphorbiaceae.

A terceira parte:

1) Quais podem ser os tecidos secretores consoante a sua localização**?** Dependendo da localização, os tecidos excretores podem ser externos e internos.

2) O que são hidátodos? **Resposta:** Os hidátodos são estruturas que efectuam a libertação do excesso de água em condições de transpiração reduzida e de humidade elevada.

3) A que é que o hidátodo se junta e o que é que significa a água? **Resposta:** Este tecido é adjacente ao feixe vascular. A água é libertada através de estomas de água

especiais, que são diferentes dos estomas normais
4) Qual é a composição do líquido de evisceração? **Resposta**: A composição do líquido de evisceração varia muito, desde a água quase pura até uma mistura muito complexa de substâncias.
5) Que tipos de nectários existem? **Resposta**: em função da localização distingue flores, ou florais, nectários situados nos caules, nas folhas da planta - venezuelae, ou nectários extraflorais.
6) O que é o néctar? **Resposta**: O néctar pode representar um SAP de floema não modificado, cuja substância intercelular é entregue à superfície e sai através dos estomas.
7) Os néctares educados mais complexos? **Resposta**: Os néctares mais complexos são formados por parênquima glandular coberto por epiderme com pêlos glandulares.
8) O que é típico de muitas plantas? O que são os nectários? **Resposta**: Muitas plantas caracterizam-se pela libertação de um líquido que contém de 7 a 87% de mono e oligossacáridos. Este processo é efectuado por estruturas especiais.
9) O que é que torna o néctar disponível? **Resposta**: o néctar é apresentado pelas células da epiderme ou pelos glandulares. Neste caso, o néctar produzido é diferente do sumo do floema. Este é dominado pela glicose, frutose, sacarose e pelo suco do floema - glicose. Numa pequena concentração contém iões.
10) O que contém o néctar para atrair os polinizadores? Para atrair os polinizadores, o néctar pode conter hormonas esteróides que são necessárias aos insectos.
11) O que são idioblastos? **Resposta**: Idioblastos são células vegetais que diferem em forma e estrutura ou conteúdo de outras células do mesmo tecido. Dependendo da origem, distinguem esquizogenia e recetáculo lisogénico de substâncias emitidas.
12) O que são contentores esquizogénicos? Dê um exemplo! **Resposta**: Os receptáculos esquizogénicos. São espaços intercelulares mais ou menos extensos cheios de excrementos. Por exemplo, as passagens de resina dos pinheiros, das Araliaceae, das Apiaceae e outras. A resina tem propriedades antibacterianas, dissuade os herbívoros tornando as plantas não comestíveis para eles.
13) O que são os contentores lishenie? Exemplo! **Resposta**: Os recipientes lisogénicos são formados no local de células vivas que morrem e são destruídas após a acumulação de substâncias nas mesmas. Estas formações podem ser observadas na casca dos citrinos. Para além dos tipos principais, existem formas intermédias.
14) Qual a quota-parte das larvas? **Resposta**: As larvas - são de dois tipos: não articuladas e articuladas.
15) Onde é que as larvas são não-articuladas e articuladas? Resposta: Taislarvas ocorrem em Asteraceae.

A quarta parte:

1) Quais são as partes do tecido secretor? **Resposta**: O tecido secretor é constituído por duas partes.

2) Qual é o nome da parte que fornece a corrente ascendente? **Resposta**: uma das partes é o xilema, ou madeira, que fornece uma corrente ascendente e leva a água e os sais minerais das raízes para a parte terrestre da planta.

3) Qual é a peça que fornece a corrente a jusante?

Resposta: a outra parte é o floema ou lub, que fornece uma corrente descendente e conduz as substâncias orgânicas formadas nas folhas para os locais da sua utilização ou depósitos na reserva - para os órgãos subterrâneos, frutos maduros e sementes.

4) O que é uma parte do floema? **Resposta**: parte do floema é constituída por tubos crivados e células-companheira.

5) O que é que existe nos tubos de peneira nas divisórias transversais dos segmentos? **Resposta**: Nos tubos crivados das divisórias transversais dos segmentos existe um grande número de pequenos orifícios através dos quais as substâncias orgânicas, formadas nas folhas, são transportadas para os caules, raízes, frutos, sementes e pontos de crescimento.

6) O que é que forma o xilema e o floema, se estiverem próximos? **Resposta**: O xilema e o floema estão normalmente localizados lado a lado, formando camadas, ou os chamados feixes vasculares, representados nas plantas por vários tipos.

7) O que são colaterais e como se organizam? **Resposta**: Colateral (lateral), quando o xilema e o floema estão situados lado a lado, ou seja, no mesmo raio.

8) Os feixes vasculares concêntricos dividem-se em quê? **Resposta**: Concêntricos: a) anfivasais - o anel do xilema envolve o floema. b) anficriais - o floema envolve o xilema.

9) Como divergem o xilema e o floema radiais? **Resposta**: Radial - o xilema diverge em raios a partir do centro, e o floema está localizado entre os raios.

10) O que são feixes vasculares pela presença ou ausência de câmbio neles? **Resposta**: Os feixes vasculares, consoante a presença ou ausência de câmbio, são abertos e fechados.

11) A diferença entre feixes vasculares abertos e fechados? **Resposta**: no aberto - entre o xilema e o floema existe o câmbio; no fechado - não existe o câmbio.

2 etapas: avaliação do nível de competências na "**Aplicação**" do modelo

***1-tarefa:* Dizer o nome dos vasos da imagem:**

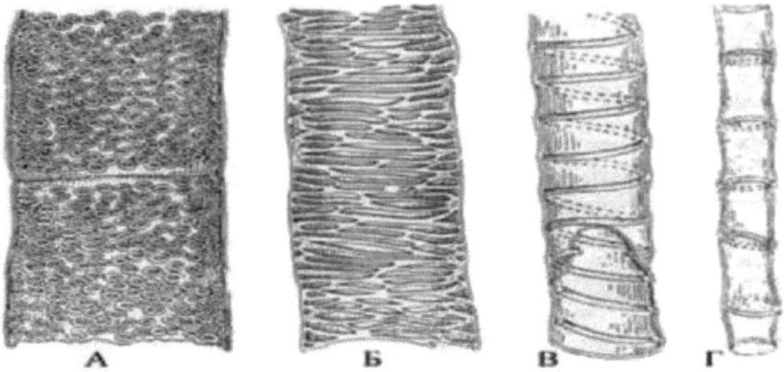

Fig.56. Vasos de uma videira de abóbora

Respostas: A - poroso, Б - malha, В - espiral, Г - anel

***2-tarefa:* O que é um tecido e o que é mostrado na figura? Explica.**

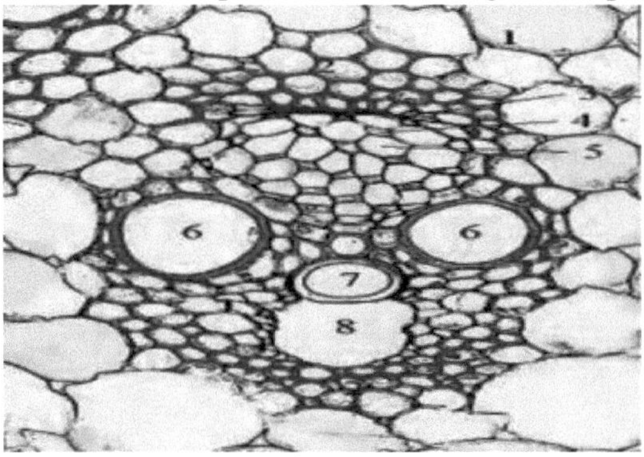

Pic.57.

Respostas: Grupo vascular de grãos no exemplo do milho.

1 - parênquima; 2 - feixes de eléctrodos condutores mecânicos (esclerênquima); 3 - protoplasma; 4 - células acompanhantes do metafloema;

5 - tubo crivoso do metafloema; 6 - vasos do metoxilema; 7 - vasos dos protoxistos;8 -

canal aquífero.

II. Nível (51 pontos +38 pontos =89 pontos)

1 etapa: avaliação do nível de conhecimentos sobre **"Compreensão"** ***1 tarefa:* O que são os tecidos e as suas funções?**

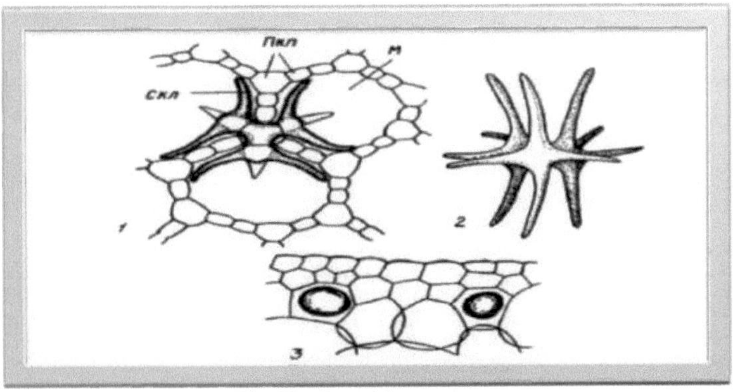

Fig.58. O tecido secretor.

Resposta: O tecido idioblástico secretor e pertencem aos tecidos secretores internos

2-tarefa: **Que tipo de tecido vês na imagem? Explica e esclarece a tua resposta.**

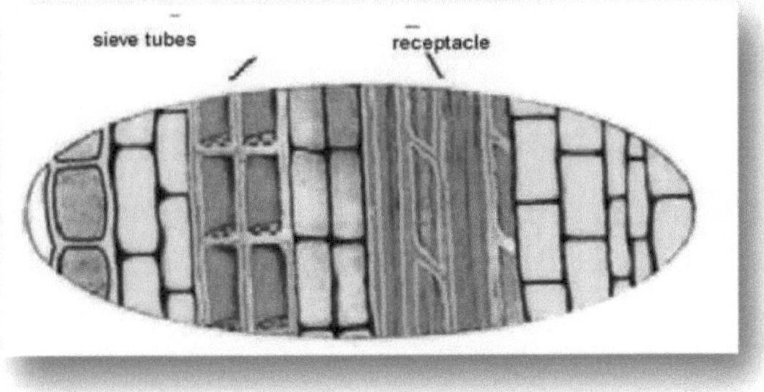

Fig.59. Os tecidos condutores

Resposta: Trata-se do tecido vascular. As suas funções: o movimento das substâncias através da planta.

2 etapas: avaliação do nível de conhecimentos sobre o

"Análise"

Comparar as semelhanças e diferenças entre o xilema, o floema e os feixes condutores. Destaque a ideia principal do tópico.

Quadro 8

	Funções do xilema e do floema
O xilema (a árvore Sina.)	1. O xilema ou lenho, que constitui uma corrente ascendente e conduz a água e os sais minerais desde as raízes até à parte terrestre da planta. 2. Por origem e localização, distinguir entre xilema primário e secundário.

	3. O xilema é formado devido à atividade O xilema é constituído por vários tipos de células: Elementos traqueais (água); células parenquimatosas; fibras de esclerênquima de árvores lenhosas. 4. O elemento traqueal do xilema é uma célula morta que funciona como um canal de transporte de soluções aquosas. Existem dois
Floema	1. O floema é um tecido das plantas vasculares que conduz as substâncias plásticas sintetizadas nas folhas, no sentido de cima para baixo. 2. O floema é um tecido complexo composto por elementos de crivagem com gaiolas-companheiras, gaiolas parenquimatosas, fibras de fibra (floema) e esclereídes. 3. O tecido do floema é menos esclerificado e menos durável do que o xilema. 4. Por origem e localização, distinguir entre floema primário e secundário. 5. O floema, que se forma devido à atividade do meristema apical do procâmbio (tecido primário), designa-se por primário, devido à atividade do câmbio (meristema secundário) - secundário. 6. O floema é constituído por tubos de peneira e células-companheiras.
Feixes vasculares	a. O xilema e o floema estão em estreita interação entre si e formam-se nos órgãos da planta
	grupos complexos especiais - feixes vasculares. b. Xilema - é o principal tecido de abastecimento de água de plantas vasculares superiores, que proporciona o movimento da água com minerais dissolvidos das raízes para as folhas e outras partes da planta (corrente ascendente). c. Desempenha igualmente uma função de apoio. d. A composição do xilema inclui traqueídos e traqueia (vasos), parênquima lenhoso e tecido mecânico. e. Os traqueídos são estreitos e muito alongados células mortas com extremidades pontiagudas e membranas lignificadas. f. Traqueia (vasos) - um tubo oco, constituídos por segmentos separados, situados uns sobre

	os outros. g. A formação de feixes condutores deve-se a as actividades do tecido meristemático do procubo. 2) Em fases posteriores do desenvolvimento dos órgãos das plantas dicotiledóneas e gimnospérmicas, os feixes vasculares fundem-se, formando um cilindro contínuo constituído por tecido lenhoso e tecido liberiano, as chamadas camadas de tecido vascular. 3) Nas monocotiledóneas, a estrutura dos feixes mantém-se em todas as fases do desenvolvimento. O sistema de feixes vasculares penetra em todos os órgãos das plantas, combinando-os num só e proporcionando um único processo de troca na planta. Os feixes vasculares formam uma rede complexa não só nos órgãos vegetativos, mas também nos órgãos generativos, especialmente nos frutos. Os feixes vasculares diferem numa série de caraterísticas. De acordo com a composição elementar, distinguem-se quatro grupos de feixes. 4) As vigas de estrutura simples são as mais primitivos e constituídos por elementos histológicos homogéneos: de um traqueídeo ou de um tubo crivoso Os feixes comuns incluem traqueídeos, vasos e
	Tubos de peneiração dispostos lado a lado. 6) Os feixes complexos, para além de elementos condutores, contêm elementos parenquimatosos. 7) Feixes de tecido vascular, os mais
	generalizada, inclui todos os elementos do xilema e do floema. 8) Na presença ou ausência de câmbio, os feixes são abertos (capazes de crescer, contêm câmbio) e fechados (não são capazes de crescer mais, não contêm câmbio). 9) De acordo com a localização do xilema e do floema, existem vários tipos de feixes vasculares. * O feixe colateral ou lateral é designado quando o floema e o xilema estão situados lado a lado, ou seja, no mesmo raio: *O floema é um feixe bicolateral, adjacente ao xilema em ambos os lados, sendo uma parte do floema mais poderosa - externa, a outra - pouco desenvolvida - interna. * O feixe concêntrico é relativamente raro. Há duas opções: a) anfibazal, em que o anel fechado envolve o floema do xilema; b) amfibral, em que o xilema envolve o floema. Ocorre em fetos, por exemplo, numa águia.

	*No feixe radial, as zonas de floema e xilema encontram-se em raios diferentes, separadas por parênquima. Este tipo de feixe é típico da estrutura primária da raiz das plantas dicotiledóneas. Na raiz das monocotiledóneas, estes feixes são armazenados até ao fim da vida. Nas dicotiledóneas, uma colateral, ao passar da estrutura primária para a secundária da raiz, substitui a disposição radial do floema e do xilema.

A ideia principal do tema: Elementos condutores em combinação com elementos parenquimatosos e mecânicos formam no corpo da planta cordões, que são chamados de feixes vasculares. O xilema e o floema estão normalmente localizados lado a lado, formando camadas, ou os chamados feixes vasculares, representados nas plantas por vários tipos.

3 etapas: avaliação do nível de competências na "Aplicação" numa situação alterada ***1-tarefa:*** **Quais são os conteúdos do xilema e do floema:**

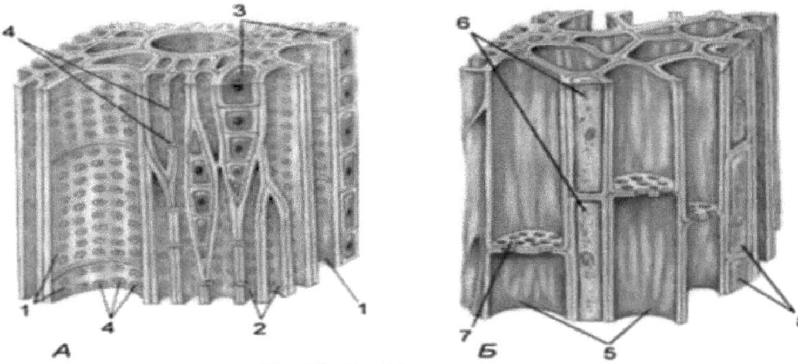

Pic.60. Tecidos condutores

Respostas: 1 - vasos do xilema; 2 - traqueídeos;3 - células do parênquima lenhoso;4 -
poro; 5 - sieubos; 6 - células - companheiras; 7 - campos crivosos; 8 - células do parênquima
parênquima.

2- tarefa: **Este tipo de tecido e as suas funções?**

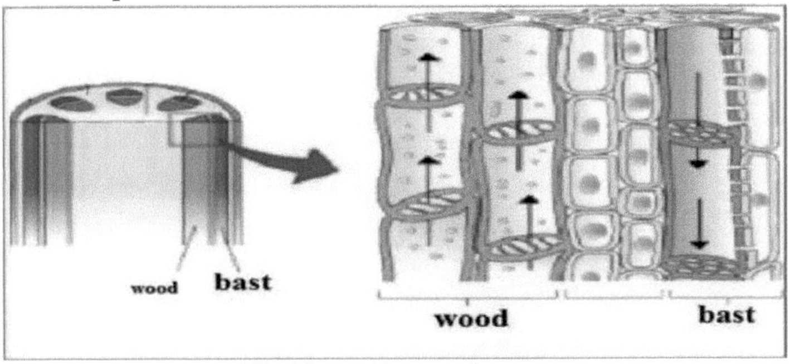

Fig.61. Tecidos condutores

Resposta: é um tecido vascular. Os tecidos vasculares asseguram o movimento da água e dos nutrientes dissolvidos na planta. O lado esquerdo - o xilema, ou lenho, que fornece uma corrente ascendente e leva a água e os sais minerais das raízes para a parte do solo da planta. O lado direito - o floema ou casca interna, que fornece a corrente descendente, e conduz as folhas resultantes de substâncias orgânicas para locais de utilização ou depósitos para a reserva, em órgãos subterrâneos, frutos maduros e sementes.

1. Diz o nome dos vasos do caule da abóbora:

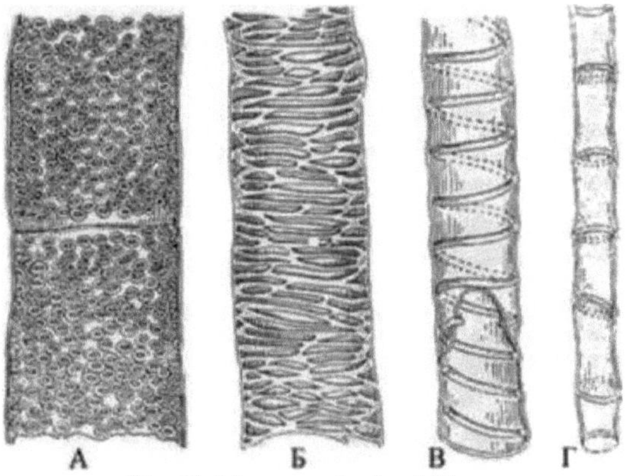

Fig.62. Vasos caule de abóbora

Respostas: a-poroso, b-malha, c-espiral, g-anular

2. Quais são os tecidos e o que é mostrado na imagem?

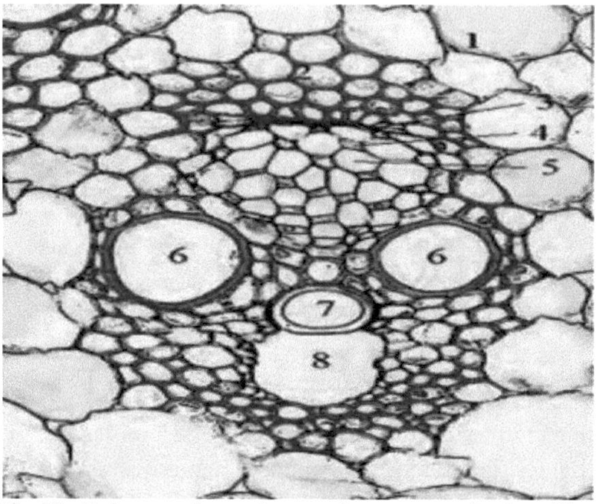

Fig.63 . Feixe condutor de cereais no exemplo do milho.

Respostas: 1 - parênquima intersticial; 2 - revestimento mecânico de feixes condutores (esclerênquima); 3 - protofloema; 4 - células acompanhantes do metafloema; 5 - tubo crivado do metafloema; 6 - vasos do metaxilema; 7 - vasos do protoxilema; 8 - canal condutor de água.

Nível III: (89 pontos + 11 pontos = 100 pontos)

1 etapa: avaliação do nível de conhecimentos sobre **"Síntese**

Faça um teste clicando na ligação indicada:

http://test.biologii.net/projti test.php?test=3

2- ***etapa:*** avaliação do nível de competências sobre a "Reflexão" e resolução de problemas reais

Resposta às perguntas acima:

1. O que é que acha?
2. Escreve um ensaio sobre "Tecidos secretores e vasculares". 3. o que é que o que sabe sobre a lição (opinião), escreva um ensaio?4.

Utilizar os recursos da Internet, literatura adicional para escrever um ensaio. Escrever um ensaio é 4 nível criativo acima do padrão.

PARTE SINÉTICA (identificação de problemas sobre o tema e sua solução)

Secção №7. Órgãos vegetativos: raiz. Morfologia, anatomia e fisiologia da raiz. Tipos de sistemas radiculares.

Ficará a saber mais sobre:

- caraterísticas da estrutura externa e interna das raízes;
- relação entre a estrutura e a função das raízes;
- a diferença entre partes e tecidos radiculares;

Tu sabes:

Problema: Vamos analisar os padrões gerais da estrutura da raiz, bem como estudar as funções da raiz, aprender a tirar conclusões sobre o tema abordado.

Plano de aulas

Um órgão é uma parte do organismo que tem uma determinada estrutura e desempenha determinadas funções. Os órgãos das plantas superiores dividem-se em **vegetativos** e **generativos** (reprodutivos). Os vegetativos incluem a raiz e o rebento, os generativos - a flor, a semente e o fruto. Os órgãos vegetativos incluem a raiz, o caule, a folha e a maioria das suas modificações, ou metamorfoses (bolbo, tubérculo, rizoma, etc.). A raiz, o caule e a folha já se encontram no embrião da semente. São **os principais órgãos** das plantas superiores.

A raiz é um órgão que desempenha funções relacionadas com a vida individual de cada planta, fornecendo a nutrição mineral, a fotossíntese, a respiração, a reprodução vegetativa, etc.

Sistemas radiculares

Sistema radicular **-** Todas as raízes de uma planta formam o sistema radicular.

O sistema de raiz axial é um sistema radicular com uma raiz principal bem definida. Caraterística das plantas dicotiledóneas.

O sistema radicular fibroso é formado por raízes adventícias. A raiz principal é indistinguível. Pode não estar desenvolvida ou estar ausente (cereal).

Existem*: a raiz principal, as raízes laterais e as raízes adventícias.*

A raiz principal - desenvolve-se a partir da raiz do embrião e cresce verticalmente para baixo.

Raízes laterais - formam-se a partir da principal (jovem).

Raízes adventícias - podem ser formadas em caules, folhas e raízes (raízes antigas).

Normalmente, as plantas têm raízes numerosas e fortemente ramificadas. O conjunto de todas as raízes de um indivíduo forma um sistema morfológica e fisiologicamente unificado - o sistema radicular de uma planta.

A composição dos sistemas radiculares inclui raízes de natureza morfológica diferente - a raiz principal, as raízes laterais e as raízes adventícias.

A raiz principal desenvolve-se a partir da raiz germinal. As raízes laterais nascem da raiz (principal, lateral, adventícia), que em relação a elas pode ser designada como materna.

A iniciação da raiz lateral começa com a divisão celular do periciclo e a formação de um tubérculo meristemático na superfície do sistema. Como resultado de uma série de divisões, surge uma espinha com o seu próprio meristema apical e o seu chapéu. O primórdio em crescimento atravessa o córtex primário da raiz-mãe e estende-se para o exterior. As raízes laterais são colocadas numa certa relação com os tecidos condutores da raiz-mãe. As raízes adventícias surgem em vários órgãos da planta - nos caules (raízes adventícias de células estaminais), nas folhas, nas raízes. Na esmagadora maioria dos casos, ocorrem endogenamente, em tecidos capazes de atividade meristemática, no periciclo, no câmbio e até no felogénio.

Nome da figura:

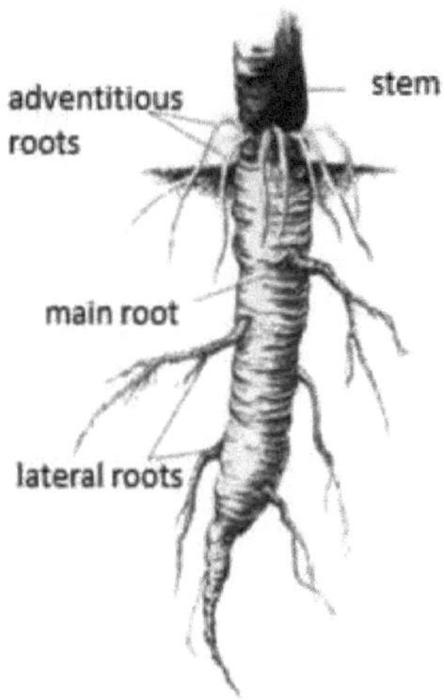

Fig.57. Sistema radicular.

Tipos de sistemas radiculares.

Na formação dos sistemas radiculares, as raízes principais e adventícias podem assumir várias partes:

1) O sistema radicular de uma planta só pode ser representado pelo sistema da raiz principal, ou seja, é constituído pela raiz principal, pelas suas raízes laterais da primeira ordem e das ordens seguintes, bem como pelas raízes acessórias que nascem das raízes enumeradas;

2) O sistema radicular de uma planta pode ser composto pelo sistema radicular principal e, em seguida, aparecer nos sistemas de caule de raízes adventícias (girassol, feijão);

1) 3) O sistema radicular de uma planta pode ser composto exclusivamente por sistemas de caules de raízes adventícias autóctones, mas há que distinguir dois casos:

a) em muitas plantas de semente, a raiz principal desenvolve-se fracamente, morre rapidamente e é substituída por raízes adventícias com os seus ramos laterais;

b) nas plantas com esporos superiores (musgo, cavalinha, feto, etc.), desde o início do desenvolvimento, apenas se formam raízes adventícias, e a raiz principal dessas plantas está completamente ausente.

Os tipos morfológicos dos sistemas radiculares são estabelecidos por outros sinais. Utiliza-se muito frequentemente o conceito de sistema radicular central e fibroso.

O sistema radicular central envolve uma raiz principal fortemente desenvolvida, que se destaca bem entre as outras raízes.

No sistema fibroso, a raiz principal está ausente ou não é visível entre as numerosas raízes adventícias. Existem formas intermédias entre estes tipos de sistemas radiculares.

Em qualquer sistema radicular, ocorrem constantemente mudanças, equilibrando-o com o sistema de rebentos de acordo com a idade da planta, a atitude em relação às raízes das plantas circundantes, a mudança das estações do ano, etc.

As alterações estruturais nos sistemas radiculares das plantas cultivadas são de extremo interesse para os produtores de plantas, uma vez que quase todas as práticas agrícolas (lavoura, fertilização, rega, monda, transplantação) têm por objetivo criar condições óptimas para o desenvolvimento e a atividade das terminações de sucção das raízes.

Morfologia da raiz

A raiz é um órgão axial de forma mais ou menos cilíndrica e de simetria radial. É capaz de crescer enquanto o meristema apical persistir. Morfologicamente, a raiz distingue-se do rebento pelo facto de nunca ter folhas e de o meristema apical estar coberto por uma chamada capa radicular.

Funções:

1. Absorção de soluções do solo.
2. Síntese de substâncias orgânicas.
3. Fixação de plantas no solo.
4. Fornecimento de nutrientes.
5. Ligação das plantas com outros organismos.

A estrutura externa da raiz:

Existem várias zonas que apresentam diferenças anatómicas e funcionais:I - tampa da raiz;

II - zona de crescimento e alongamento; III - zona dos pêlos radiculares (zona de sucção);IV - zona de detenção.

Nome da figura:

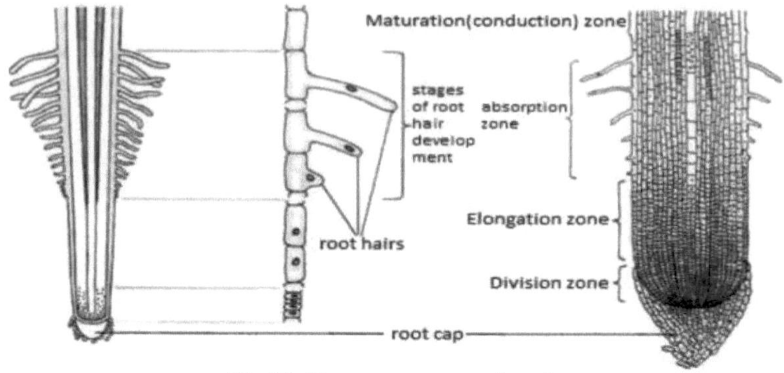

Fig.58. Estrutura externa da raiz

Na ponta da raiz encontra-se o chapéu da raiz. O chapéu é formado por células vivas de paredes finas, dispostas de forma frouxa, que são constantemente esfoliadas e substituídas por novas células. O muco forma-se a partir das células esfoliadas, que **funcionam** como um lubrificante que facilita a promoção da raiz no solo. A capa da raiz proporciona um -leotropismo positivo. Sob a capa encontra-se:

1. Zona de divisão celular - as células estão constantemente a dividir-se e proporcionam um crescimento apical. As células são reorganizadas e transformadas em células do solo, condutoras e outros tecidos. A função desta zona: a formação de células da capa da raiz.

2. A zona de alongamento (crescimento) - as células aumentam muito o seu volume e alongam-se. Tem apenas alguns mm. A função desta zona: aumentar o comprimento da raiz.

3. A zona dos pêlos radiculares (absorção) tem vários centímetros de comprimento e fornece água e minerais a todas as células. A absorção é efectuada através da **rizoderme**. A rizoderme é coberta por pêlos finos. A casca do pelo é muito fina; o exterior está coberto de muco.

Função desta zona: absorção, suporte mecânico do ápice da raiz e fixação do sistema radicular no solo.

4. Zona de maturação (condutora/ ramificada) - o exterior da zona da raiz é coberto por uma rolha - tecido epitelial morto. A parte interna da raiz é constituída por tecidos condutores (vasos do xilema). As raízes laterais aparecem na zona de retenção. Transporte de nutrientes.

Das plantas superiores modernas, apenas as briófitas e os psilotales não têm raízes.

Anatomia da raiz

Uma raiz típica é um órgão subterrâneo que se encontra em todas as plantas superiores (exceto nos musgos). A raiz serve para fixar a planta no solo e para a reprodução vegetativa. A raiz pode ser dividida longitudinalmente em várias secções com estrutura diferente e que desempenham funções diferentes. Estas zonas são designadas por zonas radiculares. A raiz é dividida em três zonas:

divisão, alongamento, absorção e maturação.

Na zona de divisão da raiz no meristema apical, os tecidos internos aparecem numa sequência específica e estritamente natural. Além disso, existe uma divisão clara em dois departamentos. A partir da camada média das células iniciais, ocorre uma região externa, chamada periblema. A partir da camada superior das células iniciais ocorre a divisão interna, denominada pleroma.

A medula (cilindro central) é subsequentemente formada a partir do pleroma, algumas das suas células são transformadas em vasos e traqueídos, os tubos de peneira são derivados de outros, e do terceiro - células do núcleo, etc.

A casca primária da raiz, que consiste nas células parenquimatosas do tecido principal, é formada a partir das células do periblema.

A partir do dermatogénio (camada exterior de células), localizado na superfície da raiz, isola-se o tecido tegumentar primário, que se designa por epiblema ou rizoderma. A rizoderma é um tecido de camada única que atinge o seu pleno desenvolvimento na zona de absorção.

A estrutura primária da raiz.

A estrutura primária da raiz é o resultado da diferenciação do meristema apical. Na estrutura primária da raiz, na zona da sua ponta, podem distinguir-se 3 camadas: a exterior - a epiblema, a intermédia - o córtex primário e o cilindro axial central - a medula.

Nome da figura:

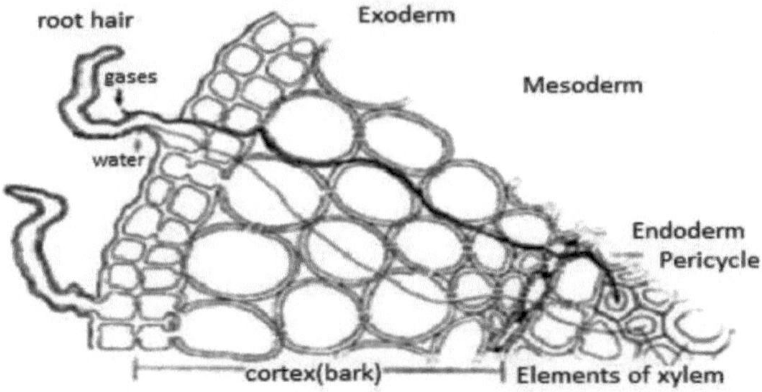

Fig.59. A estrutura primária da raiz

O córtex primário, que, como já foi referido, é formado a partir do periblema, é constituído por células parenquimatosas vivas de paredes finas. No córtex primário, podem distinguir-se três camadas claramente distintas: a endoderme, a mesoderme e a exoderme (figura).

Estrutura secundária da raiz.

Nas gimnospérmicas e nas angiospérmicas dicotiledóneas, a estrutura primária da raiz é preservada apenas até ao início do processo de espessamento Este processo - resultado dos meristemas laterais secundários - cambium e phellogen (ou cork cambium).

O início do processo de mudanças secundárias no aparecimento de camadas intermédias de câmbio sob as áreas do floema primário, dirigidas para dentro a partir dele. Existe um câmbio de parênquima fracamente diferenciado do cilindro central. Para fora, ele coloca os elementos do floema secundário (ou bastão), e para dentro - os elementos do xilema secundário (ou madeira). No início deste processo, as camadas do câmbio estão separadas, depois fecham-se e forma-se uma camada contínua. Isto deve-se ao facto de as células do periciclo se dividirem intensamente contra os raios do xilema. Das parcelas cambiais, que se originaram do periciclo, formam-se apenas células parenquimáticas, o chamado raio medular. Mas o resto das células do câmbio formam os elementos condutores: xilema e floema.

Imagem-11

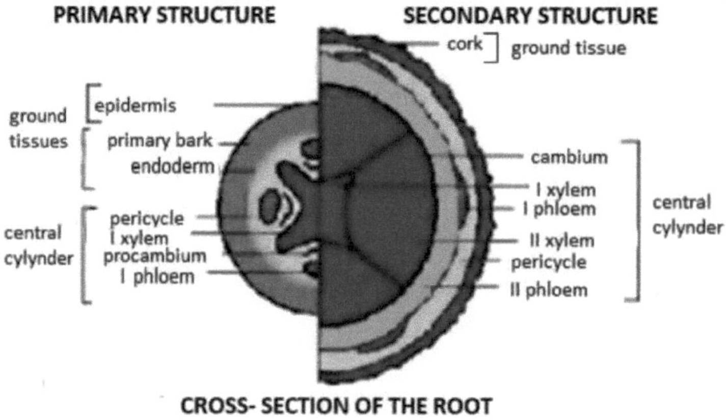

Devido ao facto de este processo demorar muito tempo, as raízes podem atingir uma espessura considerável. Se considerarmos a raiz perene, na sua parte central, como regra, permanece uma radiação claramente expressa do xilema primário.

O câmbio da cortiça (ou felogénio) também aparece no periciclo. Expõe as camadas de células do tecido tegumentar secundário ou cortiça. Como o córtex primário (endoderme, mesoderme e exoderme) é isolado pela camada de cortiça dos tecidos vivos internos, acaba por morrer As raízes de uma planta arbórea absorvem a água da chuva.

As raízes formam-se na sequência do engrossamento das raízes laterais ou adventícias.

Raízes adventícias de uma planta que vive nos troncos de plantas tropicais, crescendo até ao solo.

As raízes principais nas quais são armazenados os nutrientes.

Raízes adventícias, que permitem a fixação ao suporte (parede, tronco).

Raízes de plantas das margens lamacentas dos rios, crescendo para cima, atingindo a superfície do solo.

A transição da estrutura primária da raiz para a secundária.

O órgão subterrâneo da maioria dos esporos superiores, gimnospérmicas e plantas com flor é a raiz.

O córtex primário constitui a maior parte dos tecidos primários da raiz. As suas células acumulam amido e outras substâncias. Este tecido contém numerosos espaços intercelulares importantes para o arejamento das células da raiz. As células exteriores do córtex primário que se encontram diretamente por baixo da rizoderma são designadas por exoderma. A massa principal do córtex (mesoderma) é formada por células parenquimatosas. A camada mais interna é denominada endoderme. Trata-se de uma série de células bem fechadas (sem espaços intercelulares).

O cilindro central ou axial (medula) é constituído por tecidos condutores rodeados por uma ou mais camadas de células - o periciclo.

A parte interna do cilindro central na maioria das plantas é ocupada por cordões contínuos do xilema primário, dando ao periciclo saliências em forma de nervuras. Entre eles estão colocados cordões de floema primário.

Nas dicotiledóneas e nas gimnospérmicas, já numa idade precoce, surge um câmbio no cilindro central da raiz entre o xilema e o floema, cuja atividade conduz a alterações secundárias e, eventualmente, à formação da estrutura secundária da raiz. No centro, o câmbio coloca células do xilema secundário, e na periferia - células do floema secundário. Como resultado da atividade do câmbio, o floema primário é empurrado para fora e o xilema primário permanece no centro da raiz.

Após as alterações no cilindro central da raiz, ocorrem alterações na parte da vaca. As células do periciclo começam a dividir-se ao longo de toda a circunferência, o que resulta no aparecimento de uma camada de células do meristema secundário, o fellogen (cork cambium). O felogénio, por sua vez, divide-se, adia a felema para o exterior, e para o interior - feloderme. Forma-se uma periderme, cuja camada de cortiça isola o córtex primário do cilindro central. Como resultado, toda a casca primária morre e é gradualmente descartada; a periderme torna-se a camada externa da raiz. As células da feloderme e os resíduos do periciclo expandem-se ainda mais e constituem a zona parenquimatosa, que é chamada de raiz secundária da raiz.

Imagem-12

TRANSITION OF PRIMARY ROOT STRUCTURE TO SECONDARY ROOT STRUCTURE

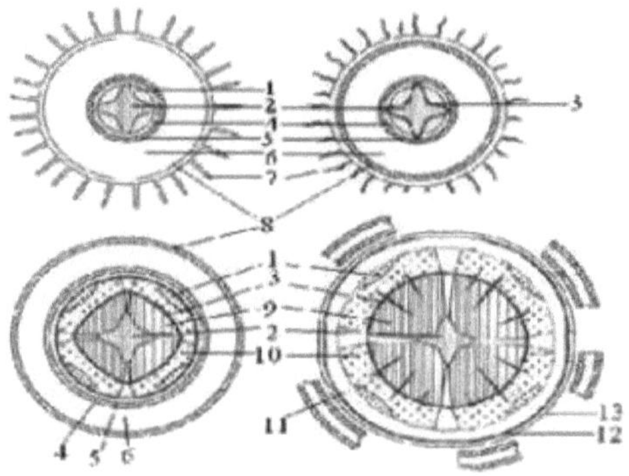

Com o desenvolvimento do parênquima de armazenamento da raiz principal, dá-se a formação das raízes de armazenamento ou radiculares. Distinguir as culturas de raízes:

1. ***Monocambial (rabanete, cenoura)*** *- apenas uma camada de câmbio é colocada, e as substâncias residuais podem acumular-se quer no parênquima do xilema (tipo xilema - rabanete) quer no parênquima do floema (tipo floema - cenoura);*
2. ***Policambial*** *- a certos intervalos, uma nova camada de câmbio está a ser colocada (beterraba).*

Modificações (metamorfose) das raízes

As modificações das raízes são as culturas de raízes, os gomos de raízes, as estacas, os respiradores, os retractores, os sugadores de raízes, os tubérculos de raízes, etc.

O armazenamento das raízes desempenha a função de fornecimento de nutrientes. Neste caso, há um espessamento significativo da raiz. O armazenamento destaca-se entre as culturas de raízes.

A cultura da raiz é uma raiz principal modificada e espessada, que pode ter a forma de um fuso ou de um cilindro. Na estrutura morfológica da raiz isolada cabeça, pescoço e raiz em si, que são caracterizados por diferentes origens. A cabeça da raiz é chamada de sua parte superior. Ele carrega folhas e brotos, é um caule encurtado. O pescoço está localizado abaixo da cabeça, não carrega folhas e raízes, é um joelho da subfamília coberto de vegetação
(hipocótilo).

A raiz propriamente dita é a parte inferior das culturas de raízes, que é muito espessa e na qual se formam as raízes laterais. As raízes desenvolvem-se nas beterrabas, cenouras, rabanetes, nabos.

As raízes de palafitas são raízes adventícias modificadas que se formam no caule do rebento principal a uma altura de 2-3 m. Desenvolvem-se em plantas de mangue que crescem em marés inundadas.

As raízes respiratórias (pneumatóforos) também se formam nas plantas que vivem em condições de humidade excessiva. Neste caso, as raízes laterais crescem horizontalmente, partem dos ramos que têm geotropismo negativo e crescem verticalmente para cima. Elas germinam através do solo e formam pneumatóforos. A sua principal função é o fornecimento de oxigénio às raízes.

As raízes aéreas desenvolvem-se nas plantas-epífitas, absorvem a água dos vapores de água do ar e da precipitação. Raízes aéreas das orquídeas.

As raízes retrácteis (contrácteis) podem ser encurtadas na sua base, o que leva à retração no solo do rebento (bolbos, rizomas). Estas raízes desenvolvem-se no gladíolo, na íris, no lírio, na aveleira e noutras plantas. Cormo de gladíolo com raízes retrácteis engrossadas na base.

As raízes de contraforte são grandes raízes laterais plagiotrópicas que têm um crescimento plano, semelhante a uma tábua, ao longo de todo o comprimento. Desenvolvem-se perto das árvores dos estratos superiores e médios da floresta tropical e asseguram a sua sustentabilidade.

As raízes pilares são caraterísticas das ficus tropicais (banyan, sacred ficus, rubberficus, etc.). Começam por se formar como adventícias nos ramos das árvores, depois chegam ao solo e enraízam-se. Com o tempo, transformam-se em raízes em forma de pilar que sustentam a copa da árvore.

Nome da figura:

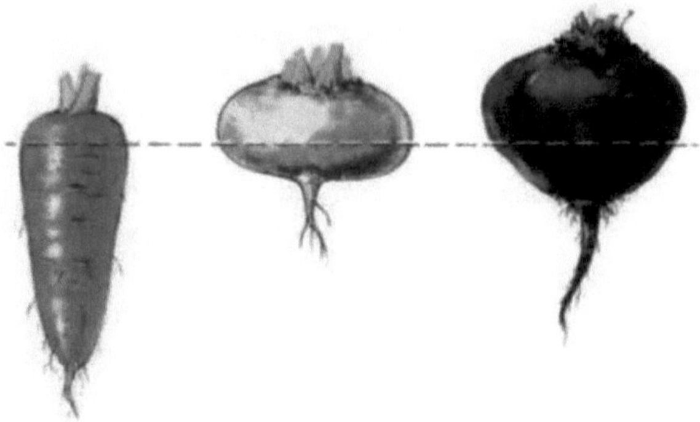

Pic.60. Vegetais de raiz

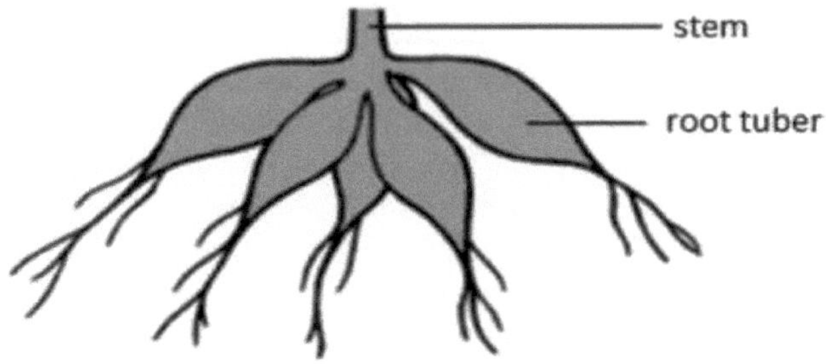

Fig.61. Córtex de gladíolo

Armazenagem de raízes: tubérculos de raiz e culturas de raízes.

A cultura da raiz é formada principalmente como resultado do espessamento da raiz principal, mas a sua formação também ocorre no caule.

Os tubérculos radiculares são formados como resultado da modificação das raízes laterais ou adventícias.

Micorriza e coabitação com as raízes.

As raízes de muitas plantas podem entrar em simbiose (coabitação mutuamente benéfica) com fungos e bactérias. A coabitação das raízes das plantas superiores e dos fungos é designada por micorriza. Ao mesmo tempo, as hifas do fungo torcem as raízes das plantas, formam uma cobertura densa e contribuem para o abastecimento das plantas com água e sais minerais nela dissolvidos. O fungo, por sua vez, recebe da planta compostos orgânicos isentos de azoto. Por estrutura, distinguem-se dois tipos de micorrizas: ectotróficas e endotróficas.

A micorriza ectotrófica (externa) forma-se quando as raízes das plantas são entrançadas por hifas de fungos sob a forma de uma cobertura densa. Este tipo de micorriza é comum nas plantas lenhosas (bétula, tília, carvalho, choupo, etc.). Os pêlos da raiz morrem com esta micorriza. As hifas do fungo fornecem água e minerais à planta. Na micorriza endotrófica (interna), as hifas do fungo penetram nas células da raiz, mas as células permanecem vivas, o micélio é destruído e o seu conteúdo é gradualmente absorvido.

A micorriza ectotrófica é mais comum nas plantas herbáceas. Para algumas plantas (carvalho, pinheiro, choupo, etc.), a presença de cogumelos é imperativa em relação a um tipo especial de alimento - micotrófico, ou seja, nutrição com cogumelos. As plantas podem entrar em simbiose com bactérias do género Rhizobium, o que leva à formação de nódulos nas raízes. As bactérias penetram nas raízes das plantas a partir do solo através das paredes dos pêlos radiculares, provocando o crescimento e o aumento do tamanho das células radiculares. Como resultado, formam-se crescimentos - nódulos, nos quais se desenvolvem colónias de bactérias. As bactérias fixam o azoto atmosférico e transformam-no num estado ligado, no qual é absorvido pela planta. As próprias bactérias utilizam substâncias que se encontram nas células da raiz. Assim, as bactérias melhoram a nutrição azotada das plantas, quando as raízes morrem; enriquecem o solo com azoto. A formação de nódulos nas raízes é peculiar principalmente à família das leguminosas (trevo, alfafa, ervilha, ervilhaca, etc.)

Órgãos análogos e homólogos das plantas.

No processo de adaptação às condições ambientais, as plantas sofrem modificações de certos órgãos, e formam-se metamorfoses que desempenham funções especiais que não são caraterísticas desse órgão. Neste caso, os órgãos modificados podem desempenhar a mesma função, mas têm uma origem diferente. A este respeito, Charles Darwin introduziu o conceito de alterações análogas e homólogas nos órgãos. São chamados órgãos análogos aqueles que desempenham a mesma função, têm uma aparência semelhante, mas diferem na sua origem. Um exemplo de órgãos análogos podem ser os espinhos, as antenas. Gledichia, espinheiro, pera selvagem, espinho, de cato, espinhos de bérberis são estípulas modificadas.As uvas têm gavinhas de origem brotante, enquanto as ervilhas, rank têm origem foliar. Os órgãos homólogos são aqueles que têm a mesma origem, mas diferem em estrutura e função. Por exemplo, um tubérculo de batata, uma espiga de uma geleira, um bolbo de cebola e uma gavinha de uva são órgãos homólogos, uma vez que são modificações do rebento, mas desempenham funções diferentes e diferem na sua estrutura.

As respostas às perguntas seguintes serão objeto do nosso estudo na aula de hoje. Tente dominar o tema de hoje preenchendo as lacunas das tarefas da segunda fase.

Lembra-te!

(Os alunos vêm de casa com respostas prontas)

1) O que é a raiz? Definição.
2) Quais são as funções da raiz?
3) Em que zona da raiz se encontra o meristema apical?
4) O que é uma capa de raiz? Como se forma? Quais são as suas funções?
5) Em que zona se dá a diferenciação dos tecidos radiculares?
6) Qual é a estrutura típica da zona de absorção radicular?
7) Quais são as funções da zona de absorção radicular?
8) O que é o pelo da raiz? Qual é a sua função? E há quanto tempo é que ele a desempenha?
9) Que zonas topográficas se distinguem na estrutura radicular?
10) O que significam os termos: estrutura primária da raiz e estrutura secundária da raiz?
11) Quais são as raízes de qualquer planta ao longo da vida que preservam a estrutura primária?
12) Em que plantas a estrutura primária é substituída pela estrutura secundária da raiz?
13) O que é que representa a casca da raiz primária? A sua estrutura e função.
14) Qual é o tipo de estela que se encontra na raiz da íris?
15) Qual é o tipo de feixe na raiz da íris?

16) Quais são as diferenças na estrutura morfológica das raízes de cenoura, beterraba e nabo?

17) Por que razão as cenouras e a salsa são designadas por culturas de raízes do tipo floema e os rabanetes e os nabos por culturas do tipo xilema?

18) Qual é a diferença entre ar e raízes respiratórias?

19) Qual é a importância das raízes de estaca, aéreas e retrácteis?

20) Quais são os tipos conhecidos de simbiose com as raízes das plantas superiores?

Novas tarefas para a produção autónoma de conhecimentos (em trabalho de grupo)

1 etapa: tarefas para "Aprendizagem"

1) O que é a raiz? Dar uma definição. **Resposta:** A raiz é o principal órgão vegetativo das plantas. É um órgão axial, de simetria radial, que cresce indefinidamente com a sua extremidade coberta por um chapéu e que não apresenta outros órgãos laterais.

2) Quais são as funções da raiz? **Resposta:** a função principal da raiz é a absorção de água e de minerais. Para além da função principal, a raiz desempenha outras funções: fixação ao substrato, síntese de várias substâncias, deposição de substâncias de reserva.

3) Como é formada a capa da raiz? **Resposta:** Na ponta da raiz encontra-se o coberto radicular. O coberto é formado por células vivas de paredes finas, dispostas de forma frouxa, que são constantemente esfoliadas e substituídas por novas células. A partir das células esfoliadas, é produzido o muco. Por baixo do invólucro em forma de raiz existe uma zona de divisão, uma zona de alongamento, uma zona de pêlos radiculares e uma zona de maturação.

4) Quais são as funções da tampa da raiz? **Resposta:** O lubrificante facilita a promoção da raiz no solo. O invólucro em forma de raiz proporciona um heliotropismo positivo.

2- tarefa:

1) O que é a estrutura do núcleo da raiz? **Resposta:** O sistema radicular central é representado por raízes *principais* e *laterais* de diferentes ordens.

2) Qual é a estrutura do sistema radicular fibroso? **Resposta:** O sistema radicular loqueado é representado por raízes *adventícias* e *laterais*. A raiz principal ou é muito pouco desenvolvida, ou morre cedo, como é habitual já na primeira estação de crescimento.

3) Quais são as funções da zona de absorção? **Resposta:** Absorção, suporte mecânico do *ápice radicular* e fixação do *sistema radicular* no solo.

4) Quais são as funções da rizoderma? **Resposta:** A absorção é efectuada com a ajuda da *rizoderma*.

3- tarefa:

1) O que é o pelo da raiz? Qual é a sua função? E há quanto tempo é que ele a desempenha? **Resposta:** Rhizoderma coberto de pêlos *finos*. A casca do pelo é

muito fina, coberta de muco _no exterior_.

2) O que é que representa a casca da raiz primária? A sua estrutura e função? **Resposta:** A estrutura primária da raiz é o resultado da diferenciação do _meristema_ apical. Na estrutura primária da raiz, na área da sua ponta, podem distinguir-se 3 camadas : a exterior - a _epiblema_, a intermédia - _o córtex_ primário e o _cilindro_ axial central - a medula.

3) O que é que representa a casca da raiz secundária? A sua estrutura e função? **Resposta:** O início do processo de mudanças secundárias é o surgimento de camadas _de câmbio_ sob as áreas do floema _primário_ direcionadas para dentro dele.

4) Que órgãos são chamados análogos? **Resposta:** São chamados órgãos análogos aqueles que desempenham a _mesma_ função, têm uma aparência _semelhante_, mas _diferem_ na sua origem. Um exemplo de órgãos análogos podem ser os espinhos, as antenas.

4- tarefa:

Qual é o significado de raízes em palafita, aéreas e retraídas? **Resposta:** As raízes empoleiradas, raízes respiratórias (pneumatóforos) também se formam nas plantas que vivem em condições de _humidade excessiva_. Neste caso, as raízes laterais crescem _horizontalmente_; elas partem dos _ramos_ que têm geotropismo _negativo_ e crescem verticalmente _para cima_. Elas germinam _através do_ solo e formam os pneumatóforos.

Qual é a principal função das raízes respiratórias? **Resposta:** A sua principal função é o fornecimento de oxigénio às _raízes_. As raízes aéreas desenvolvem-se nas plantas-epífitas; absorvem _a água_ dos vapores de água do _ar_ e da _precipitação_. Raízes aéreas das orquídeas. Qual é a principal função das raízes de reforço? **Resposta:** As raízes de contraforte são _grandes_ raízes laterais plagiotrópicas que têm um crescimento plano _em forma de tábua_ ao longo de todo o comprimento. Desenvolvem-se nas árvores dos estratos superior e médio da floresta tropical e proporcionam a sua estabilidade.

2 etapas: tarefas para "Compreender"

Identificar a causa:

1) Explique por que razão a raiz se chama principal? **Resposta:** A raiz principal desenvolve-se a partir da raiz do _embrião_ e cresce _verticalmente_ para baixo.

2) Explique por que razão a raiz é chamada lateral? **Resposta:** Raízes laterais - são formadas a partir da raiz _principal_ (jovem)

3) Explique porque é que a raiz é chamada adventícia? **Resposta:** As raízes adventícias podem ser formadas em _caules_, folhas e raízes (raízes velhas).

4) Explique porque é que o sistema radicular é chamado assim? **Resposta:** Todas as raízes de _uma_ planta formam o sistema radicular.

5) Explique porque é que a raiz se chama raiz axial? **Resposta:** A raiz axial é uma raiz _principal_ bem desenvolvida. Caraterística das plantas dicotiledóneas.

6) Explique por que razão as raízes são chamadas fibrosas? **Resposta:** Raiz fibrosa formada por raízes _adventícias_. A raiz principal é indistinguível. Pode não

estar desenvolvida ou estar *ausente* (cereal).

7)

3 etapas: tarefas para "Análise"

Compara a transição da estrutura primária da raiz para a secundária. Preenche os espaços em branco das frases com as palavras entre parênteses.

Imagem-13

Meristqrn apical^--	Первичные меристемы	Перви чные постояи н ые ткани	Вторичные меристемы	Вторичные постоянные ткани
	Dermatogénio - (protoderma)	Epiblema (rizoderme)		
	Periblem	Casca primária: exoderma mesoderma endoderma		
	Plerom - (procâmbio)	Cilindro do eixo central: floema primário, xilema primário, pecíolo	Câmbios Fellogen	Floema secundário Xilema secundário Fellema (cortiça) Fellodermi

Fig.62. A estrutura primária da raiz na secundária.

Análise da transição da estrutura primária da raiz para a secundária .

O córtex primário constitui a *maior* parte dos tecidos primários da raiz. As suas células acumulam *amido* e outras substâncias. Este tecido contém numerosos espaços intercelulares importantes para o *arejamento* das células da raiz. As células exteriores do córtex primário que se encontram diretamente por baixo da *rizoderma* são designadas por *exoderma*. A massa principal do córtex (*mesoderma*) é formada por células *parenquimatosas*. A camada mais interna é denominada *endoderme*. Trata-se de uma série de células bem fechadas (sem espaços intercelulares).

O cilindro central ou axial (medula) é constituído por tecidos condutores rodeados por

por uma ou mais camadas de células - o periciclo.

A parte interna do cilindro central na maioria das plantas é ocupada por cordões contínuos do xilema *primário*, dando ao periciclo saliências em forma de nervuras. Entre eles estão colocados cordões de floema *primário*.

Nas dicotiledóneas e nas gimnospérmicas, já numa idade precoce, aparece um *câmbio* no cilindro central da raiz entre o xilema e o floema, cuja atividade leva a alterações secundárias e, eventualmente, à formação da estrutura secundária da raiz. No centro, o câmbio coloca células do xilema *secundário*, e na periferia - células do floema *secundário*. Como resultado da atividade do câmbio, o floema primário é empurrado para fora e o xilema primário permanece no centro da raiz.

Após as alterações no cilindro central da raiz, ocorrem alterações na parte *da vaca*. As células do periciclo começam a dividir-se ao longo de toda a circunferência, surgindo assim uma camada de células do meristema secundário, o *fellogen* (cork cambium). O fellogen, por sua vez, divide-se, adia *o felema* para o exterior e para o interior - *felloderm*. Forma-se uma *periderme*, cuja camada de cortiça isola o córtex primário do cilindro central. A casca primária morre e é gradualmente eliminada; *a periderme* torna-se a camada externa da raiz. As células da feloderme e os resíduos do periciclo expandem-se ainda mais e constituem a zona *parenquimatosa*, que é designada por raiz secundária da raiz.

Destacar a ideia principal:

1) As células exteriores do córtex primário, situadas diretamente abaixo da rizoderme, designam-se por *ectoderme*.

2) A maior parte da casca (*mesoderme*) é formada por células *parenquimatosas*.

3) A camada mais interna é chamada *endoderme*. Trata-se de uma série de células bem fechadas (sem espaços intercelulares).

4) No centro situam-se as células do câmbio do *xilema secundário* e na periferia as células do *floema secundário*.

5) Como resultado, toda a casca primária morre e gradualmente se restabelece; a camada externa da raiz torna-se *periderme*.

6) As células da feloderme e os restos do periciclo crescem mais tarde e constituem a zona parenquimatosa, que se chama *casca secundária* da raiz.

4 etapas: tarefas para "Síntese"

Dá o nome à figura e indica os nomes dos símbolos nela contidos:

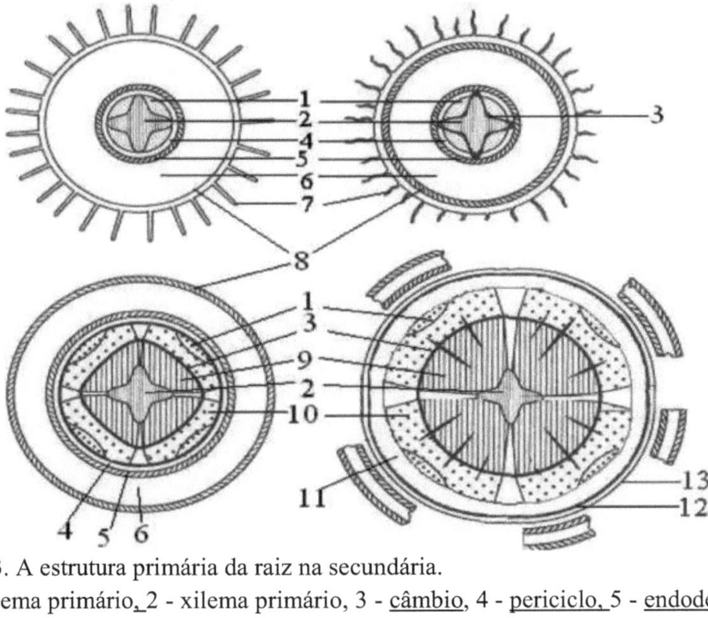

Fig.63. A estrutura primária da raiz na secundária.

1 - floema primário, 2 - xilema primário, 3 - câmbio, 4 - periciclo, 5 - endoderme, 6 - mesoderme, 7 - risoderme, 8 - exoderme, 9 - xilema secundário, 10 - floema secundário, 11 - casca secundária, 12 - falogénio, 13 - fellema.

5 etapas: tarefas para "Aplicação"

Exercício 3. Resolve as palavras cruzadas.

1. Uma raiz que se desenvolve a partir de um caule ou de uma folha.

2. Órgão vegetativo axial da planta, de crescimento apical ilimitado, geotropismo positivo, de estrutura radial e que nunca produz folhas.

3. Ramo da raiz principal, lateral ou acessória.

4. Sistema radicular com uma raiz principal bem definida.

5. Raiz lateral espessada modificada ou adventícia, desempenha a função de armazenar nutrientes.

6. Zona radicular, onde o tamanho das células aumenta e começa a sua especialização.

7. A zona onde o cone de crescimento, representado pelo tecido educacional apical, proporciona o crescimento da raiz em comprimento devido à divisão celular contínua.

8. A zona radicular, situada acima da zona de absorção, onde a água e os sais minerais se deslocam através dos vasos, e os hidratos de carbono ao longo dos tubos crivados.

9. A raiz que se desenvolve a partir da raiz germinativa.

10. O sistema radicular, representado principalmente por raízes adventícias, que não é atribuído à raiz principal.

11. Passando à zona de crescimento, onde se verifica uma especialização das células em vários tecidos e a absorção de água do solo com a ajuda dos pêlos radiculares.

12. Formação celular protetora e em constante renovação no topo da raiz em crescimento.

13. A raiz principal espessada modificada que suporta na base o rebento encurtado e desempenha a função de armazenamento de nutrientes.

Resposta:

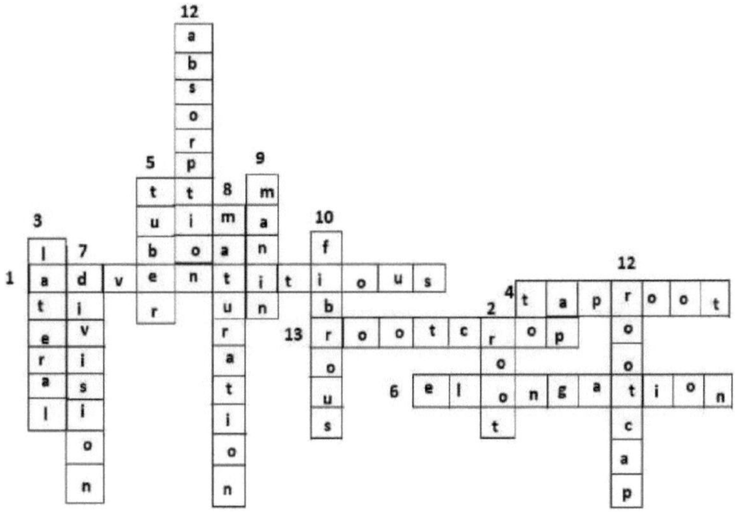

6 etapas: tarefas para "Avaliação"

1) I -opção. Faça o teste no link: https://infourok.ru/test_koren._kornevaya_sistema_6_klass-370816.htm
2) II -opção. Faça o teste no link: http://mognovse.ru/kf-test- poteme.html
3) III -opção. Fazer o teste no link:
4) http://test.biologii.net/projti test.php?test=17
5) IV -opção. Fazer o teste no link: http://mognovse.ru/kf-test-po-teme.html
6) V -opção. Faça o teste no link: http://test.biologii.net/projti test.php?test=17
7) VI -opção. Faça o teste no link: http://kupidonia.ru/viktoriny/viktorina-stroenie-steblja
8) VII - opção. Fazer um teste sobre os tecidos vegetais: http://test.biologii.net/projti test.php?test=3

PARTE ORIENTADA PARA O RESORT
(avaliação formativa por um sistema de critérios de 100 pontos)
Nível I (50 pontos)

1 etapa: avaliação do nível de conhecimentos sobre "Aprendizagem"

Preenche os espaços em branco das frases com as palavras entre parênteses.

1- tarefa:

1) O que é o sistema radicular? **Resposta:** O sistema radicular é o conjunto de todas as raízes das plantas. Na sua origem estão a raiz *principal* isolada, as raízes *laterais* e as raízes *adventícias*.

2) Como se formam as raízes principais? **Resposta:** A raiz principal desenvolve-se a partir da raiz *germinativa* da semente e tem um geotropismo *positivo*.

3) Como se formam as raízes laterais? **Resposta:** As raízes laterais surgem sempre *de forma endógena*, como resultado da ramificação das raízes *principais* e *adventícias*.

4) Como se formam as raízes adventícias? **Resposta:** As raízes adventícias ocorrem, regra geral, de forma endógena, no *hipocótilo*, nos *entrenós* inferiores do caule (raízes adventícias provenientes do caule), nas folhas, menos frequentemente em locais antigos de raízes - (raízes adventícias provenientes da raiz).

5) Qual é a diferença entre raízes laterais e adventícias? **Resposta:** As raízes laterais e adventícias não têm, regra geral, _ geotropismo *positivo*, pelo que podem crescer na direção *horizontal* e até *verticalmente* para cima.

2- tarefa:

6) Quais são as funções da zona *rizodérmica*? **Resposta:** Fornece *água* e *sais minerais* a todas as células. Rizoderma coberto de pêlos *finos*. A casca do pelo é *muito fina*, coberta de muco no exterior.

7) Qual é a estrutura do *rizoderma*? **Resposta:** Rizoderma coberta de *pêlos* finos. A casca do pelo é muito fina, coberta de muco no exterior.

8) Qual é a estrutura e as funções da zona de divisão celular? **Resposta:** A zona de divisão - as células estão constantemente *a dividir-se* e proporcionam um crescimento *apical*. As células reorganizam-se e transformam-se em células do *solo*, *condutoras* e de outros tecidos. A função desta zona: a formação de células da *capa da raiz.*

9) Quais são as funções da zona de alongamento? **Resposta:** A zona de alongamento (crescimento) - a célula aumenta muito o seu *volume* e *alonga-se*. Tem apenas alguns milímetros. A função desta zona: aumentar o *comprimento* da raiz.

10) Qual é a estrutura típica da zona de absorção? **Resposta:** A zona de absorção tem vários cm de comprimento e fornece *água* e *minerais* a todas as células. A absorção é efectuada com a ajuda da *rizoderme*.

3- tarefa:

1) Que órgãos são chamados análogos? **Resposta:** Os órgãos análogos são aqueles que desempenham *a mesma* função e têm um aspeto *semelhante*,

mas *diferem* na sua origem. Um exemplo de órgãos análogos são os espinhos e as antenas.

2) Que órgãos são chamados homólogos? **Resposta:** Os órgãos homólogos são aqueles que têm a *mesma origem*, mas *diferem* na *sua estrutura* e *função*. Por exemplo, os tubérculos da batata, um espigão de um glaciar, um bolbo de cebola, uma gavinha de uva são órgãos homólogos.

3) Quais são as diferenças na estrutura morfológica das cenouras, beterrabas e nabos? **Resposta:** A cultura radicular é uma raiz *principal* modificada e espessada, que pode ter uma forma repiforme, fusiforme ou cilíndrica.

4) Qual é a estrutura morfológica da cultura de raízes? Resposta: Na estrutura morfológica da raiz isolada, *a cabeça*, o pescoço e a própria raiz, que se caracterizam por origens diferentes.

5) O que são as raízes modificadas? Resposta: As modificações das raízes são as raízes, os gomos de raízes, as estacas de raízes, os respiradores, os retractores, os sugadores de raízes, etc.

6) Quais são as funções das raízes de armazenamento? Resposta: as raízes de armazenamento desempenham a função de fornecimento de nutrientes. Neste caso, verifica-se um espessamento significativo da raiz. As raízes de armazenamento destacam-se entre as culturas de raízes e *os tubérculos de raiz*.

4- tarefa:

1) Qual é o significado de raízes em palafita, aéreas e retraídas? **Resposta:** As raízes empoleiradas, raízes respiratórias (pneumatóforos) também se formam nas plantas que vivem em condições de humidade *excessiva*. Neste caso, as raízes laterais crescem *horizontalmente*; elas partem dos *ramos* que têm geotropismo *negativo* e crescem verticalmente *para cima*. Elas germinam *através do* solo e formam os pneumatóforos.

2) Qual é a principal função das raízes respiratórias? **Resposta:** A sua principal função é o fornecimento de oxigénio às *raízes*. As raízes aéreas desenvolvem-se nas plantas epífitas; absorvem *a água* dos vapores de água do *ar* e da *precipitação*. Raízes aéreas das orquídeas.

3) Qual é a principal função das raízes de contraforte? **Resposta:** As raízes de contraforte são *grandes* raízes laterais plagiotrópicas que têm um crescimento plano *em forma de tábua* ao longo de todo o comprimento. Desenvolvem-se nas árvores dos estratos superior e médio da floresta tropical húmida e proporcionam a sua estabilidade.

4) Qual é a principal função das raízes de pilar? **Resposta:** As raízes pilares são típicas das ficus tropicais (Banyan, ficus sacred, rubber ficus, etc.).

5) Qual é a estrutura das raízes dos pilares? Resposta: Começam por se formar como *adventícias* nos ramos das árvores, depois chegam ao solo e enraízam-se. Com o tempo, transformam-se em raízes pilares que sustentam a *copa* da árvore.

6) O que é a micorriza? Definição. **Resposta:** A coabitação das *raízes* das plantas superiores e dos *fungos* chama-se micorriza. Neste caso, as hifas do fungo

entrelaçam-se nas *raízes* das plantas, formam uma cobertura densa e contribuem para o fornecimento de *água* e de sais *minerais* dissolvidos às plantas.

7) Quais são os tipos conhecidos de simbiose com as raízes das plantas superiores? **Resposta:** As plantas podem entrar em simbiose com *bactérias* do género Rhizobium, o que leva à formação de nódulos nas raízes. As bactérias penetram nas raízes das plantas a partir do solo através das paredes dos pêlos radiculares, provocando o crescimento e o aumento do tamanho das células radiculares. Como resultado, formam-se crescimentos - *nódulos*, nos quais se desenvolvem colónias de bactérias. As bactérias fixam *o azoto* atmosférico e transformam-no num estado *ligado*, no qual é absorvido pela planta. As próprias bactérias utilizam substâncias que se encontram no
células da raiz. Assim, as bactérias melhoram a nutrição *azotada* das plantas, com a morte das raízes; *enriquecem* o solo com azoto. A formação
A presença de nódulos nas raízes é caraterística sobretudo dos representantes da família das leguminosas.

2 etapas: avaliação do nível de competências na "**Aplicação**" da **tarefa** modelo **5-:** Preencher os espaços em branco nas frases utilizando as palavras entre parêntesis.

Quadro 8

Conceito básico	Definição de conceito
1.Raízes	A) órgãos subterrâneos das plantas, que absorvem *água* e *sais minerais*, mantendo a *planta* no solo
2. sistema radicular	Б) sistema todas as *raízes* das plantas
3. raiz principal	Г) a raiz que se *aprofunda* no solo
4. Raízes laterais	B) raízes que se estendem nos lados das raízes *principais* e *adventícias*
5. Raízes adventícias	Д) raízes que se estendem nos *lados* do caule
6. raiz axial	Ж), constituído por raízes *principais* e *secundárias*
7. sistema radicular fibroso	E) sistema constituído por raízes *adventícias* e *laterais*

Nível II (51 pontos +38 pontos = 89 pontos)

1 etapa: avaliação do nível de conhecimentos sobre "

Compreensão"

1-tarefa: Especificar a estrutura da raiz nesta figura.

Imagem-14

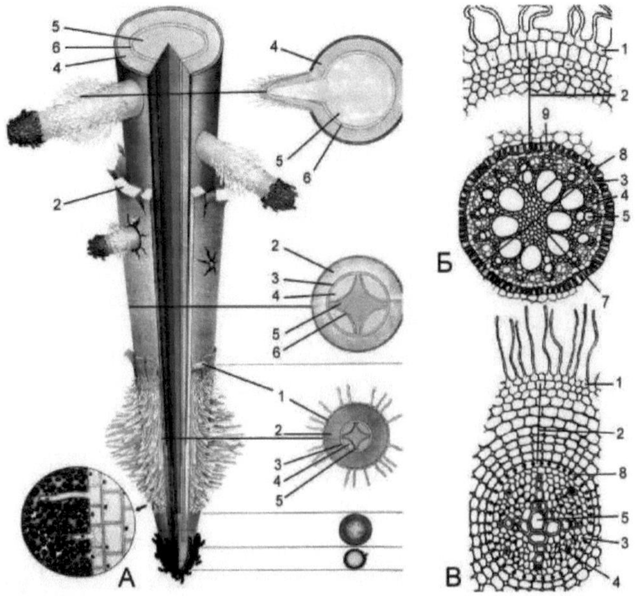

А - estrutura primária e secundária da raiz ; Б - estrutura interna da raiz de uma planta monocotiledônea ; В - estrutura interna da raiz de uma planta dicotiledônea. **Responde:** 1 - epiblema; 2 - córtex primário; 3 - periciclo; 4 - floema; 5 -xilema, 6 - câmbio; 7 - medula; 8 - endoderme; 9 - células portadoras da endoderme. **2- passo:** avaliação do nível de conhecimento sobre a **tarefa "Análise" 3-tarefa:** Comparar a transição da estrutura primária da raiz para a secundária. Preenche os espaços em branco das frases com as palavras entre parêntesis.

Apical"" meristçnr^	**Первичные меристемы**	**Первичные постоянные ткани**	**Вторичные меристемы**	**Вторичные постоянные ткани**
	Dermatogénio - (protoderma)	Epiblema (rizoderme)		
	Periblem	Casca primária: exoderma mesoderma endoderma		
	Plerom - (procâmbio)	Cilindro do eixo central: floema primário, xilema primário, pecíolo	Câmbios Fellogen	Floema secundário Xilema secundário Fellema (cortiça) Feloderme

Fig.64. A transição da estrutura primária da raiz para a secundária.

Análise da transição da estrutura primária da raiz para a secundária .

O córtex primário constitui a *maior* parte dos tecidos primários da raiz. As suas células acumulam *amido* e outras substâncias. Este tecido contém numerosos espaços intercelulares importantes para o *arejamento* das células da raiz. As células exteriores do córtex primário que se encontram diretamente por baixo da _rizoderma_ são denominadas _exoderma_. A massa principal do córtex (_mesoderma_) é formada por células _parenquimatosas_. A camada mais interna é denominada _endoderme_. Trata-se de uma série de células bem fechadas (sem espaços intercelulares).

O cilindro central ou axial (medula) é constituído por tecidos condutores rodeados por uma ou mais camadas de células - o pericíclo.

A parte interna do cilindro central na maioria das plantas é ocupada por cordões contínuos do xilema _primário_, dando ao periciclo saliências em forma de nervuras. Entre eles estão colocados cordões de floema _primário_.

Nas dicotiledóneas e nas gimnospérmicas, já numa idade precoce, aparece um _câmbio_ no cilindro central da raiz entre o xilema e o floema, cuja atividade leva a alterações secundárias e, eventualmente, à formação da estrutura secundária da raiz. No centro, o câmbio coloca células do xilema _secundário_, e na periferia - células do floema _secundário_. Como resultado da atividade do câmbio, o floema primário é empurrado para fora e o xilema primário permanece no centro da raiz.

Após as alterações no cilindro central da raiz, ocorrem alterações na parte _da vaca_. As células do periciclo começam a dividir-se ao longo de toda a circunferência, surgindo assim uma camada de células do meristema secundário, o _fellogen_ (cork cambium). O fellogen, por sua vez, divide-se, adia _o felema_ para o exterior e para o interior - _felloderm_. Forma-se uma _periderme_, cuja camada de cortiça isola o córtex primário do cilindro central. Como resultado, toda a casca primária morre e é gradualmente descartada; _a periderme_ torna-se a camada externa da raiz. As células da feloderme e os resíduos do periciclo expandem-se ainda mais e constituem a zona _parenquimatosa_, que é designada por raiz secundária da raiz.

Destacar a ideia principal:

Semelhanças: São os _principais_ órgãos das plantas _superiores_.

Diferenças:

a) As células exteriores do córtex primário, situadas diretamente abaixo da rizoderme, designam-se por _ectoderme_.

b) A maior parte da casca (*mesoderma*) é formada por células _parenquimatosas_.

c) A camada mais interna é chamada _endoderme_. Trata-se de uma série de células bem fechadas (sem espaços intercelulares).

d) No centro estão as células do câmbio do _xilema secundário_ e na periferia as células do _floema secundário_.

e) Como resultado, toda a casca primária morre e gradualmente se restabelece; a camada externa da raiz torna-se _periderme_.

f) As células da feloderme e os restos do periciclo crescem mais tarde e constituem a zona parenquimatosa, que se chama _casca secundária_ da raiz.

3 etapas: avaliação do nível de competências na **"Aplicação"** numa situação alterada

4-tarefa: Preencher o quadro: a Estrutura interna da raiz. diferenças:

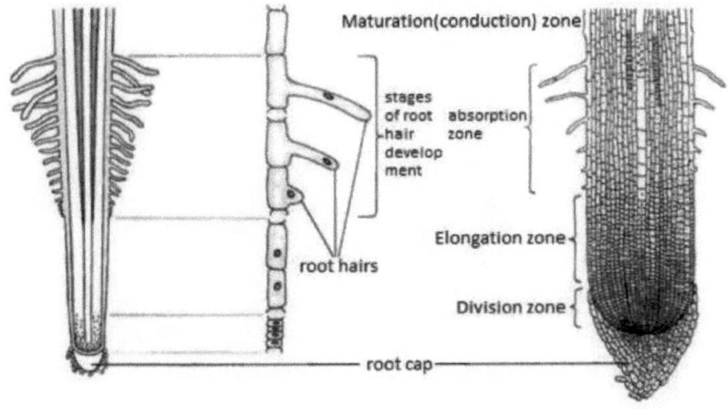

Fig.65. Estrutura interna da raiz.

Tabela-9

Zona radicular	Que tecido é apresentado	Qual a função do
Zona de divisão (com tampa de raiz)	*Meristema*	crescimento *das raízes* (proteção)
Zona de alongamento	*Meristema*	Crescimento *das raízes*
Zona de absorção	*Solo*	*Água* de absorção
Zona de maturação	*Condutivo (Vascular)*	Condução de *água* para o ramo

Nível III: (89 pontos + 11 pontos = 100 pontos)

1 etapa: avaliação do nível de conhecimentos sobre

"Síntese"

2 - tarefa: Especificar o esquema da estrutura da raiz.

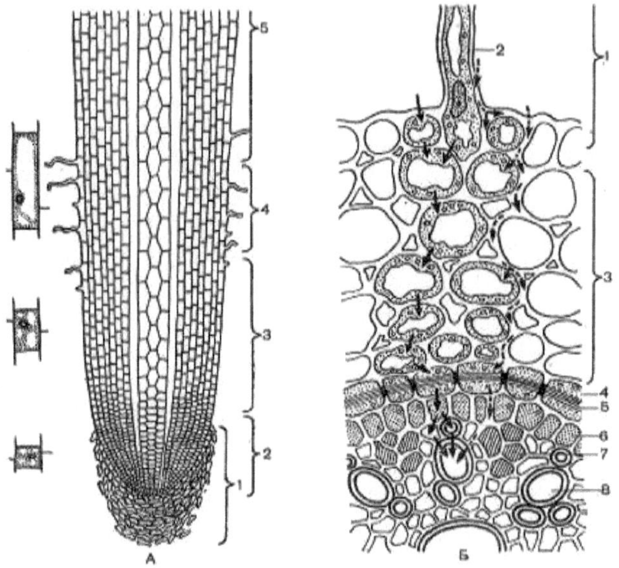

Fig.66. Estrutura interna da raiz.

Resposta:

A - secção longitudinal: 1-tampa da raiz; 2 - meristema; 3 - zona de alongamento; 4 -
zona de pêlos radiculares; 5 - zona de ramificação;

B - secção transversal (por M. F. Danilova): 1 - rizoderme; 2 - pêlos radiculares; 3 - parênquima; 4 - endoderme; 5 - cinturas de Kaspari; 6 - periciclo; 7 - floema; 8 - xilema.

Setas pontilhadas - os caminhos das substâncias absorvidas da solução externa.

Setas sólidas - o caminho das soluções no symplast; as pontilhadas - o caminho para o apoplast.

2- etapa: avaliação do nível de competências sobre a **"Reflexão"** e resolução de problemas reais

Tarefa 2: O que é que acha?

Escreva um ensaio sobre "Órgãos vegetativos: raiz. Morfologia, anatomia e fisiologia da raiz. Tipos de sistemas radiculares.

3 tarefas: Utilizar recursos da Internet, literatura adicional e escrever um relatório. Escrever um relatório é o 4º nível criativo acima do padrão.

PARTE SINÉTICA (identificação de problemas sobre o tema e sua solução)

Secção №8. Órgãos vegetativos: caule. Tipos de estrutura do caule. Padrões gerais na estrutura dos brotos. A estrutura das mudas de plantas monocotiledóneas e dicotiledóneas. Caraterísticas do tecido permanente das principais partes do caule. Modificações (metamorfose) de escape.

Saberás!

Saberá:

— sobre a estrutura dos rebentos das plantas;

— sobre a estrutura e a função dos rebentos da planta;

— caraterísticas da estrutura externa e interna dos caules;

Tu sabes:

— estrutura das plântulas de plantas monocotiledóneas e dicotiledóneas;

— a relação entre a estrutura e a função do caule;

— a diferença entre as partes e os tecidos do caule;

Objetivo da aula: Familiarizar-se com as caraterísticas da estrutura externa e interna do caule, para revelar as funções do caule.

PROBLEMA: Alunos! Vamos analisar os padrões gerais da estrutura dos rebentos, bem como estudar as funções do caule, aprender a tirar conclusões sobre o tema passado.

Plano de aulas

Sistema de fuga.

O corpo das plantas com flores divide-se em sistemas de ***rebentos*** e ***de raízes***.

O sistema radicular é representado principalmente por raízes laterais e adventícias. O rebento é formado pelo caule e pelas folhas e gemas nele localizadas. No caule podem desenvolver-se órgãos de reprodução: flores, sementes e frutos. A maioria das árvores com flores lenhosas tem um caule lenhoso, que por vezes atinge algumas dezenas de metros de altura. Todas as árvores modernas, com exceção das gimnospérmicas, como as coníferas e as ginkgoes, pertencem às plantas com flor, as monocotiledóneas ordicóticas.

O caule com folhas e gemas nele localizadas. É a parte principal da planta, constituída por nós e entrenós, que cresce em comprimento devido ao meristema apical e intercalar (tecido de formação).

O caule é um órgão vegetativo axial da planta, com crescimento apical e ilimitado, heliotropismo positivo, simetria radial, com folhas e gemas. Liga os dois pólos de nutrição da planta - as raízes e as folhas, leva as folhas à luz, armazena nutrientes.

O caule desempenha várias funções: transporte de soluções de água da raiz para as folhas e vice-versa; aumento da superfície da planta através da ramificação; formação de folhas e flores; acumulação de nutrientes; propagação vegetativa; referência. O local de fixação das folhas e dos rebentos ao caule é designado por nó. A zona do caule, situada entre os nós, chama-se interstício.

O rim é um rebento rudimentar. Contém um cone de crescimento do caule e folhas rudimentares, bem como escamas de rim que cobrem o tecido educacional.

De acordo com a localização no rebento, distinguem-se os botões apicais, devido aos quais se estende o caule, axilar, adventício. Por função, os rins são:

a) vegetativas - são constituídas por um pedúnculo acessório, escamas, folhas rudimentares e um cone de crescimento;

b) generativo - constituído por um pedúnculo rudimentar, escamas e um embrião de uma flor ou inflorescência.

Dizer o nome da imagem:

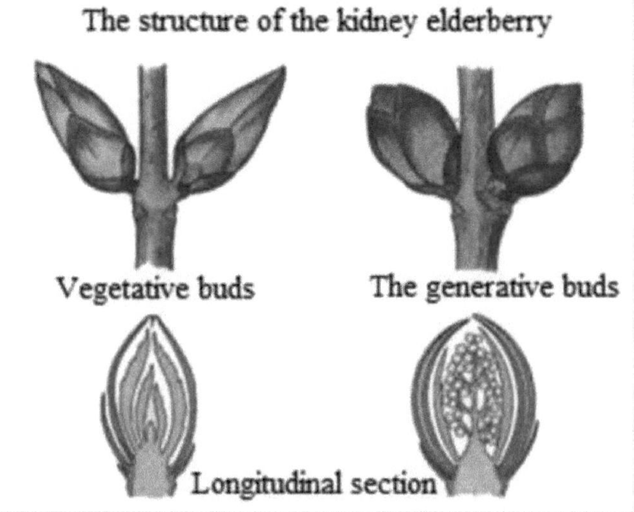

Fig.67 A estrutura do sabugueiro

Cada rebento desenvolve-se a partir do rim, dividindo o meristema no cone de crescimento. A maioria das plantas diferem no crescimento apical.

Padrões gerais na estrutura dos rebentos.

Os principais órgãos vegetativos das plantas de semente, tanto subterrâneos (raiz) como acima do solo (rebento), já se encontram na semente. O desenvolvimento e as complicações subsequentes da sua organização são observados durante a germinação das sementes, o crescimento das plântulas e a formação das plantas adultas.

O escapo é um órgão axial das plantas superiores, constituído por um caule, folhas e botões.

A evolução da fuga. Tal como a raiz, o rebento é um dos principais órgãos vegetativos da planta. Na evolução, o rebento formou-se como resultado da diferenciação dos corpos superiores das primeiras plantas terrestres. A unidade de todas as suas partes reflecte a sua origem comum: na filogénese, as folhas surgiram dos mesmos corpos que o caule, como resultado do seu crescimento, achatamento e passagem a um estado horizontal para uma captação mais completa da luz solar.

Na ontogénese, o primeiro rebento (principal) desenvolve-se a partir do botão de um embrião de semente.

Dependendo da função desempenhada, distinguem-se os rebentos vegetativos e os rebentos floridos (generativos). A principal função dos rebentos vegetativos é a fotossíntese. Em rebentos generativos, a síntese de substâncias orgânicas a partir de inorgânicas, como regra, não ocorre, a sua principal tarefa é garantir a reprodução das plantas. Um rebento generativo modificado e encurtado é uma flor.

Um rebento vegetativo é constituído por um caule que forma o eixo do rebento, folhas e gomos - os rebentos embrionários que proporcionam o crescimento e a ramificação do rebento.

Indicar o nome do quadro e as designações:

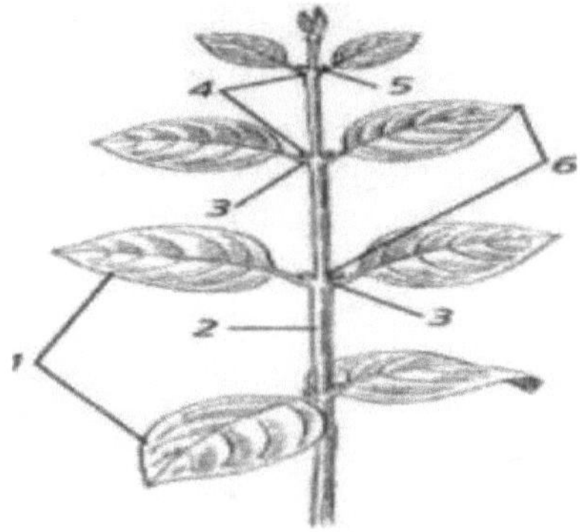

Pic.68. Fugas

A estrutura do rebento: 1 - folhas; 2 - o caule; 3 - nós; 4 - entrenós; 5 - rim; 6 - escape do metâmero

A secção do caule a partir da qual a folha (ou várias folhas) sai chama-se nó, o segmento do caule entre dois nós adjacentes é o local intersticial e o ângulo entre a folha e a secção do caule que sai dela é a axila da folha.

Os entrenós podem ser longos ou curtos, respetivamente, os rebentos são chamados alongados ou encurtados.

Designar o desenho e os símbolos:

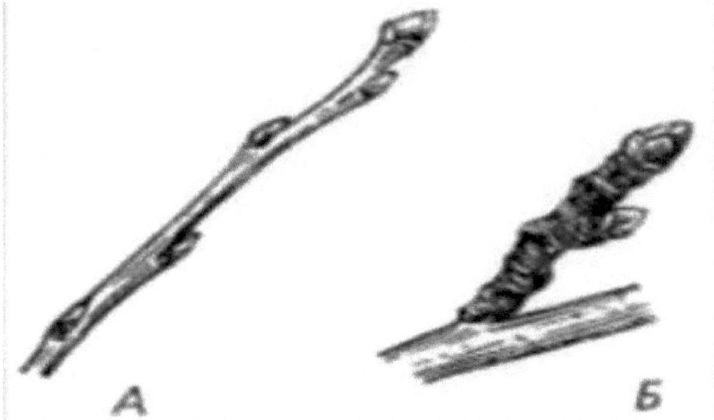

Pic.69. Rebentos: A - alongados; B - encurtados.

A estrutura das plântulas de plantas monocotiledóneas.

O germe é constituído por uma raiz germinal, um botão e um escudo. Acredita-se que o escudo seja o único germe de semente modificado do embrião. O escudo está localizado como se formasse um septo entre o embrião e o endosperma e, durante a germinação da semente, retira nutrientes do endosperma. Nas monocotiledóneas, o cotilédone situa-se na parte superior do eixo longitudinal do embrião e o botão (com um cone ascendente) situa-se longe dele. Os cotilédones têm geralmente dois feixes condutores principais; durante a germinação das sementes não são transportados para a superfície.

O embrião das plantas monocotiledóneas é constituído por uma raiz germinativa, um botão e um escudo. O escudo é uma modificação do cotilédone. A lamela está localizada, formando assim uma divisória entre o embrião e o endosperma. As sementes germinam graças aos nutrientes do endosperma. Na parte superior do eixo longitudinal do embrião das plantas monocotiledóneas, situa-se o cotilédone e, afastado deste, o cone de crescimento do botão.

Dizer o nome da imagem:

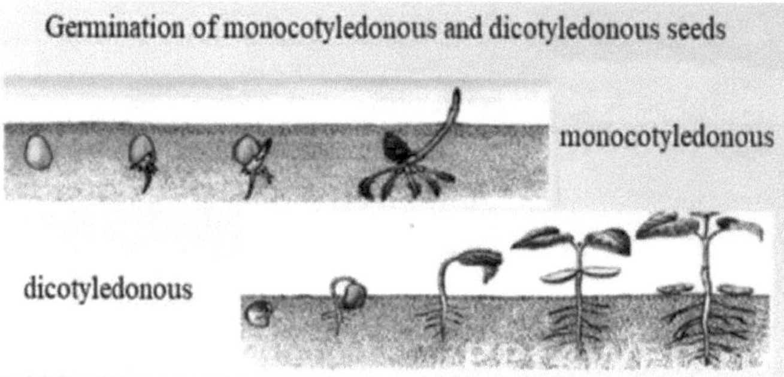

Fig.70. Germinação de sementes de plantas monocotiledóneas e dicotiledóneas.

O trigo é uma planta monocotiledónea. Por conseguinte, a sua semente tem apenas uma cama de sementes. Ao contrário do feijão, no trigo o endosperma ocupa a maior parte da semente. A semente da cama de sementes é pequena, está bem adjacente ao endosperma a partir do fundo e recebe os seus nutrientes. O gérmen de trigo também tem um botão, um talo e uma raiz. A particularidade da semente de trigo é o facto de o invólucro da semente se unir firmemente ao pericarpo. De facto, a semente de trigo é um fruto chamado grão.

Dizer o nome da imagem:

Estrutura das sementes de plantas monocotiledóneas (wheat)

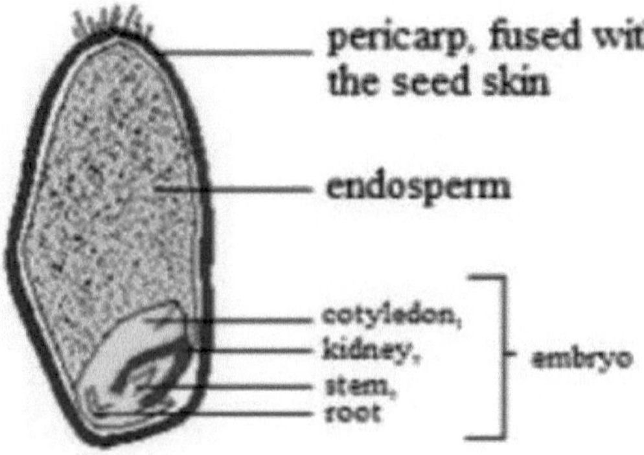

Fig.71. Estrutura da semente de uma planta monocotiledónea (trigo)

Plântulas de plantas dicotiledóneas.

O germe das plantas dicotiledóneas é constituído por dois cotilédones, dispostos simetricamente um em relação ao outro. O cone de crescimento do caule embrionário situa-se diretamente entre os cotilédones e, por vezes, formam-se folhas rudimentares no próprio embrião. O cone de crescimento com gemas foliares forma um botão. O botão é o germe do rebento principal da planta. Tem também uma raiz germinal. A parte superior do eixo germinativo é constituída por um gomo e dois cotilédones. Os cotilédones são cobertos pela epiderme e estão cheios de nutrientes que favorecem a germinação das sementes.

A principal diferença entre as sementes de plantas dicotiledóneas e monocotiledóneas é o número de cotilédones no embrião. As dicotiledóneas têm dois cotilédones e as monocotiledóneas, respetivamente, um. Quanto ao fornecimento de nutrientes, nas dicotiledóneas, consoante a espécie, podem estar quer nos cotilédones quer no endosperma. Mas nas monocotiledóneas, o fornecimento de nutrientes encontra-se mais frequentemente no endosperma e raramente no cotilédone.

Normalmente, a estrutura das sementes das plantas dicotiledóneas e monocotiledóneas é considerada com exemplos específicos. No entanto, tal não significa que todas as dicotiledóneas ou todas as monocotiledóneas tenham a mesma estrutura de sementes, nomeadamente em função do teor de reservas de nutrientes nos cotilédones ou no endosperma.

Dizer o nome da imagem:

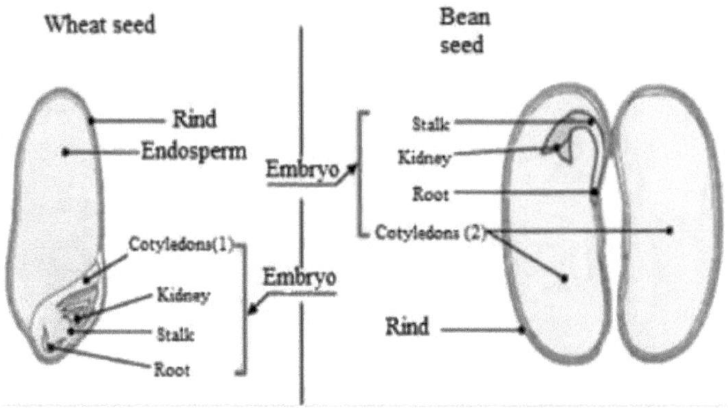

Fig.72. Estrutura da semente de plantas monocotiledóneas e dicotiledóneas

O feijão é uma planta dicotiledónea. Por conseguinte, existem dois cotilédones na sua semente. Estes são muito grandes, contêm todos os nutrientes. E quase não têm endosperma. Se retirarmos a casca da semente, o grão de feijão divide-se facilmente em duas metades. São os cotilédones. Entre eles vê-se um pequeno germe de uma planta. Tem um rebento, um caule e uma raiz.

A morfologia do caule.

O caule é a parte axial do escapo da planta, transporta os nutrientes e leva as folhas à luz. Os nutrientes em excesso podem ser armazenados no caule. Desenvolve folhas, flores, frutos e sementes.

O caule tem nós e entrenós. Um nó é uma secção do caule na qual se encontram uma folha (folhas) e um botão (botões). O segmento do caule entre os nós adjacentes é um entrenó. O ângulo formado pela folha e o caule acima do nó é chamado de folha sinusoide. Os rins, que ocupam uma posição lateral ao nó, no seio da folha, designam-se por laterais ou axilares. No topo do caule encontra-se o botão apical (arroz).

Dizer o nome da imagem:

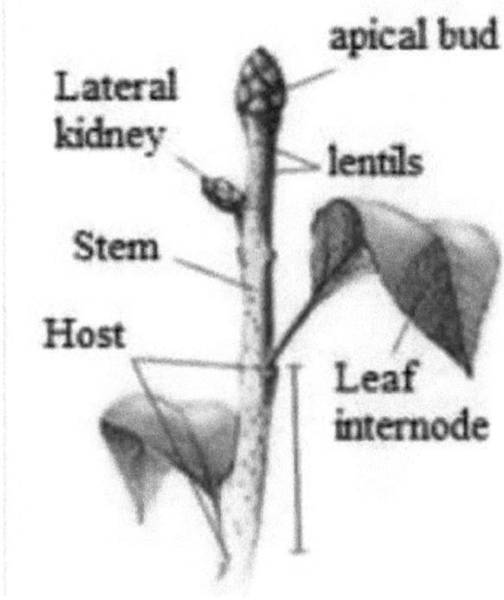

Fig.73. Morfologia do caule.

Fig.74. Caules erectos.

Os caules das plantas lenhosas e herbáceas diferem em termos de longevidade. Os rebentos elevados das gramíneas de clima temperado vivem, regra geral, um ano (o tempo de vida dos rebentos é determinado pelo tempo de vida do caule, as folhas podem ser substituídas). Nas plantas lenhosas, o caule existe há muitos anos. O caule principal de uma árvore é designado por tronco; nos arbustos, alguns caules grandes são designados por troncos.

Existem vários tipos de caules.

Os caules erectos encontram-se em muitas plantas lenhosas e herbáceas (o seu crescimento é geralmente dirigido para cima, para o sol). Têm um tecido mecânico bem desenvolvido, podem ser lenhosos (bétula, macieira) ou herbáceos (girassol, milho).

Dizer o nome da imagem:

Pic.75. Caules erectos.

Os caules rasteiros espalham-se pelo solo e podem enraizar-se nos nós (tenacidade rasteira, morangos).

Dizer o nome da imagem:

Pic. 76. Caules rastejantes.

Os rebentos encaracolados são apoiados em espiral com os seus caules, sendo que algumas plantas giram em espiral no sentido dos ponteiros do relógio, enquanto outras giram no sentido contrário. Existem também plantas neutras, cujos caules se enrolam tanto para a direita como para a esquerda.

Os caules trepadores, que se elevam, torcem-se à volta de um suporte (trepadeira do campo, lúpulo).

Dizer o nome da imagem:

Fig.77. Caules trepadores

Os caules aderentes erguem-se, agarrando-se às antenas de suporte (ervilhas-de-rato, uvas).

Dizer o nome da imagem:

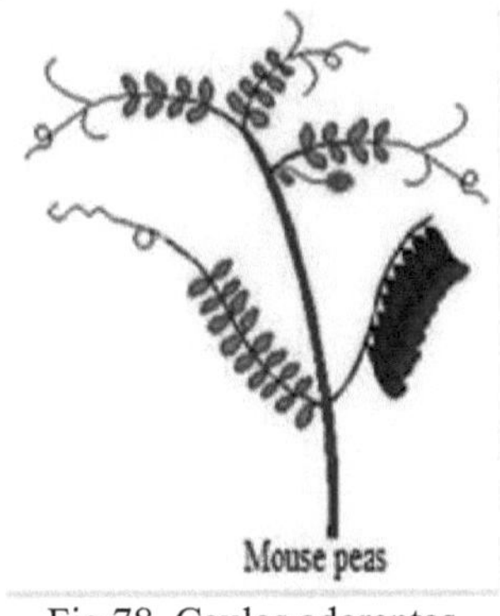

Fig.78. Caules aderentes

Formas de caules

Se cortarmos o caule transversalmente, vemos que, em secção transversal, o contorno do caule é mais frequentemente arredondado, com um bordo liso ou estriado. Mas pode ser diferente: triédrico (na junça), tetraédrica (na urtiga), multifacetada (em muitos cactos), achatada ou plana (na opuntia), alada (na ervilha-de-cheiro).

Dizer o nome da imagem:

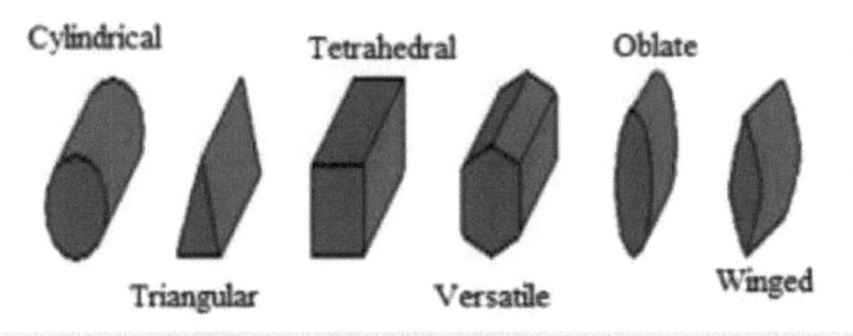

Fig.79. A forma dos caules

Os caules largos e planos, fortemente sulcados, representam frequentemente um crescimento anormal dos tecidos. Nos cereais, o caule (parte aérea) é designado por palha. É geralmente oco no meio (exceto nos nós). Os caules ocos são comuns nas famílias da umbela, da abóbora, etc.

Tipos de estrutura do caule.

O tipo de estrutura do caule depende da colocação do procâmbio no anel meristemático. S.P. Kostychev distingue 4 tipos de estrutura do caule:

1. É colocado um anel procambial fechado, no qual se forma um floema da periferia para o centro, e um xilema do centro para a parte exterior do anel; a parte central do anel mantém um carácter meristemático e diferencia-se num câmbio, que nas plantas dicotiledóneas e gimnospérmicas começa a formar elementos secundários da estrutura do caule. Muitas vezes, a parte do procâmbio diferencia-se para dentro do xilema primário em locais adicionais do floema interno;
2. O procâmbio no caule apresenta-se sob a forma de cordões separados, nitidamente delimitados do parênquima das células grandes circundantes. Os filamentos procambiais são diferenciados em feixes condutores colaterais, entre os quais se formam os raios primário-medulares a partir do parênquima. As fibras mecânicas do periciclo estão localizadas ou por um anel quase contínuo diretamente sob a endoderme, ou por grupos mais ou menos maciços acima dos feixes condutores. Após a colocação do câmbio, como resultado da divisão intensiva das células parenquimatosas do raio medular, ao nível do câmbio, forma-se um câmbio intersticial;
3. O procâmbio dá origem a feixes condutores (trilhos foliares), soldados num anel sólido por sectores de tecido mecânico - esclerênquima. Posteriormente, nos sectores de tecido mecânico, para fora deste, forma-se o câmbio, que se funde com o câmbio dos feixes condutores num anel cambial sólido, produzindo xilema e floema. Este tipo está especialmente difundido nas dicotiledóneas herbáceas, nomeadamente nas plantas umbeladas e crucíferas.
4. A diferenciação dos tecidos do caule inicia-se no cilindro axial através da colocação do anel meristemático, cujas células diferem do periciclo e do

parênquima do núcleo em tamanhos mais pequenos. Neste anel, alguns grupos de células após um maior crescimento e algumas extremidades afiadas transformam-se em cordões procambiais, diferenciando feixes condutores colaterais - rastos foliares.

Indicar o nome do quadro e as designações:

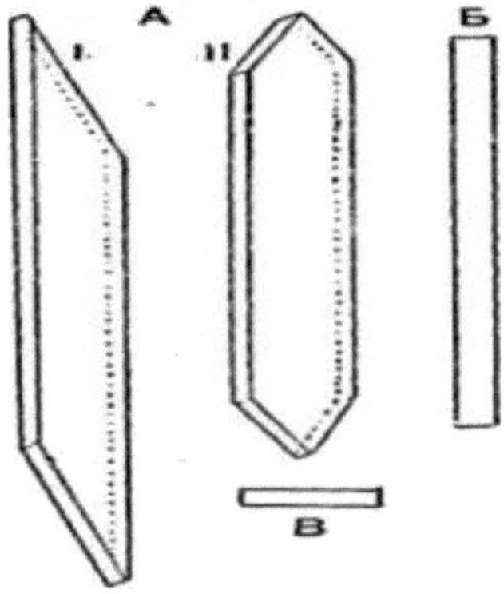

Fig.80. As células do câmbio representadas esquematicamente:

A (I e II) - em perspetiva, I - com inclinação, II - com extremidades em empena; B - em secção radial; B - em secção transversal.

As células do câmbio assemelham-se a prismas quadriláteros, pontiagudos em ambas as extremidades. A afiação é unilateral ou bilateral. Nos cortes longitudinais radiais, a célula do câmbio tem a forma de um retângulo estreito; nos longitudinais tangenciais, de um paralelogramo ou de um retângulo estreito com triângulos isósceles nas extremidades. A parede celular do câmbio é celulósica, com uma pequena quantidade de pectina. As paredes tangencial e transversal oblíqua são finas, e as radiais são um pouco mais espessas e dotadas de poros simples e arredondados.

A divisão das células do câmbio e a formação de elementos secundários do xilema e do floema são as seguintes (Fig.): a célula do câmbio é dividida por uma partição tangente, uma das duas células filhas permanece cambial, a outra diferencia-se num elemento histológico do crescimento secundário. Se a célula filha mais interna, que está mais próxima do centro da secção transversal do órgão, permanecer cambial, então a externa vai para o incremento do floema (bast). Se a externa permanecer cambial, então a interna torna-se um novo elemento do xilema (madeira). Após a proliferação da célula cambial dividida na direção radial até ao tamanho normal, esta célula divide-se novamente em duas células filhas

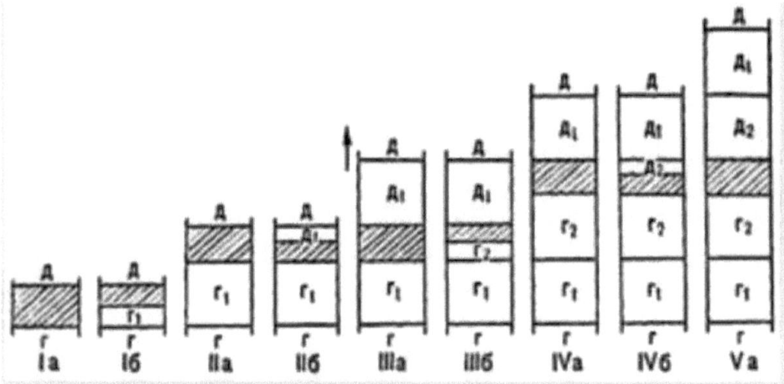

Pic. 81. Esquema das divisões tangenciais da célula cambial e da formação de novos elementos de xilema e floema. A seta está direcionada para a periferia do caule.

A célula cambial está sombreada; r, r1, r2 - células jovens do xilema; d, d1, d2 - células jovens do floema; Ia - Va - antes da divisão da célula cambial; IB - IVB - depois da sua divisão.

Anatomia do caule.

Considere a estrutura interna do caule de uma planta lenhosa numa secção transversal. No exterior, o caule está protegido por tecidos tegumentares. Nos caules jovens, no topo do tecido tegumentar, permanecem restos de pele fina. Nas plantas perenes, no final do primeiro ano de vida, a pele é substituída por uma cortiça multicamada constituída por células mortas cheias de ar. Para a respiração na pele (rebentos jovens) existem estomas e, mais tarde, formam-se lentilhas - secções de cortiça com células grandes, frouxamente dispostas, com grandes espaços intercelulares.

Indicar o nome do quadro e as designações:

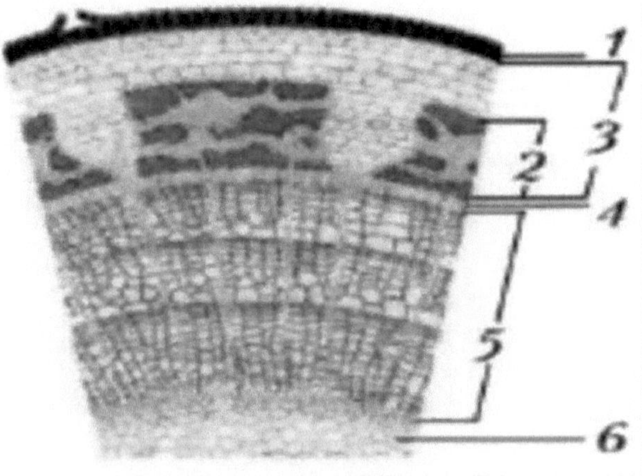

Fig.82. Parte da secção transversal do caule de um rebento trienal:1 - cortiça; 2 - bastão; 3 - casca; 4 - câmbio; 5 - madeira com três anéis anuais; 6 - núcleo

Sob a tela de cobertura encontra-se a casca formada por diferentes tecidos. A parte externa do córtex é representada por camadas de células dos tecidos tegumentares e mecânicos com cascas espessadas e células de paredes finas do tecido principal. A parte interna do córtex, na qual há muitas células de tecido condutor, é chamada de bast.

O bastão é constituído por tubos crivados, através dos quais circula uma corrente descendente: a matéria orgânica desloca-se das folhas. Os tubos crivosos são constituídos por células vivas ligadas por extremidades num tubo longo. Entre as células adjacentes existem pequenos orifícios. Através deles, como através de uma peneira, circulam as matérias orgânicas formadas nas folhas.

Indicar o nome do quadro e as designações:

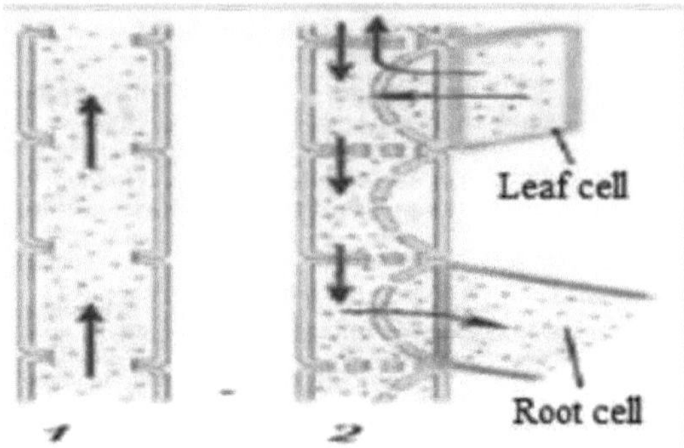

Fig.83.Esquema do movimento da água e da matéria orgânica através dos vasos de madeira (1) e dos tubos crivados de fibra (2) no caule

Os tubos de peneira permanecem vivos durante um curto período de tempo, geralmente 2-3 anos, ocasionalmente 10-15 anos. Estão constantemente a ser substituídos por outros novos. Os tubos de peneira constituem uma pequena porção da fibra e estão normalmente agrupados. Para além destes feixes no líber, existem células de tecido mecânico, principalmente sob a forma de fibras do líber, e células do tecido subjacente.

No centro do caule encontra-se outro tecido condutor - a madeira. Uma corrente ascendente flui através dele: a água com substâncias nela dissolvidas move-se das raízes para as folhas.

A madeira é formada por células de diferentes formas e tamanhos. A sua parte principal é constituída por vasos, traqueídos e fibras de madeira.

No centro do caule existe uma camada espessa de células soltas do tecido subjacente, na qual se depositam as reservas de nutrientes, que constitui o núcleo. Em algumas plantas (dália, tulipa, pepino, bambu) o núcleo é ocupado por uma cavidade de ar.

Estrutura externa do caule

O caule é a parte axial do rebento, constituída por nós e entrenós. Dependendo do grau de alongamento dos entrenós, o caule pode ser alongado ou encurtado. Assim, no girassol, no milho, nos ásteres, no gladíolo, o caule é alongado. E no plátano, no dente-de-leão, na margarida, na prímula, na echeveria, na saintpaulia, o caule é encurtado.

A secção transversal mostra que o caule tem, na maioria das vezes, uma forma arredondada. Mas pode ser triangular (no junco) e tetraédrico (na urtiga), ou ter uma forma diferente.

Indicar o nome do quadro e as designações:

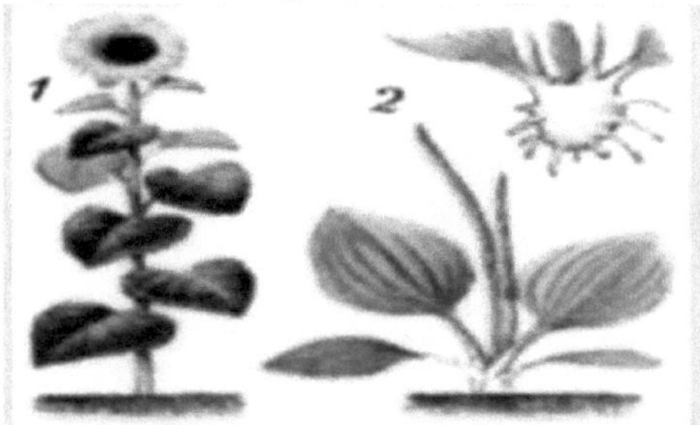

Fig.84. Caules alongados e encurtados de rebentos: 1 - girassol; 2 - plátano

Caraterísticas do tecido permanente das partes principais do caule A estrutura interna do caule de uma planta lenhosa é uma estrutura, na secção transversal
em que se distinguem as seguintes partes: cortiça, floema
câmbio, lenho, cerne.

Cortiça - tecido tegumentar constituído por várias camadas de células mortas; forma-se na superfície dos caules em hibernação. Lub (casca, floema) - um complexo de tecidos condutores (tubos de peneira), mecânicos (fibras liberianas) e os principais tecidos localizados para fora do câmbio; serve para transportar hidratos de carbono das folhas para as raízes. O anel cambial é um tecido formal constituído por uma única camada de células em divisão; coloca as células do líber para fora e as células da madeira para dentro. A madeira (xilema) - complexo de crescimento anual de tecidos condutores (vasos), mecânicos (fibras de madeira) e principais tecidos localizados no interior do câmbio; é o suporte do caule e serve para transportar água e sais minerais das raízes para as folhas. O anel anual é uma camada de madeira formada pelo trabalho do câmbio durante um verão. É caraterístico das plantas lenhosas (abeto, pinheiro, carvalho, bétula). O núcleo é o tecido principal localizado no centro do caule; desempenha a função de armazenamento.

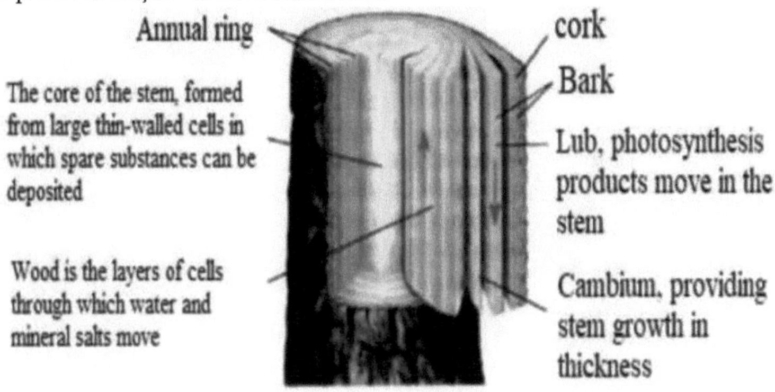

Fig.85.Estrutura interna do caule

Fuga de ramificação

A ramificação é a formação de um sistema de eixos ramificados, que leva a um aumento da superfície total de contacto com o ambiente externo e da massa total acima do solo da planta. A ramificação surgiu no processo de evolução do corpo das plantas mesmo antes do aparecimento dos órgãos vegetativos. Distinguem-se as ramificações dicotómicas, monopodiais, simpodiais e falsas dicotómicas. No caso mais simples, a parte superior do eixo principal bifurca-se e dá origem a dois ou mais eixos da ordem seguinte. Esta ramificação é chamada dicotómica (apical). Com esta ramificação, o ponto apical de crescimento bifurca-se, formando-se assim dois eixos de segunda ordem, cada um dos quais se divide em dois, formando eixos de terceira ordem, etc. É inerente às plantas inferiores - algas multicelulares, cujo corpo se chama talo. O mesmo tipo de ramificação ocorre em algumas plantas superiores com esporos, por exemplo, musgo e

musgo. A ramificação dicotómica é a mais antiga. A ramificação monopodial caracteriza-se pelo facto de, ao longo da vida da planta, o eixo principal (rebento de primeira ordem) ter um crescimento apical ilimitado. Os eixos laterais também se ramificam monopodialmente. A ramificação monopodial é caraterística das cavalinhas, da maioria dos fetos e das coníferas (abeto, abeto, pinheiro). Raramente se encontra nas angiospérmicas (carvalho piramidal, choupo piramidal, etc.). Nas plantas angiospérmicas (com flor), predomina *a ramificação simpodial*. A sua particularidade é que o rim apical pára de crescer cedo ou cresce fracamente e pára gradualmente. O rim lateral mais próximo começa a crescer. A fuga que ela dá é uma continuação do essencial.

A gema apical do rebento lateral também pára de crescer e, a partir da gema lateral subjacente, surge um novo rebento "principal", etc. Com a ramificação simpodial, todo o caule é constituído por secções separadas, como se fosse composto por rebentos laterais (macieira, tília, uva, morango, etc.). Em muitas plantas com flores, a ramificação monopodial e a ramificação simpodial são combinadas entre si. Os rebentos ramificados monopodialmente dão crescimento, e simpaticamente - dão flores e frutos. Este fenómeno baseia-se na poda dos rebentos, na qual se retiram os topos, o que leva a um aumento da ramificação simpodial e a um aumento dos rendimentos (maçã, pera, uvas). Um caso especial de ramificação simpodial é uma falsa hipotomia. Ocorre quando a disposição das folhas é oposta e, portanto, dos botões laterais. Neste caso, os dois botões laterais superiores começam a crescer simultaneamente e surgem dois rebentos apicais (lilás, castanheiro da Índia, cravo, visco) (Fig. 12).

Um tipo especial de rebentos ramificados é o **perfilhamento**. O perfilhamento encontra-se tanto nas plantas lenhosas como nas herbáceas. O perfilhamento caracteriza-se pela formação de numerosos rebentos laterais a partir de gemas situadas na base do rebento materno no solo ou na sua superfície. Os entrenós na base deste rebento são encurtados, e muitos rebentos laterais parecem estar próximos uns dos outros. Nos nós do rebento, desenvolvem-se raízes adventícias que constituem o sistema radicular fibroso. A região dos entrenós encurtados onde se formam os rebentos de perfilhamento é designada por nó de perfilhamento ou zona de perfilhamento. A zona de perfilhamento é particularmente evidente no capim-azul.

Em 1931, Williams dividiu em três grupos biológicos: *denso-acanto, veloclost* e *rizomatoso.*

Modificações (metamorfose) fuga

Existem metamorfoses de fuga subterrâneas e acima do solo. Entre as metamorfoses acima do solo, distinguem-se a gavinha, o espinho, os filoclades, os cladódios; entre as subterrâneas - *o tubérculo, o bolbo, o cormo, o rizoma.*

Antenas - rebentos modificados, que são utilizados para trepar e fixar-se ao suporte. As antenas jovens são erectas, mas com a idade torcem-se à volta de um suporte. As antenas são muito sensíveis ao tato. Podem ser simples e ramificadas. O bigode simples num pepino, o bífido numa melancia, o divisório em alguns tipos de
abóboras.

O espinho é um rebento encurtado com uma ponta pontiaguda. Os espinhos são adaptações das plantas ao seu habitat num clima seco e quente. Reduzem a superfície de evaporação e protegem as plantas de serem comidas pelos animais. Os espinhos são simples (não ramificados) e complexos (ramificados). Espinhos simples em espinhos, damascos, complexos num glaciar, mas nas primeiras fases de desenvolvimento os espinhos são simples. Nalgumas plantas, apenas os topos dos rebentos, que têm um crescimento limitado e terminam numa "ponta" (vira-cabeça, cerejeira, espinheiro), se transformam em espinhos. Outros espinhos nascem de gomos axilares (espinheiro, limoeiro).

Filoclades e cladodes - caules achatados em forma de folha ou rebentos inteiros. Os filoclades são rebentos laterais de crescimento limitado.

Na iglitsa, que se encontra disseminada no Cáucaso e na Crimeia, os filoclados desenvolvem-se nas axilas das folhas escamiformes, e as folhas escamiformes e as inflorescências formam-se nos filoclados. Os filoclades dos espargos são pequenos, semelhantes a agulhas e sésseis nas axilas das folhas escamosas do principal rebento esquelético. Os cladódios, em contraste com os filoclades, são rebentos que mantêm a capacidade de crescimento a longo prazo e têm caules verdes, planos e longos. Encontram-se perto do cato da figueira-da-índia e da planta australiana - o Mühlenbeckia phylloclades and cladodes originated in plants living in arid conditions.

Um tubérculo é uma metamorfose de rebentos em que o caule engrossa e as folhas são reduzidas a pequenas escamas, discretas e de queda precoce. Nas axilas das folhas, são colocados botões laterais. Os tubérculos encontram-se acima do solo (o cíclame engrossa com o joelho supra-numeral) e no subsolo - no caso da batata e da alcachofra de Jerusalém (pera), que surgem nas extremidades de caules subterrâneos alongados - estolhos. A parte do caule de um tubérculo de batata é engrossada, com entrenós encurtados. A parte do tubérculo voltada para o estolho e com uma reentrância no local de fixação ao estolho é designada por base; a parte oposta é o topo. Na superfície do tubérculo são bem visíveis os locais de fixação das folhas subdesenvolvidas - a margem, em cujas axilas se encontram os botões axilares - "olhos". A localização dos "olhos" no tubérculo é em espiral, como as folhas no caule. No topo do tubérculo encontra-se o botão apical. Em cada "olho" podem existir três gemas axilares, das quais apenas uma germina, enquanto as outras permanecem adormecidas. Em condições favoráveis, os gomos germinam rapidamente e, alimentando-se das substâncias de reserva do tubérculo, transformam-se em plantas independentes. A maior parte do tubérculo é representada pelo tecido de armazenamento, em cujas células se deposita o amido. Os tubérculos contêm vitamina C, as variedades de cor amarela - caroteno (provitamina A), e as variedades de cor púrpura - antocianinas.

O bolbo é um rebento encurtado, essencialmente subterrâneo, no qual um caule achatado (parte inferior) com interstícios fortemente encurtados apresenta escamas carnudas e suculentas que armazenam água e nutrientes. A forma dos bolbos é variada: em forma de pera, ovada, achatada, etc. A parte do caule dos bolbos é pequena, de forma plana ou cónica, designada por fundo.

Numerosas folhas carnudas - as escamas estão a afastar-se do fundo.

Cormes formados em gladíolo, açafrão e açafrão de outono. Na sua forma, assemelham-se a bolbos, mas os nutrientes de reserva são depositados na parte do caule, como um tubérculo; todas as escamas foliares são secas, membranosas. Os novos rebentos desenvolvem-se nas axilas das folhas.

Rizoma - rebento subterrâneo modificado, que se forma a partir de plantas herbáceas perenes. O rizoma permite a reprodução vegetativa natural de muitas plantas (erva de trigo rasteira, palmeira suína, cavalinha, mil-folhas, etc.). Externamente, o rizoma é semelhante à raiz, mas difere desta pela ausência de uma capa radicular, pela presença de folhas reduzidas sob a forma de escamas incolores ou castanhas, nas axilas das quais se desenvolvem os gomos laterais; as raízes adventícias partem dos nós do caule. A forma dos rizomas é variada: horizontais finos na erva-do-trigo, horizontais grossos na íris e outros.

Na parte do caule dos rizomas de algumas plantas da classe das dicotiledóneas, são sintetizadas substâncias utilizadas na indústria e na medicina: taninos de uma planta de algodão, corantes - de uma tintura de madder, óleos essenciais - de uma droga de valeriana.

Lembra-te!

(os alunos vêm de casa com respostas prontas)

Perguntas:

1) O que é uma fuga?
2) O que significa a estrutura metamérica do rebento?
3) Quais os rebentos que se designam por alongados e quais os que se designam por encurtados?
4) Quais são os tipos de fuga na direção de crescimento, comprimento dos entrenós e funções desempenhadas?
5) O ramo da árvore e o rebento são a mesma coisa?
6) O que é um rim? Qual é a sua estrutura?
7) A natureza morfológica das escamas renais?
8) Os rins estão sempre protegidos por escamas renais?
9) Qual é o nome do rim privado de escamas renais?
10) Como se classificam os rins em função da sua posição no tronco, da sua estrutura, do seu grau de proteção e do seu estado fisiológico?
11) Qual é a diferença entre rins axilares e acessórios?
12) A que rins se chama dormir? A sua estrutura e significado biológico?
13) O que é a capacidade renal?
14) Quais são os tipos de localização dos rins?
15) Qual é a diferença entre uma localização de rim em série e uma localização de rim colateral?
16) O que é a cicatriz foliar e o rasto foliar?
17) O que é um anel de rim? E existem todos os tipos de plantas lenhosas?
18) Como posso determinar a idade de um ramo?

19) Quais são as caraterísticas morfológicas do rebento utilizadas para determinar as espécies de plantas lenhosas num estado sem folhas?
20) O que é a ramificação? E qual é o seu significado biológico?
21) Qual é a diferença entre o tipo de ramificação apical e o tipo de ramificação lateral?
22) Os termos "ramificação" e "crescimento" são sinónimos? Prova-o?
23) Qual é o processo de crescimento de um sistema de rebentos? Quais são os seus tipos conhecidos?
24) Qual é o significado biológico do processo de crescimento do sistema de rebentos?
25) Qual é a essência do crescimento monopodial? Distribuição entre vários grupos de plantas.
26) Qual é a essência do crescimento simpodial? Quais são as vantagens biológicas das plantas com crescimento simpodial? Distribuição entre vários grupos de plantas.
27) Qual é a diferença fundamental entre o crescimento monomodial e o crescimento simpodial?
28) Porque é que o crescimento simpodial é mais progressivo do que o monopodial?
29) O que é o processo de inversão?
30) É possível determinar o tipo de crescimento na ponta de um rebento lenhoso? Dê exemplos.
31) Qual é a diferença morfológica entre o tronco de pinheiro e o tronco de bétula?
32) É possível controlar a formação de rebentos nas plantas? Em caso afirmativo, como?
33) O que é a metamorfose?
34) Como provar que o tubérculo da batata e a cebola são metamorfoses de escape de rebentos?
35) O que são filocladies, cladódios e caudexes?
Morangos de bigode e espinhos de espinheiro - será uma metamorfose de fuga? Para provar.

As respostas a estas perguntas serão o objeto do nosso estudo de hoje na aula.

Tenta dominar o tema de hoje, preenchendo os espaços em branco nas tarefas da segunda fase.

1 etapa: tarefas para "Aprendizagem"

Respostas a estas perguntas.

Preencher as lacunas das frases com as palavras entre parênteses

1- tarefa:

1) Quais são as funções do caule? **Resposta:** O caule desempenha várias funções: transporte de soluções aquosas desde a raiz até às folhas e vice-versa; aumento da superfície da planta através da ramificação; formação de folhas e flores; acumulação de nutrientes; propagação *vegetativa*; *referência.*

2) Que rins conhece? **Resposta:** De acordo com a localização no rebento, *distinguem-se* os botões apicais, devido aos quais o caule, axilar e acessório se alonga.

3) Qual é a estrutura dos botões vegetativos? **Resposta:** Os gomos vegetativos - são constituídos por *um* caule *acessório*, escamas, folhas rudimentares e um cone de crescimento;

4) Qual é a estrutura dos rins generativos? **Resposta:** Botões generativos - são constituídos *por um* caule *rudimentar*, escamas e um botão de uma flor ou inflorescência.

5) O que é um rim? De que é que é feito? **Resposta:** O rim é um rebento *arudimentar*. Contém um cone em crescimento e *folhas rudimentares*,

6) Resposta: Para além de cobrir o tecido formal das escamas renais.

7) O que é uma fuga? **Resposta:** O escapo é um órgão axial das plantas superiores, constituído por um caule, folhas e gomos.

8) De que é que a fuga principal evolui? **Resposta:** Na ontogénese, o primeiro rebento (principal) desenvolve-se a partir do botão de uma semente.

2- tarefa:

1) Quantos rebentos vivem em climas temperados? **Resposta:** Os rebentos elevados das gramíneas temperadas vivem, normalmente, durante um ano (a vida dos rebentos é determinada pela vida do caule, as folhas podem ser substituídas).

2) Quantos caules têm as plantas lenhosas? **Resposta:** Uma planta lenhosa tem um caule durante muitos anos.

3) Como é que se dentifica o caule principal das plantas lenhosas? **Resposta:** O caule principal da árvore chama-se tronco; nos arbustos, alguns caules grandes chamam-se troncos.

4) Qual é a forma mais frequente da secção transversal do caule? **Resposta**: Na secção transversal , o contorno do caule é mais frequentemente arredondado, com um bordo liso ou com nervuras.

5) Que outras secções transversais do caule conhece? **Responde**: Mas pode ser diferente: triangular (na junça), tetraédrica (na urtiga), multifacetada (em muitos cactos), achatada ou plana (na opuntia), alada (na ervilha-de-cheiro).

6) Qual é o nome do caule dos cereais? **Resposta:** Nos cereais, o caule (parte aérea) chama-se palha. É geralmente oco no meio (exceto nos nós). Os caules ocos são comuns nas famílias da umbela, da abóbora, etc.

7) Como é que o caule é protegido? **Resposta:** No exterior, o caule é protegido por tecidos tegumentares.

8) Os caules jovens permanecem finos sobre a pele? **Resposta:** Os caules jovens, por cima do tecido tegumentar, ainda têm restos de pele fina.

3- tarefa:

1) Onde se encontra a madeira e qual a sua função? **Resposta:** No centro do caule encontra-se outro *tecido condutor* - a madeira. Através dele passa uma corrente ascendente: a água com substâncias dissolvidas move-se *das raízes para as folhas*.

2) Qual é a estrutura da madeira? **Resposta:** A madeira é formada por células de diferentes formas e tamanhos. A sua parte principal é constituída por vasos, *traqueídos* e *fibras de madeira.*

3) Qual é a estrutura e a função do núcleo do caule? **Resposta:** No centro do caule existe uma camada espessa de células soltas do *tecido principal*, na qual *se depositam as reservas de nutrientes* - este é o núcleo.

4) O que é uma cavidade de ar e onde está localizada? **Resposta:** Em algumas plantas (dália, tulipa, pepino, bambu) o núcleo é ocupado por uma cavidade *de ar*.

5) O que é que sabe sobre a metamorfose dos rebentos? **Resposta:** Existem metamorfoses de fuga subterrâneas e acima do solo.

6) O que é atribuído à metamorfose elevada? **Resposta:** Entre as metamorfoses acima do solo, distinguem-se *a gavinha, a farpa, os filoclades, os cladódios*;

7) A que se atribui a metamorfose subterrânea? **Resposta:** Entre os subterrâneos há um tubérculo, *uma cebola, um cormo*, um rizoma.

8) O que são antenas? **Resposta:** As antenas são rebentos modificados que servem para *trepar* e *fixar-se* a um suporte.

9) Como é que as gavinhas se desenvolvem? **Resposta:** Os bigodes jovens são erectos, mas com a idade torcem-se *à volta de* um suporte.

4- tarefa:

1) O que são filocladies e cladódios? **Resposta:** Os filoclades e os cladodes são *caules achatados em forma de folha* ou *rebentos inteiros.* Os filoclades são *rebentos laterais* de crescimento limitado.

2) Que filoclades têm espargos? **Resposta:** Os filoclades dos espargos são pequenos, em forma de agulha, sésseis nas axilas das folhas escamosas do *rebento esquelético* principal.

3) O que são cladódios? **Resposta:** Os cladódios, em contraste com os filoclades, são rebentos que mantêm a capacidade de crescimento a longo prazo e têm *caules* verdes, planos e *longos*.

4) Que plantas têm cladódios? **Resposta:** Os cladódios encontram-se perto do *cato* da figueira-da-índia e da planta australiana Mühlenbeckia. Phylloclades e cladodes são originários de plantas que vivem em *condições áridas*.

5) O que é um tubérculo? **Resposta:** O tubérculo é uma *metamorfose* do rebento em que o *caule engrossa* e as folhas são reduzidas a pequenas escamas, discretas e de queda precoce.

6) Que tipos de tubérculos existem nas plantas? **Resposta:** Os tubérculos são *aéreos* (o ciclame engrossa com o joelho supra-numeral) e *subterrâneos* - com as batatas, alcachofra de Jerusalém (pera de barro), que ocorrem nas extremidades de caules subterrâneos alongados - estolhos.

7) Qual é a estrutura do tubérculo da batata? **Resposta:** A parte do caule de um tubérculo de batata é *espessa*, com interstícios *encurtados*. A parte do tubérculo virada para o estolho e com uma reentrância no local de fixação ao estolho chama-se *base,* a parte oposta é o topo.

8) O que são os botões axilares? **Resposta:** Na superfície do tubérculo existem locais bem visíveis de fixação de folhas subdesenvolvidas - *uma borda*, nas axilas das quais existem *botões axilares* - "olhos".

9) Como são os olhos no tubérculo? **Resposta:** A localização dos "olhos" no tubérculo é *espiralada*, como as folhas no caule. Na parte superior do tubérculo encontra-se o botão apical. Em cada "olho" podem existir *três* gemas axilares, das quais apenas *uma* germina, enquanto as outras permanecem adormecidas.

10) Em que condições é que os botões brotam? **Resposta:** Em condições favoráveis, os rebentos *germinam* rapidamente e, alimentando-se das *substâncias* de reserva do tubérculo, transformam-se em plantas independentes.

11)

2 etapas: tarefas para "Compreender"

Identificar a razão:

Explique por que razão as células do câmbio estão divididas em septos tangenciais e cambiais? **Resposta:** A divisão da célula do câmbio e a formação de elementos secundários do *xilema* e *do floema* são as seguintes: a célula do câmbio é dividida por uma partição tangencial, uma das duas células filhas permanece cambial, a outra é diferenciada num elemento histológico do crescimento secundário. Se a célula filha mais interna, que *se encontra mais próxima* do centro da secção transversal do órgão, permanecer cambial, então a célula filha mais externa vai para o incremento do floema (bast). Se a externa permanecer cambial, então a interna torna-se um novo elemento do xilema (madeira). Após a proliferação da célula cambial dividida na direção radial até ao tamanho normal, esta célula divide-se novamente *em duas* células filhas.

3 passos: Atribuição à "Análise"

Comparar a germinação de monocotiledóneas e dicotiledóneas

Germinação de sementes de monocotiledóneas e dicotiledóneas

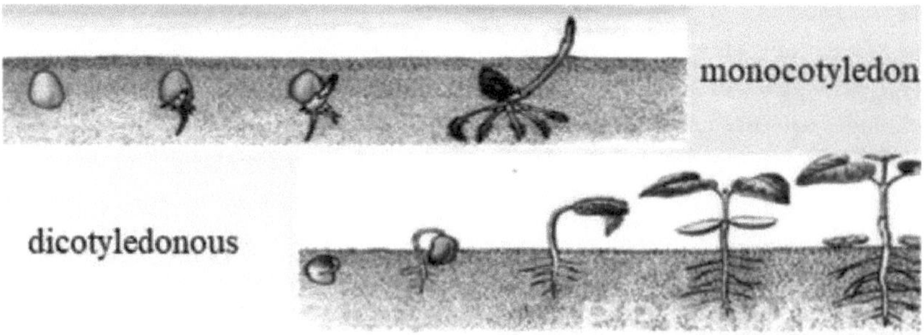

Fig.86. Germinação de sementes de monocotiledóneas e dicotiledóneas

Rebentos de plantas monocotiledóneas

> O embrião é constituído por uma raiz germinal, *um botão* e *um escudo.*
> O retalho é considerado como o único *germe* modificado do embrião.
> O retalho está localizado como se formasse um septo entre o embrião e o

endosperma e, durante a germinação da semente, retira nutrientes do endosperma.

> Nas monocotiledóneas, na parte superior do eixo longitudinal do embrião, existe um cotilédone e um botão (com um cone ascendente) - afastado deste.

> Cotilédones geralmente com dois feixes condutores principais; durante a germinação da semente não é transportado para a superfície.

Plântulas de plantas dicotiledóneas

> O embrião das plantas dicotiledóneas é constituído por dois cotilédones, dispostos simetricamente um em relação ao outro.

> O cone de crescimento do caule embrionário está localizado diretamente entre os cotilédones e, por vezes, formam-se folhas rudimentares no próprio embrião.

> Um cone em crescimento com botões de folhas forma um botão.

> Rim - o germe do rebento principal da planta. Também tem uma raiz germinal.

> O ápice do embrião é constituído por um botão e dois cotilédones.

> Os cotilédones são cobertos pela epiderme e estão cheios de nutrientes que promovem a germinação das sementes.

Destacar a ideia principal:

a) O que há de comum entre as sementes de plantas monocotiledóneas e dicotiledóneas?

Todas as dicotiledóneas ou todas as monocotiledóneas têm exatamente esta estrutura da semente, nomeadamente no que diz respeito ao conteúdo das reservas de nutrientes nos cotilédones ou no endosperma.

b) Qual é a particularidade das sementes das plantas monocotiledóneas?

Nas monocotiledóneas, o fornecimento de nutrientes encontra-se mais frequentemente no endosperma e raramente nos cotilédones.

c) Qual é a particularidade das sementes das plantas dicotiledóneas?

> Nas dicotiledóneas, dependendo da espécie, podem estar nos cotilédones ou no endosperma.

> A principal diferença entre as sementes das plantas dicotiledóneas e das monocotiledóneas é o número de cotilédones nos embriões.

> Nas dicotiledóneas, são dois e nas monocotiledóneas, respetivamente, um.

4 etapas: tarefas para "Síntese"

Introduzir as palavras em falta:

O caule é um órgão *vegetativo* axial da planta, com crescimento apical ilimitado, *heliotropismo* positivo e simetria *radial*, com folhas e botões, que liga os dois pólos de nutrição da planta - *as raízes* e *as folhas,* leva as folhas à luz, armazena nutrientes.

Quanto à direção e ao modo de crescimento, os caules são *erectos, rastejantes,* trepadores, *agarrados*. Nalgumas plantas, o caule é encurtado e as folhas formam arosette.

Um caule ereto é um caule que cresce perpendicularmente à superfície da terra.

Caule rastejante - o caule que se espalha ao longo das superfícieso solo e enraizado com raízes adventícias.

Caule encaracolado - caule _torcido_ à volta de um suporte.

O talo aderente é um talo que se eleva, _agarrando-se_ ao suporte com a ajuda de antenas.

5 etapas: tarefas para "Aplicação"

Insira as palavras em falta: Estrutura interna do caule

A estrutura interna do caule de uma planta lenhosa é uma estrutura, na secção transversal da qual se distinguem as seguintes partes: *cortiça, floema, câmbio, madeira, núcleo.*

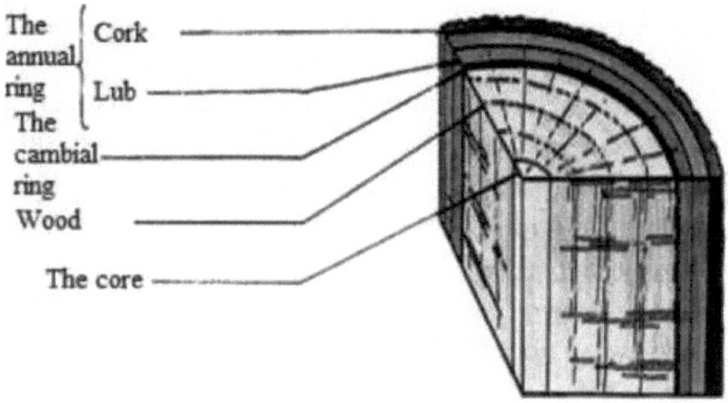

Pic.87. Estrutura interna do caule de uma planta lenhosa

Cortiça - tecido _tegumentar_ constituído por várias camadas de células mortas; forma-se na superfície dos caules _em hibernação_.

Lub (casca, floema) - um complexo de _tecidos condutores_ (tubos crivosos), _mecânicos_ (fibras liberianas) e _os principais tecidos_ situados para fora do câmbio; serve para transportar hidratos de carbono das _folhas_ para as raízes.

O anel cambial é um _tecido formal_ constituído por uma única camada de células em divisão; coloca as células da fibra para fora e as células da madeira para dentro.

Madeira (xilema) - complexo de crescimento anual de _tecidos condutores_ (vasos), _mecânicos_ (fibras de madeira) e _os principais tecidos_ localizados no interior do câmbio; é o suporte do caule e serve para transportar _água_ e sais _minerais_ das raízes para as folhas.

O anel anual é uma camada de madeira formada pelo trabalho do câmbio durante um verão. É caraterístico das plantas lenhosas (abeto, pinheiro, carvalho, bétula).

O núcleo é _o tecido principal_ localizado no centro do caule; desempenha a função de armazenamento.

1) Utilizar a ligação de teste: http://test.biologii.net/projti test.php?test=3
2) Fazer o teste link: https://infourok.ru/test koren. kornevaya sistema 6 klass-370816.htm
3) Fazer o teste link: http://mognovse.ru/kf-test-po-teme.html
4) Fazer o teste no link: http://test.biologii.net/projti test.php?test=17
5) Fazer o teste link: http://mognovse.ru/kf-test-po-teme.html
6) Fazer o teste link: http://kupidonia.ru/viktoriny/viktorina-stroenie- steblja

7) Fazer o teste no link:http://test.biologii.net/projti test.php?test=21.
8) Fazer o teste "Escape" http://biouroki.ru/test/7.html
9) Fazer o teste ligação

http://test.biologii.net/projti test.php?cat=10&&test=22

PARTE ORIENTADA PARA O RESORT

(avaliação formativa com base num sistema de critérios de 100 pontos)

Nível I (50 pontos)

1 etapa: *avaliação do nível de conhecimentos sobre* **"Aprendizagem"**

Respostas a estas perguntas. Preencher as lacunas das frases com as palavras entre parêntesis ***1- tarefa***:

1) O que é o germe? **Resposta:** O embrião é constituído pela raiz, pelo botão e pelo escudo germinativo.

2) O que é um escudo? **Resposta:** O escudo é o único *germe* de semente modificado do embrião.

3) Onde está o escudo? **Resposta:** O escudo está localizado entre o *embrião* e *o endosperma* e, durante a germinação da semente, retira os nutrientes do *endosperma*.

4) O que é um nó? **Resposta:** Um nó é uma secção de um caule na qual se encontram *uma folha* (folhas) e *um rim* (gomos).

5) O que é a folha do seio? **Resposta:** O ângulo formado pela *folha* e *o caule* acima do nó é chamado de seio da folha.

6) O que são os botões axilares? **Resposta:** Os rins, que ocupam *uma* posição *lateral* no nó, na axila da folha, são chamados *laterais* ou axilares.

7) Onde está o botão apical? **Resposta:** No topo do caule encontra-se o *botão apical*.

8) Qual é a diferença entre caules lenhosos e herbáceos? **Resposta:** Os caules das plantas lenhosas e herbáceas diferem em termos de *longevidade*.

2-tarefas:

1) O que é que substitui a casca das plantas perenes? **Resposta:** Nas plantas perenes, no final do primeiro ano de vida, a casca é substituída por uma cortiça *multicamada* constituída por células *mortas* cheias de ar.

2) Como é a respiração nas hastes? **Resposta:** Para a respiração na pele (rebentos jovens), existe *um estoma*, e mais tarde formam-se *lentilhas* - secções de cortiça com *células* grandes, frouxamente dispostas, com grandes espaços intercelulares.

3) Quais são os tecidos da casca de árvore? **Resposta:** Sob a tela de cobertura existe uma *casca* formada por diferentes tecidos.

4) O que é que representa a parte exterior da casca? **Resposta:** A parte externa do córtex é representada por camadas de células dos tecidos *tegumentar* e *mecânico* com cascas espessadas e células de paredes finas do tecido principal.

5) O que é o interior do córtex? **Resposta**: A parte interna do córtex, que contém muitas células de *tecido condutor*, é chamada bast.

6) Os tubos de peneira estão em bastão? **Resposta:** A composição do bast é constituída por tubos de crivo, através dos quais passa uma corrente descendente: a matéria *orgânica* sai das folhas.

7) O que são tubos de peneira? **Resposta:** Os tubos de peneira são constituídos *por*

células ligadas por *extremidades* num tubo comprido.

8) Como é que as substâncias orgânicas se movem numa planta? **Resposta:** Existem pequenos orifícios entre as células adjacentes. Através deles, como através de uma peneira, move-se *a* matéria *orgânica* formada nas folhas.

9) Qual é a esperança de vida dos tubos de crivo? **Resposta:** Os tubos de peneira permanecem vivos durante um curto período de tempo, *normalmente 2-3 anos*, ocasionalmente *10-15 anos*. Estão constantemente a ser substituídos por novos.

10) O que é que está incluído no bast? **Resposta:** Os tubos de peneira constituem uma pequena porção da *fibra* e estão normalmente agrupados. Para além destes feixes, a fibra contém células de *tecido mecânico*, principalmente sob a forma de fibras *de fibra*, e células do *tecido subjacente*.

3 tarefas:

1) Os bigodes são sensíveis? **Resposta:** As antenas são muito *sensíveis* ao toque.

2) O que podem ser as antenas? **Resposta:** As antenas podem ser *simples* e ramificadas.

3) Que plantas têm antenas? **Resposta:** O bigode simples num pepino, o bífido *numa melancia*, a partição em alguns tipos de *abóboras.*

4) O que é o espinho? **Resposta:** O espinho é *um* rebento *encurtado* com uma ponta pontiaguda.

5) Qual é a importância do koljachki para as plantas? **Resposta**: Os espinhos são uma adaptação das plantas ao seu habitat em climas *secos* e *quentes*. Reduzem a superfície de evaporação e protegem as plantas de serem comidas pelos animais.

6) O que são os espinhos? **Resposta**: Os espinhos são simples (não ramificados) e *complexos* (ramificados).

7) Que plantas têm espinhos? **Resposta:** Existem espinhos simples no abrunheiro e no damasqueiro, espinhos complexos - no glaciar, mas nas primeiras fases de desenvolvimento os espinhos são simples.

8) Qual é o resultado de um espinho, espinho de espinheiro marítimo? **Resposta:** Nalgumas plantas, só os *topos* dos rebentos que têm um crescimento limitado e que terminam numa "ponta" (vira-cabeça, cerejeira, espinheiro) se transformam em espinhos.

9) O que é que faz com que o espinho do espinheiro seja um limão? **Resposta**: Outros espinhos nascem de *gemas axilares* (espinheiro, limão).

4 tarefas:

1) Qual é a função dos tubérculos? **Resposta:** A maior parte do tubérculo é representada pelo tecido de armazenamento, em cujas células se deposita o amido.

2) O que determina a cor do tubérculo? **Resposta:** Os tubérculos contêm vitamina C, as variedades de cor amarela - *caroteno* (provitamina A), as variedades de cor púrpura - antocianinas.

3) O que é a cebola? **Resposta:** O bolbo é um rebento encurtado, principalmente subterrâneo, em que o caule achatado (parte inferior), com interstícios fortemente encurtados, apresenta escamas carnudas e suculentas que armazenam água e

nutrientes.

4) Que formas de bolbos? **Resposta:** A forma dos bolbos é diferente: em forma de pera, ovoide, achatada, etc. A parte do caule dos bolbos é pequena, flácida e cónica em forma, chamada *fundo*. Numerosas folhas carnudas - as escamas afastam-se do fundo.

5) De que plantas são caraterísticos os cormos? **Resposta:** *Os cormos* são formados no gladíolo, no açafrão e no açafrão de outono.

6) Qual é a função caraterística dos cormos? **Resposta:** Os cormos assemelham-se aos bolbos na sua forma, mas os nutrientes de reserva são *armazenados* nas suas partes do caule, como os do tubérculo; todas as escamas foliares são secas, membranosas. Os novos rebentos desenvolvem-se nas axilas das folhas.

7) O que é o rizoma? **Resposta:** Rizoma - um rebento subterrâneo modificado, que se *forma* em plantas herbáceas perenes.

8) Qual é a função do rizoma? **Resposta:** O rizoma permite a reprodução *vegetativa* natural de numerosas plantas (erva-dos-prados, palatino-dos-suínos, cavalinha, milefólio, etc.).

9) Qual é a diferença entre o rizoma e a raiz? **Resposta:** Exteriormente, o rizoma é semelhante à raiz, mas difere da raiz pela ausência de *uma capa de raiz*, pela presença de folhas reduzidas sob a forma de *escamas* incolores ou *castanhas*, nas axilas das quais se desenvolvem os botões laterais; as raízes adventícias partem dos nós do caule.

10) Que formas de rizomas conhece? **Resposta:** As formas dos rizomas são variadas: *finos* horizontais no capim-trigo, *grossos* horizontais na íris, etc.

11) Que substâncias são sintetizadas pelos rizomas? **Resposta:** Na parte do caule dos rizomas de algumas plantas da classe das dicotiledóneas, são sintetizadas substâncias utilizadas na *indústria* e na *medicina*: taninos do algodoeiro, corantes - da tintura de amora, óleos essenciais - da valeriana.

2 etapas: *avaliação do nível de competências na* **"Aplicação"** *do modelo*

***5-tarefa**:* Nomear os componentes da semente.

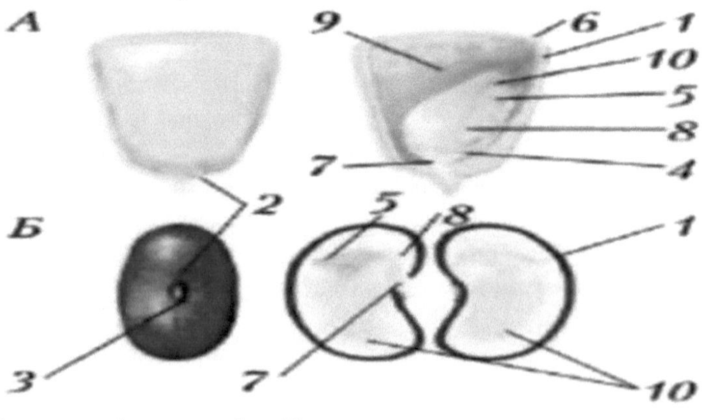

Fig.88 A estrutura da semente de milho

Responde: A estrutura das sementes de milho (A) e de feijão (B): 1 - casca da semente; 2 - sifão; 3 - cicatriz; 4 - o embrião; 5 - rim germinativo; 6 - capas do fruto do grão; 7 - raiz germinativa; 8 - caule embrionário; 9 - endosperma; 10 - cotilédones.

Nível II (51 pontos +38 pontos = 89 pontos)

1 etapa: avaliação do nível de conhecimentos sobre **"Compreensão"**

***1-tarefa*: Inserir as palavras em falta:**

1) Explique por que razão o caule é chamado ereto? **Resposta:** Um caule ereto é um caule que cresce perpendicularmente à superfície da terra.

2) Explique por que razão o caule é chamado rastejante? **Resposta:** Um caule rastejante é um caule que se espalha ao longo da superfície.

solo e enraizadas com raízes *adventícias*.

3) Explique por que razão o caule se chama encaracolado? **Resposta**: O caule encaracolado é um talo *enrolado* à volta de um suporte.

4) Explique por que razão o caule se chama agarrado? **Resposta:** O caule aderente é um talo que se eleva, agarrando-se ao *suporte* com a ajuda de antenas.

2 etapas: avaliação do nível de conhecimentos sobre a **"Análise"**

2-tarefa: Comparar o que há de comum entre as sementes de plantas monocotiledóneas e dicotiledóneas. Preencher as lacunas das frases com as palavras entre parêntesisPreencher a tabela:

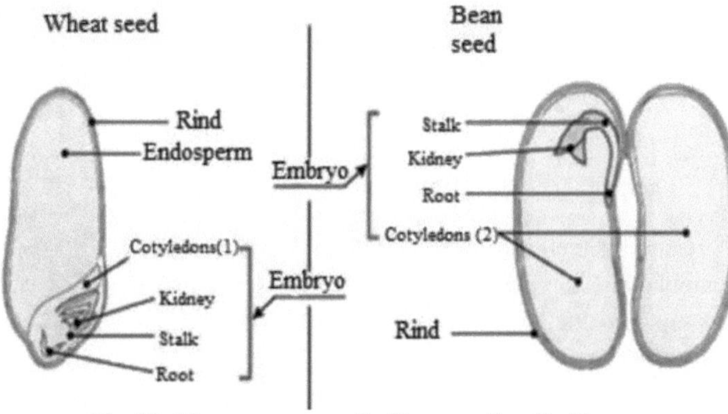

Pic. 89. Plantas monocotiledóneas e dicotiledóneas.

Comparar as sementes de plantas monocotiledóneas e dicotiledóneas. Preenche a tabela:

Tabela-10

Título das plantas	Monocotiledóneas ou dicotiledóneas	O que faz parte do embrião	Onde estão os nutrientes
Trigo	*Monocotiledóneas*	*Raiz* germinal, pedúnculo, gomo e *um* cotilédone	No *endosperma*

Feijões	*Dicot*	Raiz germinal, pedúnculo, gomo e dois cotilédones.	Em *dois* cotilédones

3-tarefa: **Sublinhar a ideia principal do tópico:**

Semelhanças: São *os principais* órgãos das plantas *superiores*.

Diferenças:

a) Nas monocotiledóneas, *a raiz* germinativa, o pedúnculo, o gomo e *um* cotilédone.

b) Nas *dicotiledóneas*, a raiz germinativa, o pedúnculo, o gomo e *os dois* cotilédones.

c) Os nutrientes estão no *endosperma.*

d) Os nutrientes encontram-se em *dois* cotilédones.

3 etapas: *avaliação do nível de competências na* **"Aplicação"** *numa situação alterada*

situação alterada

4-tarefa: **Inserir as palavras em falta:**

Esquema das divisões tangenciais da célula cambial e da formação de novos elementos de xilema e floema.

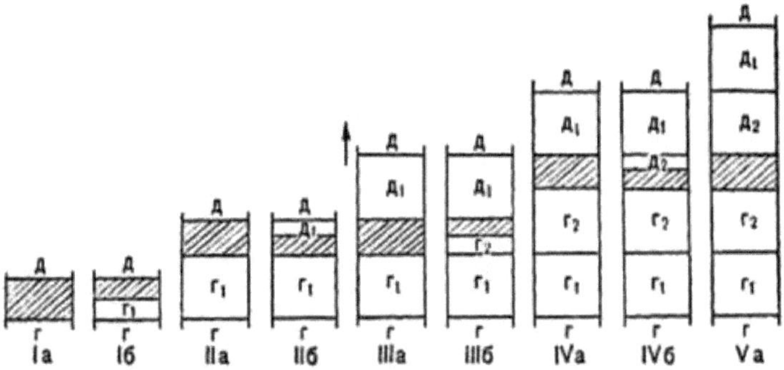

Pic. 90. A seta está direcionada para a periferia da haste.

A célula cambial está sombreada; r, r1, r2 - células jovens do *xilema*; d, d1, d2 - células jovens *do floema*; Ia - Va - antes da divisão da célula *cambial*; IB - IVB - *depois da* sua divisão.

Nível Ill: (89 pontos + 11 pontos =100 pontos)

1 etapa: avaliação do nível de conhecimentos sobre **"Síntese"**

Tarefa 1: Preencher os espaços em branco das frases com as palavras entre parêntesesAnatomia do caule.

Sob a tela de cobertura encontra-se *a casca* formada por diferentes tecidos. A parte externa do córtex é representada por camadas de células dos tecidos *tegumentares* e *mecânicos* com cascas espessadas e células de paredes finas do tecido *principal*. A parte interna do córtex, na qual há muitas células de tecido *condutor*, é chamada de bastão. O líber é constituído por tubos *de peneira*, através dos quais se verifica uma corrente descendente: a matéria _orgânica_ desloca-se das folhas.

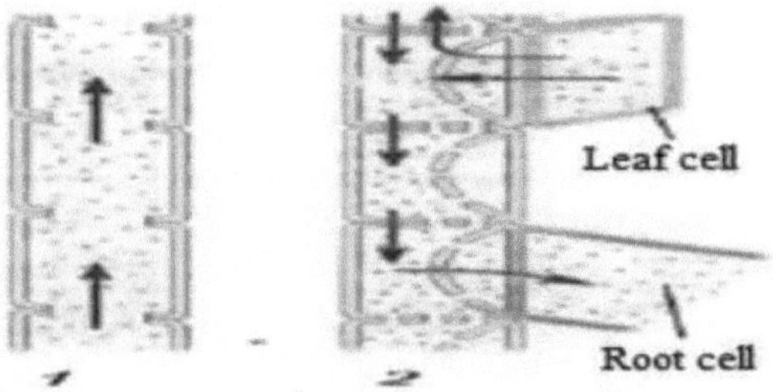

Fig.91. Esquema do movimento da água e da matéria orgânica através dos vasos de madeira (1) e dos tubos crivados de fibra (2) no caule.

Os tubos crivosos são constituídos por células _vivas_ ligadas por extremidades num tubo longo. Existem _pequenos_ orifícios entre as células adjacentes. Através deles, como através de uma peneira, move-se a matéria _orgânica_ formada nas folhas.

Os tubos de peneira constituem uma pequena porção do líber e estão geralmente _agrupados_. Para além destes feixes no líber, existem células do tecido _mecânico_, _principalmente_ sob a forma de fibras do líber, e células do tecido _subjacente_.

No centro do caule encontra-se outro _tecido condutor_ - a madeira. Uma corrente ascendente flui através dele: a água com substâncias nela dissolvidas move-se das _raízes_ para as folhas.

A madeira é formada por células de diferentes formas e tamanhos. A sua parte principal é constituída por vasos, _traqueídos_ e fibras _de madeira_.

No centro do caule existe uma camada espessa de células soltas do tecido subjacente, na qual se depositam _as reservas de nutrientes_, que constitui o núcleo. Em algumas plantas (dália, tulipa, pepino, bambu) o núcleo é ocupado por _uma_ cavidade _de ar_.

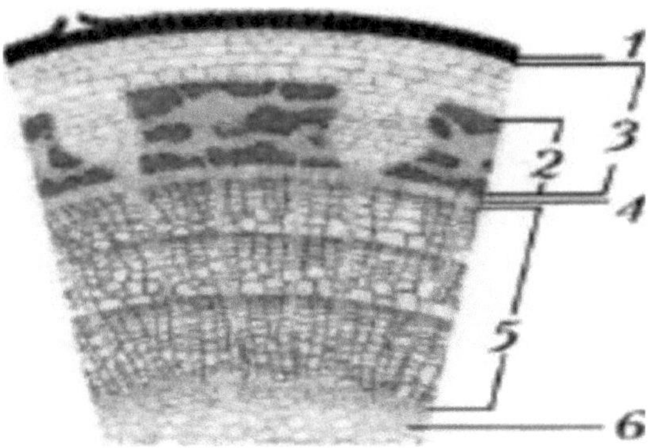

Fig.92. Parte da secção transversal do caule de um rebento de tília com três anos: 1 - cortiça; 2 - bastão; 3 - casca; 4 - câmbio; 5 - madeira com três anéis anuais; 6 - cerne.

2 etapa: avaliação do nível de competências em matéria de **"Reflexão"** e de competências para resolver problemas da vida

2- tarefa:
O que é que acha?
Escreva um ensaio sobre **"Órgãos vegetativos: o caule. Tipos de estrutura do caule. Padrões gerais na estrutura dos rebentos."**
3 tarefas: O que aprendeste na aula (opinião), escrever um ensaio
O que é que sabe mais? Utilizar os recursos da Internet e outras literaturas para escrever um ensaio. Escrever um ensaio está no nível criativo 4 acima do padrão.

PARTE SINÉTICA (identificação de problemas sobre o tema e sua solução)

Secção №9. Morfologia e anatomia da lâmina foliar. Classificação. Morfologia da folha. Anatomia da folha. As folhas são simples e complexas. Modificações da folha. Localização das plantas.

Saberás!

Saberá:

- sobre a estrutura anatómica e morfológica das folhas;
- sobre a classificação das folhas;
- sobre as funções das folhas;
- sobre as caraterísticas do tecido permanente das principais partes da folha..;
- sobre a estrutura foliar de plantas monocotiledóneas e dicotiledóneas.

Tu sabes:

- sobre a estrutura e a função das folhas;
- sobre as caraterísticas da estrutura externa e interna das folhas;
- sobre a relação entre a estrutura e a função das folhas;
- sobre a diferença entre partes e tecido foliar.

Objetivo: Familiarizar-se com as caraterísticas da estrutura externa e interna das folhas, para revelar as funções das folhas.

Problema: *Alunos!* Vamos estudar os padrões gerais da estrutura das folhas, bem como a função das folhas, aprender a tirar conclusões sobre o tema abordado.

Plano de aulas A
folha

A folha é um órgão vegetal lateral achatado, de crescimento limitado, que desempenha as funções de fotossíntese, transpiração e trocas gasosas. As principais funções de uma folha típica são a fotossíntese, a respiração e a transpiração. A folha também pode desempenhar as funções de fornecimento de nutrientes e água, fixação (antenas), proteção contra a alimentação animal e evaporação excessiva (espinhos), e participar na reprodução vegetativa.

As principais funções da folha

Uma folha é um órgão externo de uma planta que desempenha funções importantes como **a fotossíntese, a respiração, a transpiração** (evaporação) e **a gutação** (libertação de água sob a forma de gotas). É possível a propagação vegetativa das plantas através das folhas. Para além das funções acima referidas, as folhas de algumas plantas são capazes de armazenar água e matéria orgânica. E as folhas modificadas de certas espécies vegetais (antenas, espinhos, armadilhas para insectos) desempenham várias outras funções importantes, graças às quais a planta se adapta a condições ambientais adversas.

Os principais processos fisiológicos que ocorrem na polpa verde das folhas (mesófilo) são **a fotossíntese** e **a respiração**. A essência da fotossíntese é que a absorção de dióxido de carbono e água pelas plantas do ambiente externo e sua transformação em substâncias **orgânicas** sob a influência do pigmento fotossintético (clorofila) usando a energia luminosa absorvida. A água para a realização da fotossíntese das plantas é obtida do solo, e o dióxido de carbono - do ar. Durante a fotossíntese, as plantas, decompondo a água, emitem oxigénio a partir dela.

Para além da fotossíntese, a respiração ocorre nas células das folhas - um processo inverso ao da fotossíntese. Na respiração, a matéria orgânica é oxidada com a libertação da energia que lhes está associada, necessária para que as plantas assegurem a sua atividade vital. O processo de respiração é causado pela absorção de oxigénio e pela libertação de dióxido de carbono para a atmosfera. Mas a intensidade da fotossíntese nas folhas excede a intensidade da respiração; por isso, é libertada para a atmosfera uma quantidade de oxigénio muito maior do que a absorvida durante a respiração. No processo de respiração, também são sintetizados compostos que são utilizados para formar hidratos de carbono, proteínas e outras substâncias de grande importância para a planta. A velocidade do processo respiratório depende da influência de certos factores ambientais, por exemplo, a temperatura e o teor de dióxido de carbono no ar.

Nas folhas das plantas, a água é evaporada (transpiração) e a água é libertada sob a forma de gotículas (gutação). A água é o principal meio intracelular onde decorrem todos os processos vitais de uma planta. Da quantidade total de água que passa pelo corpo da planta, apenas 0,2% é absorvida por ela. O resto da água também é importante para a vida da planta. A remoção do vapor de água através dos estomas e lentilhas chama-se evaporação da água ou transpiração. Se o sistema radicular absorve mais água do que as folhas conseguem retirar por evaporação, há uma queda de água líquida através das folhas. Este processo é designado por gutação. A água evapora-se através de todas as partes do corpo da planta, mas mais intensamente através das folhas. A taxa de evaporação é regulada pelos estomas. Graças à transpiração, cria-se um movimento contínuo de água, o que facilita o movimento dos sais minerais dissolvidos na água dentro da planta. Além disso, a evaporação baixa a temperatura das folhas, o que evita o sobreaquecimento da planta. A intensidade da transpiração e da gutação é influenciada pela humidade, pela presença de vento e pela temperatura do ar.

A reprodução vegetativa de uma planta é possível através das folhas, o que permite preservar as propriedades biológicas e as caraterísticas da planta-mãe na descendência, por exemplo, a forma piramidal, a cor da flor, as lascas, etc. Muitas plantas de interior são cultivadas a partir de partes de folhas. Esta é a forma habitual de reprodução da gloxínia, saintpaulia, certos tipos de begónia, peperomia de folhas pequenas. As folhas destas plantas são muito curtas, formando uma roseta. Não é possível cortar os caules destas plantas, e as estacas de folhas são fáceis de propagar. As variedades puras de plantas com qualidades valiosas (cheiro, terry, cor, etc.) podem ser preservadas apenas durante a propagação vegetativa das folhas.

A anatomia da folha

A estrutura anatómica da folha é determinada pela sua função principal - **a fotossíntese**. Por conseguinte, o principal tecido da folha é o assimilador, ou mesofilo. Os restantes tecidos da folha asseguram o trabalho do mesofilo e mantêm o contacto com o ambiente (Fig.).

A estrutura da lâmina foliar. São mostradas as partes **paliçada** (acima, células densamente compactadas) e **esponjosa** (abaixo, células frouxamente localizadas) do mesofilo, localizadas entre as camadas epidérmicas superior e inferior.

A folha é constituída pelos seguintes tecidos:

- ***Epiderme*** - uma camada de células que protege contra os efeitos nocivos do ambiente e a evaporação excessiva da água. Muitas vezes, no topo da epiderme, a folha é coberta por uma camada protetora de origem cerosa (cutícula).
- ***O mesofilo,*** ou parênquima, é um tecido interno portador de clorofila que desempenha a função principal - a fotossíntese.
- ***Rede de veias*** *formadas por feixes condutores (tecido condutor) constituídos por vasos e tubos crivados para a circulação de água, sais dissolvidos, açúcares e elementos mecânicos.*
- ***Os estomas*** são complexos celulares especiais localizados principalmente na superfície inferior das folhas; através deles ocorre a evaporação do excesso de água (transpiração) e as trocas gasosas.
- ***Epiderme*** *- a camada exterior da estrutura celular multicamada, que cobre a folha de todos os lados; zona fronteiriça entre a folha e o ambiente.* A epiderme desempenha várias funções importantes:
- protege a folha da evaporação excessiva, regula as trocas gasosas com o ambiente, excreta substâncias do metabolismo e, em alguns casos, absorve água.

A maioria das folhas tem uma anatomia dorsoventral: as superfícies superior e inferior da folha têm uma estrutura diferente e desempenham funções diferentes.

A epiderme é geralmente transparente (não há cloroplastos na sua estrutura ou estão presentes em quantidades insuficientes) e está coberta no exterior por uma camada protetora de origem cerosa (cutícula), que impede a evaporação. A cutícula da parte inferior da folha é, em regra, mais fina do que a da parte superior, sendo mais espessa nos biótopos de clima árido do que nos biótopos onde não há falta de humidade.

O tecido da epiderme inclui os seguintes tipos de células: células **epidérmicas** (ou motoras), células **de defesa**, células **auxiliares** e **tricomas**. As células epidérmicas são as maiores, mais volumosas e menos adaptadas. Nas plantas monocotiledóneas, estão mais esticadas do que nas dicotiledóneas. A epiderme é coberta por poros,

chamados estómatos, que fazem parte de um todo complexo constituído por um poro, rodeado
em todos os lados por células protectoras que contêm cloroplastos, e de duas a quatro células laterais nas quais não há cloroplastos. Este complexo regula a evaporação e as trocas gasosas da folha com o ambiente. Regra geral, o número de estomas na parte inferior da folha é maior do que na parte superior. Em muitas espécies, os tricomas crescem no topo da epiderme.

Mesófilo.

A maior parte do interior da folha, entre as camadas superior e inferior da epiderme, é **parênquima** (tecido principal), ou **mesofilo**. Normalmente, o mesofilo é formado por células que sintetizam clorofila, pelo que se utiliza o nome sinónimo - clorênquima. O produto da fotossíntese é denominado ***fotossintetizante.***

Nos fetos e na maioria das plantas com flores, o mesofilo está dividido em duas camadas:

- **Camada** superior, **paliçada**, de células **densamente compactadas,** localizadas verticalmente, diretamente sob a camada superior da epiderme; uma ou duas células de espessura. As células desta camada contêm muito mais cloroplastos do que as da camada esponjosa subjacente. As células cilíndricas longas estão geralmente dispostas em uma a cinco camadas. Estas células, por se encontrarem perto do bordo da folha, estão posicionadas de forma óptima para obter luz solar. Pequenos espaços entre as células são utilizados para absorver o dióxido de carbono. Os espaços devem ser suficientemente pequenos para suportar a ação capilar de transferência de água. As plantas têm de adaptar a sua estrutura para uma produção óptima de luz em várias condições naturais, como o sol ou a sombra - as folhas ensolaradas têm uma camada de paliçada com várias camadas, enquanto as folhas de sombra e as folhas velhas perto do solo têm apenas uma camada.
- As células da **camada** inferior, **esponjosa**, estão compactadas de forma solta e, como resultado, o tecido esponjoso possui uma grande superfície interna devido ao sistema desenvolvido de espaços intercelulares que comunicam entre si e com os estomas. A friabilidade do tecido esponjoso desempenha um papel importante nas trocas gasosas da folha com o oxigénio, o dióxido de carbono e o vapor de água.

As folhas são geralmente de cor verde devido à clorofila, um pigmento fotossintético que se encontra nos cloroplastos, plastídeos verdes. As plantas que não possuem ou não têm clorofila não podem fazer fotossíntese.

Em alguns casos, como resultado de mutações somáticas, é possível a formação de sítios de mesofila por células mutantes que não sintetizam clorofila, e as folhas de tais plantas têm uma cor variegada devido à alternância de manchas de mesofila normal e mutante.

As plantas das latitudes temperadas e setentrionais, bem como das zonas climáticas sazonalmente secas, podem ser caducifólias, ou seja, as suas **folhas caem** ou morrem com o advento de uma estação desfavorável. Este mecanismo é designado por queda. No lugar de uma folha caída num ramo, forma-se uma cicatriz - um vestígio de folha. No outono, as folhas podem ficar amarelas, alaranjadas ou vermelhas, pois com a diminuição da luz solar, a planta reduz a produção de clorofila verde, e a folha passa a ter pigmentos auxiliares, como **carotenóides** e **antocianinas**.

Veias As nervuras das folhas são tecido vascular e estão localizadas na camada esponjosa do mesófilo. De acordo com o padrão de ramificação das nervuras, em regra, repetem a estrutura de ramificação da planta. As veias são constituídas por xilema, um tecido utilizado para reter a água e os minerais nela dissolvidos, e floema, um tecido utilizado para reter as substâncias orgânicas sintetizadas pelas folhas. Normalmente, o xilema fica por cima do floema. Juntos, eles formam o tecido principal, chamado de núcleo da folha.

A morfologia da folha

Uma folha das angiospérmicas é constituída por um **caule** (talo da folha), uma **lâmina foliar** (lóbulo) e **estípulas** (apêndices emparelhados localizados em ambos os lados da base do caule). O local onde o escapo se junta ao caule é designado por **vagina da folha**. O ângulo formado pela folha (caule da folha) e o caule intersticial a montante é designado por axila da folha. Na axila foliar pode formar-se uma folha (que neste caso se chama gema **axilar**), uma flor (chamada **flor axilar**), uma inflorescência (chamada **inflorescência axilar**).

Nem todas as plantas têm todas as partes das folhas acima mencionadas; em algumas espécies, as estípulas emparelhadas não são claramente expressas ou estão ausentes; o pecíolo pode estar ausente e a estrutura da folha pode não ser lamelar. A enorme variedade de estrutura e localização das folhas são listadas abaixo.

As caraterísticas externas das folhas, como a forma, os bordos, a pilosidade, etc., são muito importantes para identificar uma espécie vegetal e os botânicos criaram uma terminologia rica para descrever estas caraterísticas. Ao contrário de outros órgãos das plantas, as folhas são o fator determinante, uma vez que crescem, formam um determinado padrão e forma e depois caem, enquanto os caules e as raízes continuam a crescer e a mudar ao longo da vida da planta e, por esta razão, não são o fator determinante.

Os principais tipos de folhas:

- O processo foliar em certas espécies de plantas, como os fetos.
- As folhas das árvores coníferas com forma de agulha ou subuladas (agulhas).
- Folhas de plantas angiospérmicas (com flor): a forma padrão inclui estípulas, pecíolo e lâmina foliar.
- As Lycopodiophyta têm folhas microfilares.

- Folhas de envoltório (um tipo encontrado na maioria das ervas)

Localização da perseguição

A consulta "Filotaksis" é redireccionada para aqui. Este tópico precisa de um artigo separado.

À medida que o caule cresce, as folhas são dispostas numa certa ordem, o que determina o acesso ideal à luz. As folhas aparecem no caule em espiral, tanto no sentido dos ponteiros do relógio como no sentido contrário, com um certo ângulo de divergência. A sequência exacta de Fibonacci é vista no ângulo de divergência: 1/2, 1/3, 2/5, 3/8, 5/13, 8/21, 13/34, 21/55, 34/89.

Esta sequência está limitada a uma rotação completa de 360°, 360° x 34/89 = 137,52 ou 137° 30' - o ângulo conhecido em matemática como ângulo áureo.

Na sequência, o número indica o número de voltas até que a folha volte à sua posição original. O exemplo seguinte mostra os ângulos em que as folhas estão localizadas no caule:

As folhas seguintes estão situadas num ângulo de 180 ° (ou 1/2) 125 °

(ou 1/3): três folhas de uma só vez

154 ° (ou 2/5): cinco folhas para duas voltas 115 °

(ou 3/8): oito folhas em três voltas

Normalmente, a localização da folha é descrita utilizando os seguintes termos:

As folhas ***seguintes (sequenciais)*** - são organizadas uma a uma (numa fila) para cada nó (bétula, maçã, rosa, tradescantia, cissus, pelargonium).

O oposto - as folhas são dispostas em duas em cada nó e geralmente em pares cruzados, ou seja, cada nó subsequente no caule é girado em relação ao anterior em um ângulo de 90 °; ou em duas linhas, sem girar os nós (lilás, yasnotka, hortelã, jasmim, fúcsia).

Mutovchatoe - as folhas estão localizadas em três ou mais em cada nó do caule - um verticilo. Tal como as folhas opostas, os verticilos podem ser cruzados, quando cada verticilo sucessivo é rodado em relação ao anterior num ângulo de 90 °, ou metade do ângulo entre as folhas. As folhas opostas podem aparecer espiraladas na extremidade do caule (elodea, corvo eye e oleandro).

Roseta - folhas localizadas numa roseta - todas as folhas estão à mesma altura e dispostas em círculo (saxifrage, chlorophytum e agave).

Os lados da folha:

Qualquer folha na morfologia das plantas tem duas faces: **abaxial** e **adaxial**.

A face abaxial (do lat. Ab - "de" e do lat. Axis - "eixo") é a face do órgão lateral do rebento (folha ou esporófito) da planta, voltada para o cone de crescimento (topo) do rebento. Outros nomes são o lado dorsal, o lado dorsal.

O lado oposto é chamado adaxial (do lat. Ad - "k" e lat. Axis - "eixo"). Outros nomes são o lado ventral, o lado ventral.

Na maioria dos casos, a face abaxial é a superfície da folha ou do esporófito virada para a base do rebento, mas ocasionalmente a face abaxial desdobra-se 90 ou 180 ° durante o desenvolvimento e fica paralela ao eixo longitudinal do rebento ou vira-se para o seu topo. Esta situação é típica, por exemplo, das agulhas de certas espécies de abeto.

Os termos "abaxial" e "adaxial" são convenientes na medida em que permitem descrever as estruturas vegetais utilizando a própria planta como sistema de referência e sem recorrer a designações ambíguas como lado "superior" ou "inferior". Assim, para rebentos orientados verticalmente para cima, a face abaxial dos órgãos laterais será, em regra, mais baixa e a face adaxial mais alta; contudo, se a orientação do rebento se desviar da vertical, os termos "face superior" e "face inferior" podem ser enganadores.

Separação das lâminas foliares

A forma como as lâminas das folhas são separadas permite descrever duas formas básicas de folhas.

Uma folha simples é constituída por uma única lâmina foliar e um caule. Embora possa ser constituída por várias lâminas, os espaços entre estas lâminas não atingem a nervura principal da folha. Uma folha simples cai sempre por completo. Se as ranhuras ao longo da borda de uma chapa simples não atingirem um quarto da metade da largura da chapa, então essa chapa simples é chamada de sólida.

Uma folha complexa é constituída por várias folhas localizadas no caule comum (que é designado por ráquis). Os folíolos, para além das suas lâminas foliares, podem ter o seu próprio pecíolo (que se designa por pecíolo ou pecíolo secundário) e as suas estípulas (que se designam por estípulas ou estípulas secundárias). Numa folha complexa, cada disco cai separadamente. Uma vez que cada folha de uma folha complexa pode ser considerada como uma folha separada, ao identificar uma planta é muito importante localizar o caule. As folhas complexas são caraterísticas de algumas plantas superiores, como as leguminosas.

Nas folhas de cirros as lâminas foliares estão localizadas ao longo do caule principal. Por sua vez, as folhas plumosas podem ser pinadas, com lâmina apical, por exemplo, o freixo (Fraxinus); e pinadas, sem lâmina apical, por exemplo, as plantas do género Swietenia.

Nas ***folhas bifoliadas***, as folhas estão divididas duas vezes: as placas estão localizadas ao longo dos pecíolos secundários, que por sua vez estão ligados ao pecíolo principal; por exemplo, a albição (Albizia).

As folhas trifolioladas têm apenas três placas; por exemplo, o trevo (Trifolium), a folha (Laburnum).

As folhas do viciado em periston assemelham-se a folhas emplumadas, mas as suas placas não estão completamente separadas; por exemplo, algumas cinzas da montanha (Sorbus).

Pic.93. Folha simples, Aspen (Populus tremula)

Fig.94. Folha unifoliada, Rosa (Rosa)

Pic.95. Folha de dedos, castanheiro-da-índia vulgar (Aesculus hippocastanum)

Pic. 96. Folha feltrada, heléboro preto (Helleborus niger)

Caraterísticas dos pecíolos

As folhas pecioladas têm um pecíolo - um talo ao qual estão ligadas. Nas folhas tiróideas, o caule é fixado no interior a partir do bordo da placa. As folhas sésseis e onduladas não têm pecíolo. As folhas sésseis estão ligadas diretamente ao caule; nas folhas enroladas, a lâmina envolve total ou parcialmente o caule, de modo que a fuga parece crescer diretamente da folha (por exemplo, Claytonia pierced-leaved, Claytonia perfoliata). Nalgumas espécies de acácia, por exemplo, na espécie Acacia koa, os pecíolos são alargados e aumentados e desempenham a função de lâmina foliar - estes pecíolos são designados por filódios. No final do filódio, pode ou não existir uma folha normal.

Nalgumas plantas, a parte do pecíolo, que se situa junto à base da lâmina foliar, é espessada. Este espessamento é chamado joelho ou genículo (lat. Geniculum). É peculiar ao cativeiro, por exemplo, para muitas plantas da família dos aróides.

Caraterísticas das estípulas

A estípula presente nas folhas de muitas plantas dicotiledóneas é um apêndice de cada lado da base do caule e assemelha-se a uma pequena folha. As estípulas podem cair à medida que a folha cresce, deixando uma cicatriz; ou podem não cair, permanecendo com a folha (por exemplo, isto acontece na rosa e nas leguminosas).

As estipulações podem ser:

- livre
- acrete - fundido com a base do caule
- bell-shaped - em forma de sino (exemplo - rhubarb, Rheum)
- base das telhas
- inter-petioladas, entre os caules de duas folhas opostas
- entre os caules, entre o pedúnculo e o caule oposto

Venação

Existem duas subclasses de venação: marginal (as nervuras principais atingem as extremidades das folhas) e arqueada (as nervuras principais passam quase até às extremidades da folha, mas rodam sem a atingir).

Tipos de venação:

Malha - as veias locais divergem da principal como uma pena e ramificam-se noutras pequenas veias, criando assim um sistema complexo. Este tipo de venação é típico das plantas dicotiledóneas. Por sua vez, a venação em rede divide-se em:

Veias cirro-nervosas - uma folha tem geralmente uma nervura principal e muitas outras mais pequenas que se ramificam a partir da nervura principal e são paralelas entre si. Um exemplo é uma macieira (Malus).

Radial - a folha tem três nervuras principais que emanam da sua base. Um exemplo é a raiz de uma árvore, ou ceanothus (Ceanothus).

Palmada - várias nervuras principais divergem radialmente perto da base do caule. Um exemplo é o ácer (Acer).

Paralelas - as nervuras correm paralelamente ao longo de toda a folha, desde a base até à ponta. Típico das plantas monocotiledóneas, como os cereais (poaceae).

Dicotómicas - as veias dominantes estão ausentes, as veias estão divididas em duas. Encontrada no Ginkgo (Ginkgo) e em alguns fetos.

Padrões gerais na estrutura e função das folhas

A queda das folhas é precedida pelo envelhecimento das folhas. Isto significa que em todas as células a intensidade dos processos vitais diminui - fotossíntese, respiração. O teor de substâncias já existentes nas células e importantes para a planta diminui e o fornecimento de novas substâncias, incluindo a água, é reduzido. A decomposição das substâncias prevalece sobre a sua formação. Os produtos indesejáveis e mesmo nocivos acumulam-se nas células; são os chamados produtos finais do metabolismo. Estas substâncias são eliminadas da planta quando as folhas são

caiu. Os compostos mais valiosos, através dos tecidos condutores, fluem das folhas para outros órgãos da planta, onde se depositam nas células dos tecidos acumulados ou são imediatamente utilizados pelo organismo como alimento.

A maioria das árvores e arbustos no período de envelhecimento as folhas mudam de cor e tornam-se amarelas ou roxas. Isto deve-se ao facto de a clorofila ser destruída. Mas para além dela, nos plastídios (cloroplastos) existem substâncias de cor amarela e laranja. No verão, estas substâncias estavam como que disfarçadas pela clorofila e os plastídeos eram verdes. Além disso, nos vacúolos acumulam-se outros corantes amarelos ou vermelho-carmesim. Juntamente com os pigmentos plastidiais, determinam a cor das folhas de outono. Em algumas plantas, as folhas mantêm a cor verde até morrerem.

Mesmo antes de a folha cair do rebento, forma-se uma camada de cortiça na sua base, na fronteira com o caule. Para o exterior, forma-se uma camada de separação. Com o tempo, as células desta camada vão-se coagulando umas às outras, à medida que a substância intercelular que as ligava e, por vezes, as paredes celulares se tornam cada vez mais delicadas. A folha separa-se do caule. No entanto, durante algum tempo, ainda se conserva em fuga devido aos feixes condutores entre a folha e o caule. Mas chega um momento em que esta ligação é violada. A cicatriz no lugar da folha separada é coberta com um pano protetor, cortiça.

A partir do momento em que as folhas atingem o seu tamanho limite, começa o envelhecimento, que conduz eventualmente à morte da folha - o seu amarelecimento ou vermelhidão associados à destruição da clorofila, à acumulação de carotenóides e antocianinas. À medida que a folha envelhece, a intensidade da fotossíntese e da respiração também diminui, os cloroplastos degradam-se, alguns sais acumulam-se (cristais de oxalato de cálcio), substâncias plásticas fluem da folha (hidratos de carbono, aminoácidos).

No processo de envelhecimento das folhas das plantas lenhosas dicotiledóneas, forma-se a chamada camada de separação, que consiste num parênquima facilmente esfoliável. Nesta camada, a folha é separada do caule e, na superfície da futura cicatriz da folha, forma-se antecipadamente uma camada protetora de tecido de cortiça.

Na cicatriz da folha, as secções transversais do traço da folha são visíveis sob a forma de pontos. A escultura da cicatriz foliar é diferente e é um aspeto caraterístico da sistemática de lepidophyma .

Nas monocotiledóneas e nas dicotiledóneas herbáceas, a camada de separação, em regra, não se forma; a folha morre e colapsa gradualmente, permanecendo no caule.

Nas plantas caducifólias, a queda das folhas para o inverno tem um significado adaptativo: ao deixarem cair as folhas, as plantas reduzem drasticamente a superfície de evaporação; ficam protegidas de possíveis rupturas sob o peso da neve. Nas plantas de folha persistente, a queda maciça das folhas é geralmente programada para o início do crescimento de novos rebentos a partir dos botões e,

por conseguinte, não ocorre no outono, mas na primavera.
A queda das folhas de outono na floresta tem um importante significado biológico. As folhas caídas são um bom fertilizante orgânico e mineral. Todos os anos, nas suas florestas de folha caduca, as folhas caídas servem de material para a mineralização produzida pelas bactérias e fungos do solo. Para além disso, a folhagem caída estratifica as sementes que caíram, protege as raízes do congelamento, evita o desenvolvimento de uma cobertura de musgo, etc. Algumas espécies de árvores perdem não só a folhagem, mas também os rebentos com um ano de idade.

Caraterísticas dos pecíolos

As folhas pecioladas têm um pecíolo - um talo ao qual estão ligadas. Nas folhas tiróideas, o caule é fixado no interior a partir do bordo da placa. As folhas sésseis e onduladas não têm pecíolo. As folhas sésseis estão ligadas diretamente ao caule; nas folhas enroladas, a lâmina envolve total ou parcialmente o caule, de modo que a fuga parece crescer diretamente da folha (por exemplo, Claytonia pierced-leaved, Claytonia perfoliata). Nalgumas espécies de acácia, por exemplo, na espécie Acacia koa, os pecíolos são alargados e aumentados e desempenham a função de lâmina foliar - estes pecíolos são designados por filódios. No final do filódio, pode ou não existir uma folha normal.
Nalgumas plantas, a parte do pecíolo, que se situa junto à base da lâmina foliar, é espessada. Este espessamento é chamado joelho ou genículo (lat. Geniculum). É peculiar ao cativeiro, por exemplo, para muitas plantas da família dos aróides.

Classificação das folhas

Dividem-se em simples e complexos:

• **Uma folha simples** é constituída por uma lâmina foliar, um vapor e cai **completamente (carvalho, bétula, ácer).**

• **Uma folha complexa** é constituída por várias placas foliares simples (castanheiro, acácia) colocadas num pecíolo comum (por vezes ramificado). Em novembro,
as peças individuais caem.

As folhas complexas são classificadas por:

a) a estrutura das lâminas foliares (de acordo com o esquema acima);

b) o número de lâminas foliares e a sua disposição mútua - armazenamento tripartido (morangos, trevo, framboesa), castanheiro, tremoço; os que provêm de um número par de camadas de folhas de monges (acácia amarela, ervilha), armazenamento não paristospáceo - de um número ímpar de placas foliares (roseira brava, rosa, tramazeira).

As placas foliares em diferentes direcções são perfuradas por veias - um sistema de feixes de fibras vasculares, que proporcionam força ao folhado e unem o mesófilo da folha num único todo. A disposição das nervuras na lâmina foliar é designada por venação da folha.

Distinguem-se os seguintes tipos de venação das folhas:

a) **simples** - a lâmina foliar penetra apenas num feixe condutor - a nervura central (briófitas, pluminiformes, algumas coníferas);

b) **dicotómica** - cada uma das veias ramifica-se em duas equivalentes laterais (gingo de duas lâminas);

c) **reticular** - os ramos laterais, mais finos, formam uma ou várias grandes nervuras que, após ramificação posterior, formam uma densa rede de pequenas nervuras (principalmente indicotyledons);

d) **arco** - uma nervura entra na folha, as nervuras laterais afastam-se da nervura principal e continuam de forma arqueada, sem se ramificarem (lírio-do-vale);

e) **paralela** - uma lâmina foliar que, desde a base até ao ápice, penetra em várias nervuras idênticas, paralelas e não ramificadas (cereal, junça).

Aparentemente, a disposição das folhas permite que as plantas captem o máximo de luz, porque as folhas formam um mosaico de folhas e não se sombreiam umas às outras, o que é conseguido através de diferentes comprimentos e diferentes dobras das estacas, dos tamanhos desiguais e da assimetria das folhas.

Numa planta, existem **três formações principais de folhas**:

1) **raízes de gramíneas** ou primeiras, folhas - folhas subdesenvolvidas e modificadas, acumulam nutrientes ou desempenham funções protectoras e outras funções especializadas (escamas de cebola, rizomas, escamas de cobertura dos rins, folhas de sete miadolni, por exemplo, nas leguminosas)

2) **as folhas do meio** são típicas desta planta, são elas que realizam o processo principal da fotossíntese, em algumas plantas (ponta de flecha, ranúnculo de Caxemira) as folhas do mesmo rebento têm uma forma diferente - este fenómeno chama-se heterofilia (do grego heteros - outro, do latim folium - folha) ou riznolistkovosti;

3) **Folhas apicais** - colocadas na parte superior do rebento e diferem da mediana pelo seu tamanho mais pequeno, forma mais simples e, nalgumas plantas, por uma cor diferente.

Fertilizantes para plantas

Se a planta recebe uma dieta equilibrada, então a doença não a apanha, e as pragas, se atacarem, o dano a uma planta saudável é aplicado menos do que à enfraquecida.

Azoto. O azoto é um dos principais nutrientes das plantas. Com a falta de azoto, as plantas deixam de crescer. Com um excesso de azoto no solo das plantas, pelo contrário, inicia-se um crescimento rápido, e todas as partes da planta crescem. As folhas tornam-se verde-escuras, demasiado grandes e irregulares. Os topos começam a ficar "encaracolados". Estas plantas não florescem durante muito tempo e não entram em frutificação.

Nas culturas frutícolas, os frutos resultantes não amadurecem durante muito tempo, têm uma cor pálida, caem demasiado cedo, os restantes frutos nos ramos não podem ser armazenados. Um excesso de azoto também provoca o desenvolvimento de podridão cinzenta nas bagas de morangos e tulipas de jardim. As tulipas são geralmente fertilizantes azotados puros que tentam não fertilizar: apenas complexos

ou fósforo-potássio. Os fertilizantes azotados nas tulipas apodrecem primeiro os botões, depois a parte aérea da planta, até ao início dos bolbos.
A adubação de cobertura com fertilizantes azotados, embora orgânicos, mesmo minerais, deve ser feita apenas na primavera e no início do verão, quando todas as plantas estão numa fase de crescimento rápido.
A fertilização com azoto após geadas primaveris de curta duração ou baixas temperaturas é muito eficaz. Estes suplementos ajudam as plantas, especialmente as plantas de floração precoce, como a **weigela**, a lidar mais rapidamente com o stress, a recuperar e a começar a crescer.
A adubação de cobertura com azoto no meio e no fim do verão reduz significativamente a resistência invernal das plantas perenes e também contribui para a acumulação de nitratos nos vegetais. Especialmente prejudicial **fertilização nitrogenada** tardia **do jardim jovem.**
Por exemplo, nas macieiras com excesso de azoto, verifica-se um aumento de rebentos jovens no final do verão, que, quando as temperaturas nocturnas descem, são afectados pelo oídio, podendo estas maçãs não sobreviver ao inverno.
Adubos azotados: ureia, nitrato de amónio, nitrato de sódio, nitrato de potássio, sulfato de amónio. Também no comércio é apresentada uma vasta gama de fertilizantes minerais complexos, que, juntamente com o azoto, contêm fósforo e potássio. A embalagem indica sempre a percentagem de uma substância.
Fósforo. O fósforo, tal como o azoto e o potássio, é o principal nutriente das plantas. A falta de fósforo afecta, em primeiro lugar, os processos reprodutivos: floração e frutificação.
Na primavera, quando o fósforo é deficiente, os botões não florescem durante muito tempo, as raízes e os novos rebentos não crescem. As plantas não florescem durante muito tempo, os botões e as flores caem, a floração é muito escassa, os frutos também caem rapidamente; as bagas, os legumes e os frutos têm um sabor amargo.
Nas maçãs e peras com carência de fósforo, o crescimento jovem dos ramos é muito fraco: os ramos jovens são finos, curtos, param de crescer muito rapidamente, as folhas na extremidade destes rebentos são alongadas e são folhas muito mais saudáveis. O ângulo das folhas dos rebentos jovens diminui (parecem pressionadas contra o ramo), as folhas velhas mais baixas tornam-se baças, verde-azuladas, por vezes bronzeadas. Progressivamente, as folhas tornam-se manchadas: verde-escuro e verde-claro, manchas bastante amareladas aparecem em toda a placa foliar. Formado o ovário, quase todos caem. Os raros frutos que permanecem nos ramos também tomam banho cedo.
Nos frutos de caroço, como a ameixa, a cereja, o pêssego e o alperce, a falta de fósforo é mais notória. No início do verão, as folhas jovens têm uma cor verde escura e, gradualmente, as suas veias começam a ficar avermelhadas: primeiro de baixo, depois de cima. A cor vermelha cobre os bordos das folhas e os pecíolos. Os bordos das folhas são dobrados para baixo. O alperce e o pêssego têm pontos

vermelhos nas folhas. Devido à falta de fósforo, as plantações jovens de pêssegos e damascos podem morrer no primeiro ano. No adulto, as culturas de frutos de caroço permanecem esverdeadas e desintegram-se. A polpa mesmo dos frutos maduros permanece azeda.

Culturas de bagas, como groselhas, groselhas, framboesas, madressilvas, mirtilos e outros arbustos ou culturas herbáceas perenes que nos dão bagas saborosas, com falta de fósforo na primavera atrasou a brotação, nos ramos muito pouco crescimento é formado, e mesmo que rapidamente pára de crescer , as folhas tornam-se gradualmente avermelhadas ou vermelho-violeta. As folhas secas tornam-se pretas. Os frutos frutificados desintegram-se rapidamente, é possível uma folhagem no início do outono.

O fósforo é introduzido no solo na primavera ou no outono, aquando da escavação do solo; no verão, a fertilização foliar pode ser efectuada (nas folhas) com adubos líquidos ou soluções aquosas de adubos minerais, de junho a agosto. As flores com estes tratamentos continuam a florescer.

Adubos com fósforo: superfosfato, superfosfato duplo, farinha de ossos, rocha fosfática. Adubos minerais complexos com teor de fósforo: amofos, diamofos (azoto + fósforo); ammofoska, diammofoska (azoto + fósforo + potássio) e muitos outros.

Potássio.

O potássio é o terceiro nutriente mais importante para as plantas. A falta de potássio reduz drasticamente a resistência invernal das plantas.

As plantas que sofrem de carência de potássio sofrem um desequilíbrio na água, o que, por sua vez, provoca a secagem das copas.

Com uma carência de potássio, os bordos das folhas das plantas começam a dobrar-se para cima; aparece um rebordo amarelo nos bordos da placa foliar, que seca gradualmente. A cor das folhas a partir dos bordos começa a mudar de verde-azulado para amarelo, gradualmente as folhas, por exemplo, num

A macieira torna-se cinzenta, castanha ou castanha e, na pera, as folhas tornam-se gradualmente pretas.

Assim, se os suplementos de potássio não forem introduzidos a tempo, a morte a partir da borda das folhas espalha-se mais para a placa foliar e as folhas secam.

Muitas vezes as árvores crescem normalmente na primavera, e os sinais de carência de potássio começam a aparecer no verão. Os frutos amadurecem de forma extremamente irregular, a cor dos frutos é pálida e "baça". As folhas mantêm-se durante muito tempo nos ramos, não caem, apesar das geadas de outono.

Nas culturas de sementes de caroço, quando há carência de potássio, as folhas são inicialmente verde-escuras, começando depois a ficar amarelas nos bordos e, quando totalmente mortas, tornam-se castanhas ou castanhas escuras. Nos damasqueiros e nos cravos, pode notar-se o enrugamento ou a torção das folhas. Aparecem pontos amarelos de tecido morto nas folhas, rodeados por um bordo vermelho ou castanho. Após algum tempo, as folhas ficam perfuradas.

Numa framboesa com falta de potássio, as folhas ficam enrugadas e ligeiramente enroladas no interior; a cor das folhas de framboesa parece cinzenta devido à tonalidade clara da parte inferior das folhas carmesim. Aparecimento de folhas com bordos rasgados. Aparece um bordo vermelho nas folhas do morangueiro, que depois fica castanho.
Se houver potássio suficiente, a cultura amadurece de forma amigável; os frutos são muito saborosos e corados, as folhas caem a tempo, as plantas estão totalmente preparadas para o inverno e hibernam muito bem.
Aos primeiros sinais de deficiência de potássio, é possível irrigar ou pulverizar as folhas com uma solução aquosa de fertilizantes de potássio.
Fertilizantes de potássio: cloreto de potássio, sulfato de potássio (sulfato de potássio), como bem como fertilizantes complexos, que têm teor de potássio, por exemplo: amofos, diamofos. Na prática, na maioria das vezes há falta não só de uma pilha específica, mas de várias ao mesmo tempo.
Com uma falta simultânea de fósforo e potássio nas plantas, não se pode dizer imediatamente que elas estão a passar fome, mas ao mesmo tempo elas crescem muito mal.
Com falta dos três nutrientes principais - azoto, fósforo e potássio - as plantas não só crescem mal, como também dão maus frutos. No inverno, as culturas frutícolas congelam os rebentos. Por isso, é muito importante introduzir fertilizantes complexos para colmatar a tempo a falta de uma ou outra pilha.

Imagem-13

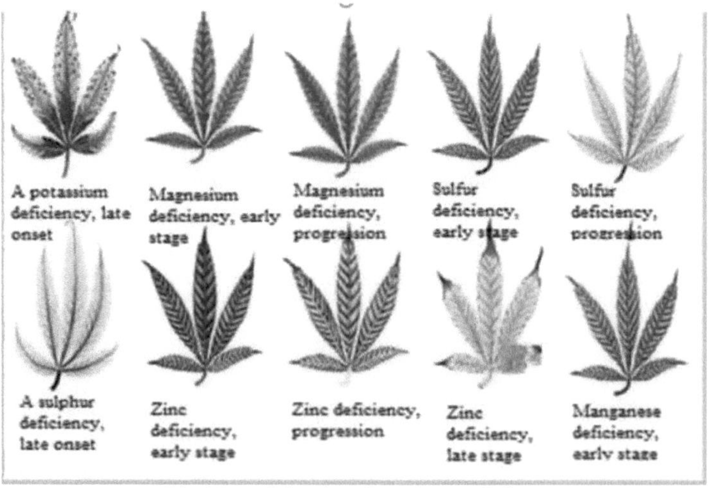

Pic.97. A falta de minerais nas folhas

Modificações nas folhas

As folhas de algumas plantas são modificadas, devido às quais desempenham outras funções não caraterísticas das folhas típicas das angiospérmicas. Assim, as folhas, transformadas em espinhos, reduzem a evaporação da água e desempenham uma função de proteção. As folhas, transformadas em antenas, proporcionam às plantas (ervilhas) uma maior função de suporte do caule. As folhas grandes da suculenta Aloe transformaram-se num "depósito" de água e nutrientes. As folhas podem ser transformadas em antenas, espinhos, enchimento, aparelho de captura, escamas, escamas carnudas (foto), etc.

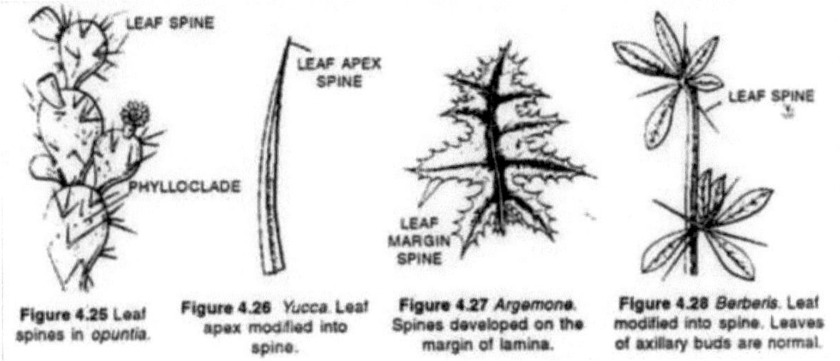

Fig.98. Modificação das folhas

1. Se o caule da planta for fraco, a folha pode desempenhar uma função de suporte, agarrando-se aos objectos circundantes. Por exemplo, as antenas da ervilha (foto ...).

Pic.99. Folhas de função de apoio

2. Nos cactos, as folhas são modificadas em espinhos; esta forma da folha permite reduzir drasticamente a evaporação da água e protege-os de serem comidos pelos animais (fig.).

Fig.100. Folhas modificadas de cactos

3. os espinhos da bérberis são também folhas modificadas

Fig.101. Folhas modificadas de espinho de bérberis

4. As metamorfoses mais interessantes são as armadilhas. Desenvolvem-se em plantas insectívoras, que crescem em escamas limpas, escamas secas de filódios, pobres em substâncias minerais nos solos, e recebem alimentos ricos em azoto e fósforo, digerindo animais.

5. A estrutura do aparelho de captura é diferente. As armadilhas das folhas são caraterísticas das plantas "predadoras". Talvez esta seja a modificação mais interessante e exótica. Por estranho que pareça, as folhas são modificadas em "armadilhas" não porque a planta tem sede do sangue das vítimas, mas porque cresce em solos extremamente pobres em substâncias minerais. Por exemplo, a nossa "compatriota" Rosyanka vive em turfeiras, onde não há solo. Portanto, temos que obter os minerais necessários para a vida de os corpos de vários insectos.Mas a

fotossíntese em tais plantas não foi cancelada. Por isso, o tipo de alimentação pode ser chamado de mixotrófico (foto).

Fig.102. Armadilhas de folhas

Pic.103. Armadilha para moscas

Quando um inseto se senta numa folha destas, as metades batem e a vítima fica presa, onde é digerida pela ação dos sucos digestivos segregados pelas glândulas da folha (fig.).

6. No jarro (Nepentes), as folhas têm a forma de um jarro com uma tampa. Ao longo das bordas do jarro, há um isco de néctar e, no fundo, um sumo digestivo. As paredes do jarro são muito escorregadias, e o inseto que cair lá fora não conseguirá sair.

Na base da folha encontra-se uma placa larga que desempenha a função de fotossíntese, a parte média da folha é alongada, podendo contornar os troncos das árvores, a parte apical, o jarro, serve para apanhar insectos. Na parte exterior do jarro existem protuberâncias dentadas que servem de suporte ao aparelho de captura e, ao mesmo tempo, guiam os insectos rastejantes. O bordo superior do jarro tem células que produzem néctar doce, que atrai os insectos, e cera, que torna a superfície escorregadia. O jarro tem uma tampa fixa, que protege da entrada de água da chuva no seu interior e, ao mesmo tempo, constitui um local de pouso para os insectos (Fig.).

Fig.104. Folhas de jarro (nepenthes

Vídeo sobre plantas carnívoras:

Por vezes, as folhas que rodeiam as flores e as inflorescências inteiras são brilhantes e chamativas, como as coberturas brancas ou vermelhas das orelhas das arónias (calla, anthurium) ou as folhas apicais vermelhas, brancas e cor-de-rosa da poinsétia. São facilmente confundidas com pétalas, enquanto as verdadeiras flores destas espécies podem ser relativamente pequenas e discretas (foto ...).

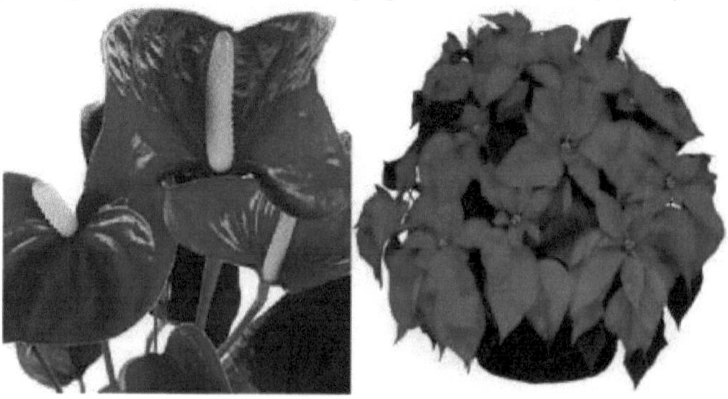

Foto 105. Planta carnívora

Algumas plantas são caracterizadas por folhas suculentas e carnudas que poupam água. Estas folhas têm uma cutícula de cera densa e células especiais à prova de água. Por exemplo, o conhecido aloé (agave) (foto ..).

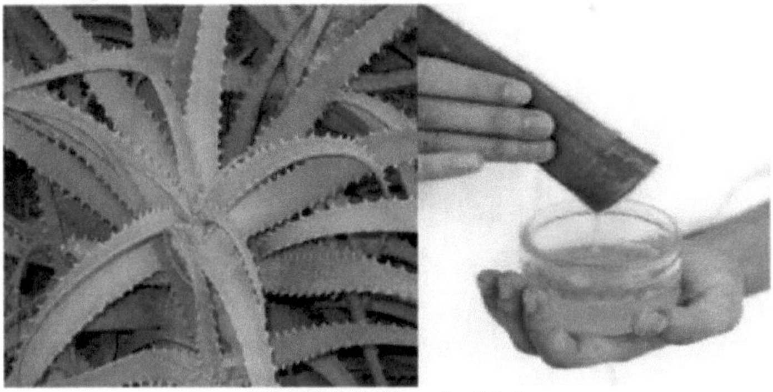

Pic. 106. Folhas de Aloé

Perguntas:

1. Definir a folha como um órgão lateral.
2. Quais são as funções da folha?
3. Quais são as partes de uma folha típica de uma angiosperma?
4. Quais são as caraterísticas subjacentes à classificação das folhas simples segundo o esquema geral?
5. Quais são as formas das lâminas foliares de acordo com o esquema geral, de acordo com esta classificação?
6. Que folha se designa por arredondada, ovoide, oblonga? Para definir?
7. Em que sinais se baseia a classificação das folhas simples segundo os tipos de desmembramento?
8. Quais são os tipos de folhas de acordo com o grau de desmembramento da sua lâmina foliar?
9. Que folha se chama trifoliada, palmatológica, pinada? Dar uma definição, dar exemplos.
10. Quais são os sinais subjacentes à classificação das folhas com base na forma do bordo da folha?
11. Quais são os tipos de folhas na forma do bordo da lâmina foliar?
12. Que folha se designa por inteira, denteada e pinada? Dar uma definição, dar exemplos.
13. Quais são os sinais subjacentes à classificação das folhas por tipos de venação?
14. Que tipos de venação existem nas folhas?
15. Como se designa a venação pinnipoteência, pinistetis, pinis-looped, palotecina, paleoceno, palmate-looped? Dar uma definição, dar exemplos.
16. O que são as nervuras das folhas?
17. É possível distinguir as monocotiledóneas das dicotiledóneas pela venação das folhas?
18. Que folhas são chamadas de complexas?

19. Quais são os tipos de folhas complexas?
20. Qual é a diferença entre uma ficha palmatológica e uma ficha peristossilábica?
21. O que está na origem da grande variedade de caraterísticas morfológicas de uma folha?
22. Que plantas se designam por caducifólias e que plantas se designam por perenes? Exemplos
23. O que é a queda das folhas? Qual é o seu significado biológico?
24. Que processos ocorrem na folha antes da queda da folha?

As respostas a estas perguntas serão o objeto do nosso estudo de hoje na aula. Tenta dominar o tema de hoje, preenchendo os espaços em branco nas tarefas da segunda fase.

Novas tarefas para a produção independente de conhecimentos (em trabalho de grupo)

1 etapa: tarefas para "Aprendizagem"

Introduzir as palavras em falta:

*1- **tarefa**:* Qual é a estrutura externa da folha? **Resposta**: A folha é constituída por uma lâmina foliar e um caule. O escapo liga a lâmina foliar ao caule. Na base do caule, desenvolvem-se por vezes protuberâncias - estípulas. A folha sedentária tem apenas uma lâmina foliar e está ligada ao caule pela sua base.

*2- **tarefa**:* Quais são os tipos de folhas em forma? **Resposta**: A forma das folhas é redonda, oval, em forma de coração, em agulha, etc.

*3- **tarefa:*** Quais são os tipos de folhas que se baseiam na forma do bordo da folha? **Resposta:** A forma do bordo da lâmina foliar também é diversa (sólida, dentada, serrilhada, crenada, entalhada).

*4- **tarefa:*** Que folhas são chamadas complexas e quais são simples? **Resposta:** As folhas simples são constituídas por uma única lâmina foliar (carvalho, macieira, cerejeira). As folhas complicadas são constituídas por várias placas foliares ligadas ao pecíolo comum por pequenas articulações (freixo, freixo, framboesa). Por vezes, uma folha complexa pode ser constituída por uma única folha, como a do limão.

*5- **tarefa:*** Qual é a estrutura externa da folha? **Resposta:** A folha é constituída por uma lâmina foliar e um caule. O escapo liga a lâmina foliar ao caule. Na base do caule, desenvolvem-se por vezes protuberâncias - estípulas. A folha sedentária tem apenas uma lâmina foliar e está ligada ao caule pela sua base.

*6- **tarefa:*** Que folhas são chamadas complexas e quais são simples? **Resposta:** As folhas simples são constituídas por uma única lâmina foliar (carvalho, macieira, cerejeira). As folhas complicadas são constituídas por várias placas foliares ligadas ao pecíolo comum por pequenas articulações (freixo, freixo, framboesa). Por vezes, uma folha complexa pode ser constituída por uma única folha, como é o caso, por exemplo, do limão.

2 etapas: tarefas para "Compreender"

Identificar a causa:

1) Explique por que razão se chama localização da folha? **Resposta**: Porque a

disposição das folhas permite às plantas captar o máximo de luz, porque as folhas formam um mosaico foliar e não se sombreiam umas às outras, o que é conseguido através de diferentes comprimentos e várias dobras das estacas, diferentes tamanhos de folhas e assimetria das folhas.

2) Explique por que razão chamam à posição radial da folha? **Resposta**: Porque a ordem da disposição das folhas no caule, reflectindo a simetria radial do rebento, é chamada posição da folha. Existem os seguintes tipos de disposição das folhas: espiral, oposta, whorine (em forma de anel).

3) Explique por que razão se chama disposição em espiral das folhas? Dê um exemplo. **Resposta**: Porque, (a seguir) - há uma folha num nó. Exemplos de tais folhetos são: cereja, pera, salgueiro, centeio, trigo, trigo mourisco, maçã, choupo.

4) Explique por que razão chamam à localização da folha oposta? Dá um exemplo. **Resposta**: Porque, num nó, existem duas folhas, uma contra a outra. Exemplos de folíolos assim são: lilás, fúcsia, urtiga cega.

5) Explique por que razão se designa a localização da folha por verticillatus (em forma de anel)? Dê um exemplo. **Resposta**: Porque, um nó contém três folhas ou mais. Exemplos de folhetos deste tipo são: o olho-de-cabra, a elodea, a cavalinha.

3 etapas: tarefas para "Análise"

De acordo com o quadro, comparar os tipos de folhas

Tipos básicos de folhas

Tabela-11

Localização das folhas	Semelhanças	Diferenças
Seguinte (sequencial)	numa determinada ordem, o que garante um acesso ótimo à luz	As folhas são organizadas uma a uma (numa fila) para cada nó. Bétula, maçã, rosa, tradescantia, cissus, pelargonium.
Suprotichnoe	As folhas estão localizadas duas em cada nó e geralmente em pares cruzados, ou seja, cada nó subsequente no caule é girado em relação ao anterior em um ângulo de 90 °.	Ou em duas filas, sem virar os nós (lilás, yasnotka, menta, jasmim, fúcsia).
Mutavchatoe	Tal como as folhas opostas, os verticilos podem ser cruzados, quando cada verticilo sucessivo é rodado em relação ao anterior num ângulo de 90°, ou seja, metade do ângulo entre as folhas.	As folhas estão localizadas três ou mais em cada nó do caule - verticilo. As folhas opostas podem aparecer espiraladas na extremidade do caule (elodea, olho de corvo e oleandro).
Roseta		As folhas estão localizadas na saída - todas as folhas estão à mesma altura e dispostas em círculo (saxifrage, chlorophytum e agave).

Destaque a ideia principal do tema:

a) o comum entre as folhas: À medida que o caule cresce, as folhas são dispostas nele numa certa ordem, o que determina o acesso ideal à luz.

b) disposição das folhas: 125 ° (ou 1/3): três folhas numa volta; 154 ° (ou 2/5): cinco folhas em duas voltas; 115 ° (ou 3/8): oito folhas em três voltas.

4 etapas: tarefas para "Síntese"

Tarefa: Identificar todos os tipos de folhas entre as apresentadas?

Imagem-14

Resposta:

5 etapas: tarefas para "Aplicação"

Contar sobre:

1) Fotossíntese (ver definição).
2) Evaporação da água (transpiração).

Devido à evaporação da água, a folha é arrefecida.

No lugar da água evaporada, entra uma nova água rica em sais minerais, proveniente da raiz dos vasos do xilema.

3) Apanhar insectos (dizer quem e porquê).
4) Armazenamento de água e de nutrientes (aloé, jerk).
5) Proteção contra herbívoros (espinhos nos cactos).

Vídeo para exercitar

https://youtu.be/zYjUHjHXsxs

6 etapas: tarefas para "Avaliação"

Lê o artigo sobre o tema "Folha". No final do artigo, faz a tarefa e entra na tabela de classificação.

http://obrazovaka.ru/biologiya/kletochnoe-stroenie-lista.html.

PARTE ORIENTADA PARA O RESORT
(avaliação formativa por um sistema de critérios de 100 pontos)
Nível I (50 pontos)

1 etapa: avaliação do nível de conhecimentos sobre "Aprendizagem"

1-tarefa:

1) Definir a folha como um órgão lateral. **Resposta**: A folha é um órgão lateral achatado

órgão vegetal com crescimento limitado, que desempenha as funções de fotossíntese, transpiração e trocas gasosas.

2) Que folhas são chamadas simples? **Resposta**: As folhas simples são constituídas por uma única lâmina foliar (carvalho, macieira, cerejeira).

3) Que folhas são chamadas de complexas? **Resposta:** As folhas complexas são constituídas por várias placas foliares ligadas ao pecíolo comum por pequenas articulações (freixo, freixo, framboesa). Por vezes, uma folha complexa pode ser constituída por uma única folha, como, por exemplo, um limão.

4) Quais são as funções da folha? **Resposta:** As principais funções de uma folha típica são a fotossíntese, a respiração e a transpiração.

5) Que outras funções desempenha a folha? **Resposta:** A folha também pode desempenhar as funções de fornecimento de nutrientes e água, fixação (antenas), proteção contra animais comedores e evaporação excessiva (espinhos), participar na reprodução vegetativa.

6) De que partes é composta uma folha típica de angiosperma? **Resposta:** As folhas das plantas angiospérmicas (com flor): a forma padrão inclui a estípula, o pecíolo e a lâmina foliar.

2-tarefas:

1) Quais são as formações das folhas e que funções desempenha a folha? **Resposta:** Numa planta, existem três formações foliares principais:

- As folhas inferiores ou primeiras folhas, subdesenvolvidas e modificadas, acumulam nutrientes ou desempenham funções de proteção e outras funções especializadas (escamas dos bolbos, rizomas, escamas dos rins tegumentares, sete folhas miadolni, por exemplo, nas leguminosas);
- as folhas do meio são típicas desta planta, o principal processo de fotossíntese tem lugar nelas, em algumas plantas (ponta de flecha, ranúnculo de Kashubian) as folhas no mesmo rebento têm uma forma diferente - este fenómeno é chamado heterofilia (do grego heteros - outro, latim folium - folha) ou riznolistkovosti;
- Folhas apicais - colocadas na parte superior do rebento e diferem da mediana pelo seu tamanho mais pequeno, forma mais simples e, nalgumas plantas, por uma cor diferente.

2) O que causou o aparecimento do mesofilo mutante? **Resposta**: Em alguns casos, como resultado de mutações somáticas, é possível a formação de sítios de mesofila por células mutantes que não sintetizam clorofila, e as folhas de tais plantas têm uma cor variegada devido à alternância de manchas de mesofila normal

e mutante.

3 tarefas:

1) Quais são os principais tipos de folhas? **Resposta**: Os principais tipos de folhas:

- O processo foliar em certas espécies de plantas, como os fetos.
- As folhas das árvores coníferas com forma de agulha ou subuladas (agulhas).
- As folhas das plantas angiospérmicas (com flores): a forma padrão inclui estípulas, pecíolos e lâmina foliar.
- Os lympodiophyta têm folhas microfilares.
- Folhas de embrulho que se encontram na maioria das ervas.

2) Quais são os sinais que estão na base da classificação das folhas simples segundo os tipos de desmembramento? **Resposta**: Uma folha simples é constituída por uma única lâmina foliar e um caule. Embora possa ser constituída por várias lâminas, os espaços entre estas lâminas não atingem a nervura principal da folha. Uma folha simples cai sempre por completo.

3) Porque é que uma folha simples se chama inteira? **Resposta**: Se as ranhuras ao longo da borda de uma folha simples não atingirem um quarto da metade da largura da placa da folha, então essa folha simples é chamada de sólida.

4) Como posso descrever as duas principais fórmulas das folhas? **Resposta**: Pela forma como as lâminas das folhas estão separadas, podem ser descritas duas formas básicas de folhas.

5) Quais são os sinais que servem de base à classificação das folhas simples segundo o esquema geral? **Resposta**: Uma folha complexa é constituída por várias folhas localizadas num caule comum (que é designado por ráquis). Os folíolos, para além das suas lâminas foliares, podem ter o seu próprio pecíolo (que se designa por pecíolo, ou pecíolo secundário) e as suas estípulas (que se designam por estípulas, ou estípulas secundárias). Numa folha complexa, cada disco cai separadamente. Uma vez que cada folha de uma folha complexa pode ser considerada como uma folha separada, ao identificar uma planta é muito importante localizar o caule. As folhas complexas são caraterísticas de algumas plantas superiores, como as leguminosas.

4 tarefas:

1) Que tipos de células fazem parte do tecido da epiderme? **Resposta:** O tecido da epiderme inclui os seguintes tipos de células: células epidérmicas (ou motoras), células de defesa, células auxiliares e tricomas.

2) De que partes é composta uma folha típica de angiosperma? **Resposta**: Uma folha de angiospérmica é constituída por um caule (talo da folha), uma lâmina foliar (lóbulo) e estípulas (apêndices emparelhados localizados em ambos os lados da base do caule).

3) O que são as veias da vagina? **Resposta**: O local onde o talo se junta ao caule chama-se vagina da folha.

4) Quais são as veias da folha do seio? **Resposta**: O ângulo formado pela folha

(caule da folha) e o interstício a montante do caule chama-se axila da folha.

5) O que são os botões axilares e a flor axilar? **Resposta**: No seio da folha pode formar-se uma folha (que neste caso se chama botão axilar), uma flor (chamada flor axilar), uma inflorescência (chamada inflorescência axilar).

2 etapas: avaliação do nível de conhecimentos sobre **"Compreensão"**

Tarefa:

Padrões gerais na estrutura e função das folhas.

Quais são as alterações celulares na base da folha antes da queda da folha?

Imagem-15

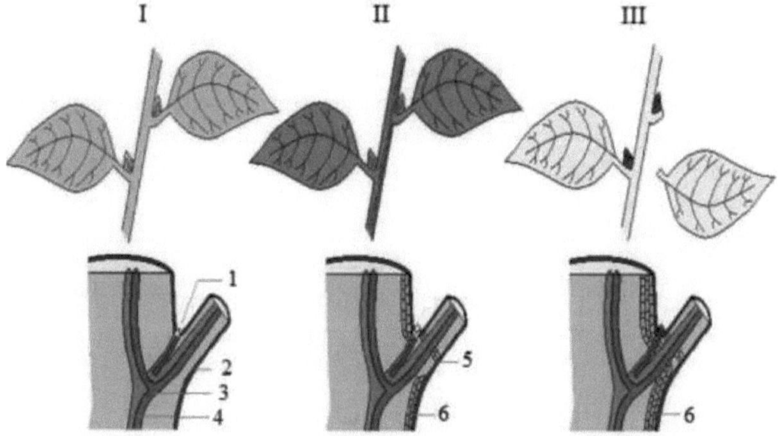

Responde: I - o início do verão, II - o fim do verão; III - o outono;

1- rim, 2 - casca, 3 - floema, 4 - lenho; 5 - camada separadora, 6 - cortiça.

Preenche as lacunas das frases com as palavras entre parênteses:

As plantas das latitudes temperadas e setentrionais, bem como das zonas climáticas sazonalmente secas, podem ser caducifólias, ou seja, as suas folhas caem ou morrem com o advento de uma estação desfavorável. Este mecanismo é designado por queda. No lugar de uma folha caída num ramo, forma-se uma cicatriz - um vestígio de folha. No outono, as folhas podem ficar amarelas, alaranjadas ou vermelhas, pois com a diminuição da luz solar, a planta reduz a produção de clorofila verde, e a folha passa a ter pigmentos auxiliares, como carotenóides e antocianinas.

A queda das folhas é precedida pelo envelhecimento das folhas. Isto significa que em todas as células a intensidade dos processos vitais diminui - fotossíntese, respiração. O teor de substâncias já existentes nas células e importantes para a planta diminui e o fornecimento de novas substâncias, incluindo a água, é reduzido. A decomposição das substâncias prevalece sobre a sua formação. Os produtos indesejáveis e mesmo nocivos acumulam-se nas células; são os chamados produtos finais do metabolismo. Estas substâncias são eliminadas da planta quando as folhas

são
caiu. Os compostos mais valiosos, através dos tecidos condutores, fluem das folhas para outros órgãos da planta, onde se depositam nas células dos tecidos que se acumulam ou são imediatamente utilizados pelo organismo como alimento.

Nível II (51 pontos +38 pontos =89 pontos)

1 etapa: avaliação do nível de conhecimentos sobre " **Compreensão"**

1-tarefa: Identificar a causa:

1) Explique porque é que a epiderme é normalmente transparente? **Resposta**: Porque, na sua estrutura, os cloroplastos estão ausentes ou em quantidade insuficiente. A epiderme é geralmente transparente porque, no exterior, está coberta por uma camada protetora de origem cerosa (cutícula), que impede a evaporação.
2) Explique por que razão as lâminas foliares são designadas por palmadas ou lapáceas? Dê um exemplo. **Resposta**: Porque, nas folhas palmadas (ou palmadas), todas as lâminas foliares divergem radialmente a partir da extremidade da coluna vertebral, como os dedos de uma mão. O talo principal da folha está ausente. Exemplos deste tipo de folhas são o cânhamo (Cannabis) e o castanheiro-da-índia (Aesculus).
3) Explique porque é que as lâminas das folhas se chamam cirros? Dê um exemplo.**Resposta** Porque, nas folhas cirros, as lâminas foliares estão localizadas ao longo do caule principal. Por sua vez, as folhas plumosas podem ser pinadas, com lâmina foliar apical. Exemplos deste tipo de folhas são os freixos (Fraxinus); e pinadas, sem lâmina apical, por exemplo, as plantas do género Swietenia.
4) Explique por que razão as lâminas das folhas são designadas por peristronadreznyh? Dê um exemplo.
Resposta: As folhas peristonas fazem lembrar penas, mas as suas placas não estão completamente separadas. Alguns exemplos deste tipo de folhas são algumas árvores de sorveira (Sorbus).

2 etapas: avaliação do nível de conhecimentos sobre a **"Análise"**

2-tarefa: Preencher os espaços em branco das frases com as palavras entre parêntesis.

Tabela-12

Venícula da folha

Tipo de venação	Semelhanças	Diferenças
Veios cirro-nervosos	Ramificadas a partir da principal e paralelas entre si.	Uma veia principal e muitas outras mais pequenas. Um exemplo é uma macieira (Malus).
Venação radial	Saída da sua fundação).	Três nervuras principais. Exemplo - raiz vermelha, ou zealotus (Ceanothus)
Venação palmar	Várias nervuras principais	Várias nervuras principais

	divergem radialmente perto da base do caule.	Exemplo - ácer (Acer).
Venação paralela	Desde a base até à ponta.	As veias correm paralelamente ao longo de
		a folha inteira. Típico das plantas monocotiledóneas, como os cereais (poaceae).
Veios dicotómicos	As veias dominantes estão ausentes, as veias estão divididas em duas.	As veias são divididas em duas. Ocorre no Ginkgo (Ginkgo) e em alguns fetos.

***3-tarefa:** Selecionar a ideia principal do tema:*

Semelhanças: Uma rede de veias formada por feixes condutores (tecido condutor) constituídos por vasos e tubos crivados para movimentar água, sais dissolvidos, açúcares e elementos mecânicos.

Diferenças: A venação da lâmina foliar é determinada pela natureza da localização e pelo método de ramificação das nervuras. Existem vários tipos de venação.

3 etapas: avaliação do nível de competências na "Aplicação" numa situação alterada

4 tarefas:

Classificação das folhas. Preenche as lacunas das frases com as palavras entre parênteses

Imagem-15

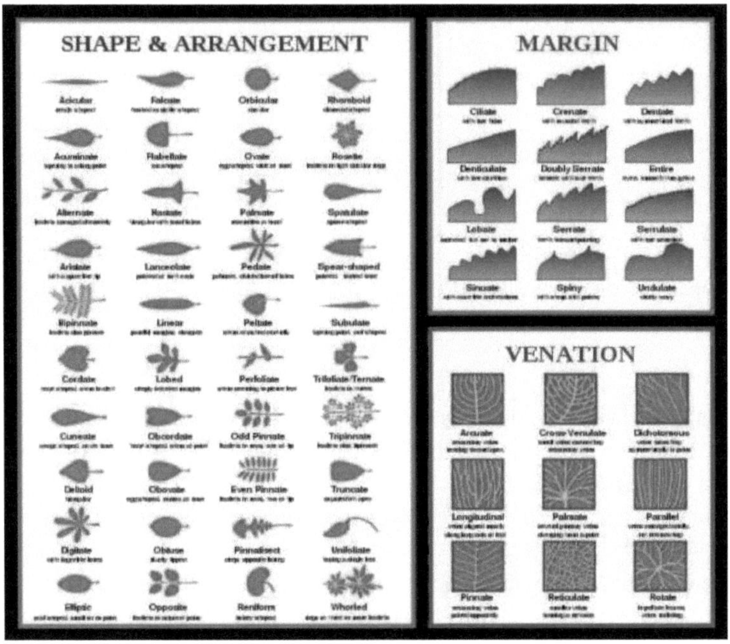

Tabela-13

Classificação da folha	
Tipo	Caraterísticas
Folha simples	Uma folha simples é constituída por uma lâmina foliar e um caule, e cai completamente (carvalho, bétula, ácer).
Complicar a folha d	Uma folha complexa é constituída por várias placas foliares simples (castanheiro, acácia) colocadas num pecíolo comum (por vezes ramificado).
Folhas complexas	As folhas complexas são classificadas de acordo com: a) a estrutura das lâminas foliares; b) o número de lâminas foliares e a sua disposição mútua - armazenamento tripartido (morangos, trevo, framboesa), castanheiro, tremoço; armazenamento paroperistocêntrico - a partir de um número par de inserções foliares (acácia amarela, ervilha), armazenamento não paristocêntrico - a partir de um número ímpar de registos foliares (roseira brava, rosa, tramazeira).
Lâmina da folha	As folhas com uma lâmina foliar sólida são caracterizadas por 5 sinais: - pela forma da lâmina foliar; - pela forma do bordo da lâmina foliar; - pela forma da parte superior da lâmina foliar; - pela forma da base da lâmina foliar; - pela natureza da venação da lâmina foliar.

Forma da folha	A forma da lâmina foliar é determinada pela relação entre o seu comprimento e a sua largura e pela localização da maior largura da lâmina foliar. Distinguem-se formas especiais da lâmina: escamosa, em forma de agulha, em forma de coração, em forma de rim, em forma de seta, em forma de lança, etc. A forma do bordo da lâmina foliar distingue-se entre inteira, serrilhada, bicónica, serrilhada, bicontada, crenada, entalhada, etc. De acordo com a forma do ápice da lâmina foliar, distinguem-se as folhas rombas, afiadas, pontiagudas, pontiagudas, com a ponta entalhada, etc. A forma da base das folhas da lâmina foliar pode ser
	em forma de cunha, arredondados, em forma de coração, truncados, em forma de lança, etc.
Venação da folha	A venação da lâmina foliar é determinada pela natureza da localização e da ramificação das nervuras. Existem vários tipos de venação. Na venação dicotómica, as veias ramificam-se dicotomicamente e não formam anastomoses (pequenas veias transversais que ligam as maiores).
	As nervuras dicotómicas são caraterísticas das folhas dos fetos e, nas gimnospérmicas, do ginkgo. Na nervura paralela, as nervuras são paralelas entre si ao longo de toda a lâmina foliar (folhas de bluegrass, alguns lírios). Na venação em arco, as nervuras estão dispostas de forma arqueada, paralelamente ao bordo da folha (folha do lírio-do-vale, da bananeira). Na venação em malha, a nervura principal passa no meio da lâmina foliar, a partir da qual se estendem ramos ramificados, as nervuras laterais. A venação em malha é mais comum nas dicotiledóneas: • aguda • apontado apontado • estúpido • truncado • escavado • esfenoidal • arredondado • em forma de coração • varrido • lança • desigual • cortar

	• plantas constrangidas. No caso da venação palmada a partir da base da lâmina foliar, estão dispersas 3-5 ou mais nervuras (folhas de ácer, plátano, groselha) de igual espessura.

Nível Ill: (89 pontos + 11 pontos =100 pontos)

1 etapa: avaliação do nível de conhecimentos sobre "**Síntese** Preencher as lacunas das frases utilizando as palavras dos quadros.

Imagem-16

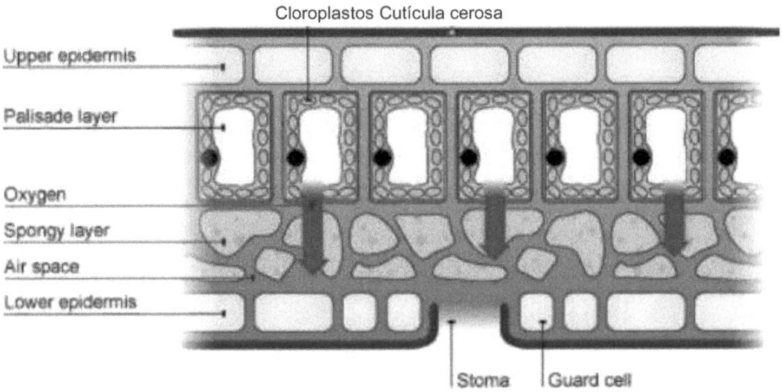

Tabela-14

A estrutura da lâmina foliar

Estrutura da lâmina foliar	Funções
Superfície superior e inferior da folha.	A maioria das folhas tem uma anatomia dorsoventral: as superfícies superior e inferior da folha têm uma estrutura diferente e desempenham funções diferentes.
A estrutura da lâmina foliar.	São mostradas as partes paliçada (acima, células densamente compactadas) e esponjosa (abaixo, células frouxas) do mesofilo, localizadas entre as camadas epidérmicas superior e inferior.
Composição da tecelagem de folhas	Epiderme - uma camada de células que protegem contra os efeitos nocivos do ambiente e a evaporação excessiva da água. Muitas vezes, no topo da epiderme, a folha é coberta por uma camada protetora de origem cerosa (cutícula). O mesofilo, ou parênquima, é um tecido interno portador de clorofila que desempenha a função principal - a fotossíntese.
	c) Uma rede de veias formada por feixes condutores (tecido condutor) constituídos por vasos e tubos crivados para transportar água, sais dissolvidos, açúcares e elementos mecânicos. d) Os estomas são complexos celulares especiais localizados principalmente na superfície inferior das folhas; através deles ocorre a evaporação do excesso de água
	(transpiração) e trocas gasosas.

	e) A epiderme desempenha várias funções importantes: f) protege a folha de uma evaporação excessiva, g) regula as trocas gasosas com o ambiente, excreta substâncias do metabolismo e, em alguns casos, absorve água.
Cutícula	h) A cutícula da parte inferior da folha é mais fina do que a da parte superior e mais espessa nos biótopos de clima árido, em comparação com os biótopos onde não há falta de humidade.
A composição do tecido da epiderme	O tecido da epiderme inclui os seguintes tipos de células: células epidérmicas (ou motoras), células de defesa, células auxiliares e tricomas. As células epidérmicas são as maiores, mais volumosas e menos adaptadas. Nas monocotiledóneas, são mais alongados do que nas dicotiledóneas. A epiderme é coberta por poros, denominados estomas, que fazem parte de um conjunto constituído por um poro, rodeado de todos os lados por cloroplastos i) células protectoras, e de duas a quatro células laterais nas quais não há cloroplasto.
Estomas	Este complexo regula a evaporação e as trocas gasosas da folha com o ambiente. Regra geral, o número de estomas na parte inferior da folha é maior do que na parte superior. Em muitas espécies, os tricomas crescem no topo da epiderme.
Mesófilo	Mesofilo A maior parte do interior da folha, entre as camadas superior e inferior da epiderme, é parênquima (tecido principal), ou mesofilo. Normalmente, o mesofilo é formado por células que sintetizam clorofila, pelo que o nome sinónimo é utilizado - clorênquima. O produto da fotossíntese é chamado de fotossintetizante.
Camada de paliçada	- Camada superior, paliçada, de células densamente compactadas, localizadas verticalmente, diretamente sob a camada superior da epiderme; uma ou duas células de espessura. As células desta camada contêm muito mais cloroplastos do que na camada esponjosa subjacente.
	• As células cilíndricas longas são geralmente dispostas em uma a cinco camadas. Encontram-se perto do bordo da folha e têm uma posição óptima para obter luz solar. • Os pequenos espaços entre as células são utilizados para absorver o carbono dióxido. Os intervalos devem ser suficientemente pequenos • para suportar a ação capilar de transferência de água.
Camada esponjosa	• As células da camada inferior, esponjosa, estão compactadas de forma solta e, como resultado, o tecido esponjoso possui uma

	grande superfície interna devido ao sistema desenvolvido de espaços intercelulares que comunicam entre si e com os estomas. A friabilidade do tecido esponjoso desempenha um papel importante nas trocas gasosas da folha com oxigénio, dióxido de carbono e vapor de água. • As folhas são geralmente de cor verde devido à clorofila, um pigmento fotossintético que se encontra nos cloroplastos, plastídeos verdes. As plantas que não possuem ou não têm clorofila não podem fazer fotossíntese.
Veias	• As nervuras das folhas são tecido vascular e estão localizadas na camada esponjosa do mesófilo. De acordo com o padrão de ramificação das veias, em regra, repete-se a estrutura de ramificação da planta. • As nervuras são constituídas por xilema, um tecido utilizado para reter a água e os minerais nela dissolvidos, e floema, um tecido utilizado para reter as substâncias orgânicas sintetizadas pelas folhas. • Normalmente, o xilema fica por cima do floema. Juntos • formam o tecido principal, chamado núcleo da folha.

2 etapas*:* avaliação do nível de competências sobre a "Reflexão" e resolução de problemas reais

2- tarefa:

O que é que acha?

Escrever um ensaio sobre Leaf Modifications. Tarefas adicionais

Ler o artigo sobre o tema "Folha". No final do artigo, faça a tarefa e vá para a tabela de classificação.

Http://obrazovaka.ru/biologiya/kletochnoe-stroenie-lista.html

3- tarefa*:* O que é que aprendeste na aula (opinião), escreve um ensaio O que é que mais sabe? Utilizar os recursos da Internet e outras literaturas para escrever um ensaio. Escrever um ensaio é um nível criativo acima do padrão.

Conclusão

O complexo didático e metodológico proposto "Anatomia e morfologia das plantas superiores" (livro de texto) tem nove secções. Cada secção é composta por três fases. São atribuídos 50 minutos à primeira fase, dependendo do nível de complexidade do material de estudo. Nesta fase, estão disponíveis as seguintes actividades: a) organização; b) verificação dos trabalhos de casa quanto ao grau de conclusão da tarefa de diferentes níveis sobre o tema anterior e tarefas da parte "Recolha!" para a atualização (revisão) de conhecimentos anteriores necessários para dominar um novo tema; c) criação de situações problemáticas com a ajuda de tarefas da parte "Tu saberás!". Atualização significa o interesse pelo tema, criando um clima emocional, estimando a prontidão do aluno para a perceção de um novo material. Esta tarefa está disponível para todos para rever o material passado que tem uma ligação lógica com o conteúdo de um novo tema. São dadas para atualização, pedidas como trabalho de casa para que os alunos estejam prontos para a aula. A eficiência de fazer estas tarefas previamente em casa significa: a) poupança de tempo; b) revisão do material passado.

50 minutos são dedicados à segunda fase. Na segunda fase do estudo individual do tema: a) os alunos têm a possibilidade de o dominar com a ajuda do texto do manual; b) durante a perceção do novo tema, quando os alunos respondem passo a passo às primeiras quatro tarefas, tais como "Reconhecer", "Compreender", "Analisar" e "Sintetizar", é dada uma grande atenção ao controlo da sua execução correta; os resultados totais da sua perceção são compilados, os participantes mais activos da formação são elogiados, as notas não são colocadas no registo durante algum tempo (uma vez que a perceção de um novo tema ainda está em curso); c) no final da segunda fase de aprendizagem do novo tema, é realizado um trabalho de consolidação dos novos conhecimentos teóricos obtidos. Os alunos realizam as tarefas de "Aplicação" e "Estimativa". 1/3 da aula (classe) mais o tempo para a tarefa de casa são dados para feedback na terceira fase de aprendizagem do novo tema.

A terceira fase é o feedback. Trata-se principalmente de tarefas de diferentes níveis e de medidas dos níveis de literacia funcional de um aluno sobre este tema.

São concedidos 50 minutos para a terceira fase. As tarefas do primeiro nível são efectuadas individualmente com a ajuda de métodos de reprodução: "cópia", "reprodução" do material dominado da parte teórica e "aplicação" do modelo na prática. A realização das tarefas, o domínio do tema é obrigatório para todos os alunos. É importante sugerir o trabalho ao auditório de tarefas de diferentes níveis, não para os dividir, com base nos resultados anteriores da formação, em alunos capazes e não capazes, mas para dar a todos a possibilidade de se desenvolverem de acordo com as suas capacidades individuais e ritmo de trabalho. Assim, juntamente com os princípios de diferenciação e individualização da formação, será mantido o princípio da humanização para todos os alunos, incluindo os que estudam mal. Uma vez concluídas as tarefas do primeiro nível, os alunos têm o direito de executar consecutivamente as tarefas dos níveis seguintes de domínio dos conhecimentos e de obter a pontuação adequada. As tarefas do quarto nível criativo são tarefas de olimpíadas ou os temas de projectos científicos em o resultado da conclusão do módulo, para o qual haverá uma possibilidade real de atrair estudantes talentosos e qualificados para o trabalho de investigação científica com a ajuda da execução sistémica durante um ano. Haverá tarefas racionalmente selecionadas que requerem uma abordagem criativa. Essas tarefas podem ser fragmentos separados de um futuro projeto científico de um estudante.

No processo de execução consecutiva das tarefas-medidas de diferentes níveis, todos os alunos começam ao mesmo tempo e cada um deles, em função das suas capacidades individuais, atinge o seu pico para adquirir conhecimentos. Assim, a execução das tarefas de níveis mais elevados passa a ser o objetivo de cada aluno, uma vez que, dependendo da execução correta das tarefas de cada um dos níveis, o aluno obtém pontuações correspondentes a esses níveis de domínio: 50 pontos para o primeiro nível, 39 pontos para o segundo e 11 pontos para o terceiro nível. O valor das pontuações será retirado em função da complexidade das tarefas dos níveis. Se existirem 50 tarefas elementares de carácter reprodutivo no primeiro nível, cada uma delas é avaliada em 1 ponto. O número de tarefas em cada um dos níveis de domínio não é limitado, mas recomenda-se que se sigam os princípios: "transição do simples para o complexo e da quantidade para a qualidade". Volume total de tarefas tridimensionais - as medidas devem ser concebidas para um aluno forte, de modo a que este possa geri-las sem sobrecarga especial do tempo atribuído pelo programa estatal para a aprendizagem deste tema, incluindo o tempo para a tarefa de casa.

Na aula, dependendo da execução correta das tarefas de cada nível, o aluno anota-as após a verificação do professor com o sinal "+" no formulário geral "Um registo transparente" de realizações académicas que é sempre pendurado na parede (quadro). Os dados do "Registo transparente" são transferidos para o programa "Sirius", para o registo de um professor e para o papel de um diário do aluno, que é arquivado na parte de trás do livro de exercícios.

Lista de referências

Principal:

1. Kamelina R.V. Botanika: uchebnik / R.V.Kamelina. V. A.Chelombitko.-3-eizd..ispr. I dop.- SPb: SPETsLIT. 2008. - 687p.
2. Botanika : uchebnik / pod.red A. S. Rodionova. - Moskva: Akademiya.2008. - 243p.
3. Yakovlev G. P. Botanika : uchebnik .- 3-e izd. i dop. - SPb : SpetsLit.2008. - 651p.
4. Dolgacheva V. S. Botanika / V. S. Dolgacheva. E.M. Aleksakhina. -Moskva : Academia. 2012. - 368 p.
5. Zaychikov S.G. Botanika: ucheb. dlya farmatsevticheskikh uchilishch ikolledzhey. - Moskva: GEOTAR - Media. 2013. - 259 p.
6. James D. Mauseth Botânica com Acessos 6ª/Jones & Bartlett Learning. 2016 - 808p.
7. Atlas Fotográfico para o Laboratório de Botânica. 6ª / Samuel R. Rushforth; Robert R. - andetc.- Graff A. Morton Publishing Company. 2012 - 208p.
8. Botânica : uchebnik / S. K. Imankulova ; Ministério da Educação e Ciência da República do Cazaquistão). - Almaty : Associação das instituições de ensino superior do Cazaquistão. 2016. - 280 p.

Adicional:

9. Basov. V. M. Praktikum po anatomii. morfologii i sistematike Rasteniy : uchebnoye posobiye / V.M. Basov.T.V. Efremova. - Moskva:Lenand . 2015.- 238 p.

10. Antsyshkina A.M. Botanika: rukovodstva po uchebnoy praktike / A.M. Antsyshkina - Moskva: MIA. 2013.-158 p.

11. Morfologia de órgãos vegetais: métodos de trabalho para estudantes do ensino superior com um orçamento de 110400.62 (bakalavriat)
/ S.B.Krivorotov . S.S.Chukuridi. - 2011. - Krasnodar:KubGAU. 2011. - 64 p.

12. Rodionova A.S. Botanika: uchebnik / A.S.Rodionova.- Moskva:Akademiya. 2008. - 254 s.

13. Botanika [Recursos electrónicos]: perspetiva de aprendizagem/N.V.Stepanov. I.
E. Yamskikh. E. A. Ivanova i dr. - Elektron. dan. (4 Mb). - Krasnoyarsk
IPK SFU. 2009. Rezhim dostupa:
http://files.lib.sfukras.rU/ebibl/umkd/1341/u lecture.pdf

14. Petti. Dzh. Sovremennoye obrazovaniye / Dzh. Petti. - Moskva.Lomonosov. 2010. - 125 p.

15. Karayev. Zh.A. Aktualnyye problemy modernizatsii pedagogicheskoy sistemy na osnove tekhnologicheskogo podkhoda / Zh.A. Karayev. Zh.U.Kobdikova. - Almaty. TOO "Zerde". 2014. - 312 p.

16. Torsykbayeva B.B. Studentterdi? funktsionaldy? sauattyly?yn damytu zh?ne damu de?geyin kriterialdy ba?alau zh?yesi ar?yly ?lsheu. Os alunos do curso de formação de estudantes da Khimiyadan ZhOO são os únicos que podem ser contactados. Astana ?. L.N.Gumilev e E?U. A?ratty? baspa b?limi.-2013. - B. 178

More Books!

yes I want morebooks!

Buy your books fast and straightforward online - at one of world's fastest growing online book stores! Environmentally sound due to Print-on-Demand technologies.

Buy your books online at
www.morebooks.shop

Compre os seus livros mais rápido e diretamente na internet, em uma das livrarias on-line com o maior crescimento no mundo! Produção que protege o meio ambiente através das tecnologias de impressão sob demanda.

Compre os seus livros on-line em
www.morebooks.shop

info@omniscriptum.com
www.omniscriptum.com
OMNIScriptum

MIX
Papier aus verantwortungsvollen Quellen
Paper from responsible sources
FSC® C105338

Printed by Books on Demand GmbH, Norderstedt / Germany